普通高等教育“十四五”系列教材

计算机绘图——AutoCAD+Autodesk Inventor（第二版）

主编　赵军　刘潇潇

中国水利水电出版社
www.waterpub.com.cn
·北京·

内 容 提 要

本书介绍了 AutoCAD 2022 和 Autodesk Inventor 2020 软件的基本功能和基础应用。全书共分为十二章，主要讲解了 AutoCAD 2022 的工作环境、基础设置与视图操作、绘制和修改二维图形、二维编辑高级操作、图层设置与管理、文字与尺寸标注、图块与属性定义、机械工程图样的绘制、图形打印输出，以及 Inventor 草图技术、三维建模、部件装配、表达视图和工程图。

本书在介绍功能命令过程中所采用的图例基本为机械工程图样。本书可作为高等学校机械类专业“计算机绘图”课程教材，也可供自学者和工程技术人员参考。

图书在版编目（CIP）数据

计算机绘图 : AutoCAD+Autodesk Inventor / 赵军，刘潇潇主编. -- 2版. -- 北京 : 中国水利水电出版社，2023.8

普通高等教育“十四五”系列教材

ISBN 978-7-5226-1564-6

Ⅰ. ①计… Ⅱ. ①赵… ②刘… Ⅲ. ①计算机辅助设计－AutoCAD软件－高等学校－教材 Ⅳ. ①TP391.72

中国国家版本馆CIP数据核字(2023)第112619号

策划编辑：石永峰　责任编辑：张玉玲　加工编辑：杜雨佳　封面设计：梁　燕

书　名	普通高等教育“十四五”系列教材 计算机绘图——AutoCAD+Autodesk Inventor（第二版） JISUANJI HUITU——AutoCAD+Autodesk Inventor
作　者	主编　赵军　刘潇潇
出版发行	中国水利水电出版社 （北京市海淀区玉渊潭南路 1 号 D 座　100038） 网址：www.waterpub.com.cn E-mail：mchannel@263.net（答疑） sales@mwr.gov.cn 电话：（010）68545888（营销中心）、82562819（组稿）
经　售	北京科水图书销售有限公司 电话：（010）68545874、63202643 全国各地新华书店和相关出版物销售网点
排　版	北京万水电子信息有限公司
印　刷	三河市鑫金马印装有限公司
规　格	184mm×260mm　16 开本　13.5 印张　346 千字
版　次	2016 年 7 月第 1 版　2016 年 7 月第 1 次印刷 2023 年 8 月第 2 版　2023 年 8 月第 1 次印刷
印　数	0001—3000 册
定　价	42.00 元

前　言

AutoCAD 和 Autodesk Inventor 均是由美国欧特克（Autodesk）公司开发的程序软件，被广泛应用于机械、汽车、电子电路、航空航天、造船、模具、轻工化工等行业。AutoCAD 在二维绘图领域的应用最为广泛，熟练操作该软件成了高校工科毕业生以及工程技术人员的必备技能。随着 CAD 技术的发展，利用三维模型生成二维工程图技术逐步成熟。Autodesk Inventor 以参数化特征造型为基础，功能强大，界面友好，易学易用，具有良好的 DWG 文件数据交换能力。本书以 AutoCAD 2022 和 Autodesk Inventor 2020 为基础，根据它们在实际生产应用中的情况，介绍了二维机械工程图样绘制以及机械零部件三维设计的基本方法。

本书较前一版更新了软件版本，同时贯彻党的二十大精神，增加了对国产 CAD 软件“中望 CAD”的介绍，并对部分内容进行了调整，使整体章节安排更合理。本书具有以下特点：

（1）以实用为原则。本书结合机械制图标准，精选 AutoCAD 2022 和 Autodesk Inventor 2020 常用功能命令组织内容。

（2）内容全面。本书包含了目前常见的两种计算机绘图方式——直接绘制图样和根据三维模型生成图样。书中介绍的 AutoCAD 2022 用于绘制二维图样，Autodesk Inventor 2020 用于建立三维模型进而生成工程图样。

（3）软件强大。AutoCAD 2022 与 Autodesk Inventor 2020 均由 Autodesk 公司开发，在兼容性方面具有较大优势，因此利用 Inventor Professional 生成的工程图可以方便地在 AutoCAD 中进行修改编辑。

（4）案例丰富。本书通过实例介绍各种功能命令的操作方法与过程，使读者更容易领会绘图命令要领，便于在绘图过程中选用恰当的命令，进而提高绘图技能与效率。

本书由兰州交通大学赵军、刘潇潇担任主编。其中，刘潇潇编写第一、二、三、四章，李艳敏编写第五章，张惠编写第六章，赵军编写第七、八、九、十一章，梁静娟编写第十、十二章，全书由西北工业大学高满屯教授审阅。在此对他们表示衷心的感谢！

由于编者水平有限，书中难免有错误和不当之处，敬请读者批评指正。

编　者

2023 年 3 月

目　录

第一章 AutoCAD 2022 基础操作

目前，随着计算机技术与计算机辅助设计（Computer Aided Diagnosis，CAD）技术的发展，工程设计人员已普遍使用计算机软件来绘制技术图样，以克服手工绘图效率低、准确性差及工作强度大的缺点。在计算机绘图领域，AutoCAD 是使用最为广泛的绘图软件，本书使用的版本的 AutoCAD 2022。本章主要介绍 AutoCAD 2022 的启动以及工作界面、图形文件管理、鼠标使用、精确绘图辅助工具和 AutoCAD 2022 的基本操作。

第一节 AutoCAD 二维图形功能简介

AutoCAD 是由美国欧特克（Autodesk）公司开发的通用计算机辅助设计与绘图软件包，具有易于掌握、操作方便和体系结构开放等特点；能够绘制平面图形与三维图形、标注图形尺寸、渲染图形及打印输出图纸；能方便地进行各种图形格式的转换，实现与多种 CAD 系统的资源共享。AutoCAD 自 1982 年问世以来，已多次升级，功能日趋完善，在工程设计领域深受广大工程技术人员的欢迎。

一、绘制与编辑二维图形

AutoCAD 提供了一系列图形绘制和编辑二维图形对象命令，可绘制直线、构造线、多段线、圆、圆弧、圆环、椭圆、样条曲线、矩形、正多边形以及为封闭的区域填充图案等。可以通过删除、移动、旋转、复制、缩放、偏移、镜像、阵列、拉伸、修剪、对齐、打断、合并、倒角和圆角等图形命令，编辑二维图形。结合绘图命令和编辑命令，可以快速准确地绘制出复杂的二维图形。

二、标注尺寸及技术要求

尺寸标注就是在工程图样中为图形添加必要的测量和注释信息，是工程图样中必不可少的重要内容之一。AutoCAD 2022 提供的尺寸标注功能可以为图形建立完整的各种类型尺寸标注，并可注释相关的技术要求，使绘制出的工程图样能满足相关行业的国家标准规定和绘图习惯。

三、实用绘图工具

可以通过设置绘图图层、线型、线宽和颜色以及设置各种绘图辅助工具，提高绘图的效率和准确性。利用查询功能，能够方便地查询距离、角度和面积等；通过 AutoCAD 2022 设计中心可以对图形文件进行浏览、查找以及管理有关的设计内容，还可以将其他图形中的块、图层、文字样式和标注样式等插入当前图形。

四、图形输出与打印

用户可以通过 AutoCAD 2022 将所绘的图形以不同样式通过绘图仪或打印机打印输出，还能将其他格式的图形导入 AutoCAD 2022，或将 AutoCAD 图形以其他格式输出。利用 AutoCAD 2022 提供的网络发布功能，用户还可将已绘制的图形文件通过因特网（Internet）在网上发布、访问和存取。

第二节　AutoCAD 2022 工作界面

在安装有 AutoCAD 2022 的计算机中双击快捷方式图标，即可启动该软件，打开软件界面。AutoCAD 2022 中文版提供了“草图与注释”“三维基础”“三维建模”三种工作界面。如图 1-1 所示为 AutoCAD 2022 的“草图与注释”界面，它由标题栏、菜单栏、工具选项板组、工具栏、绘图窗口、坐标系图标、命令窗口和状态栏等组成。

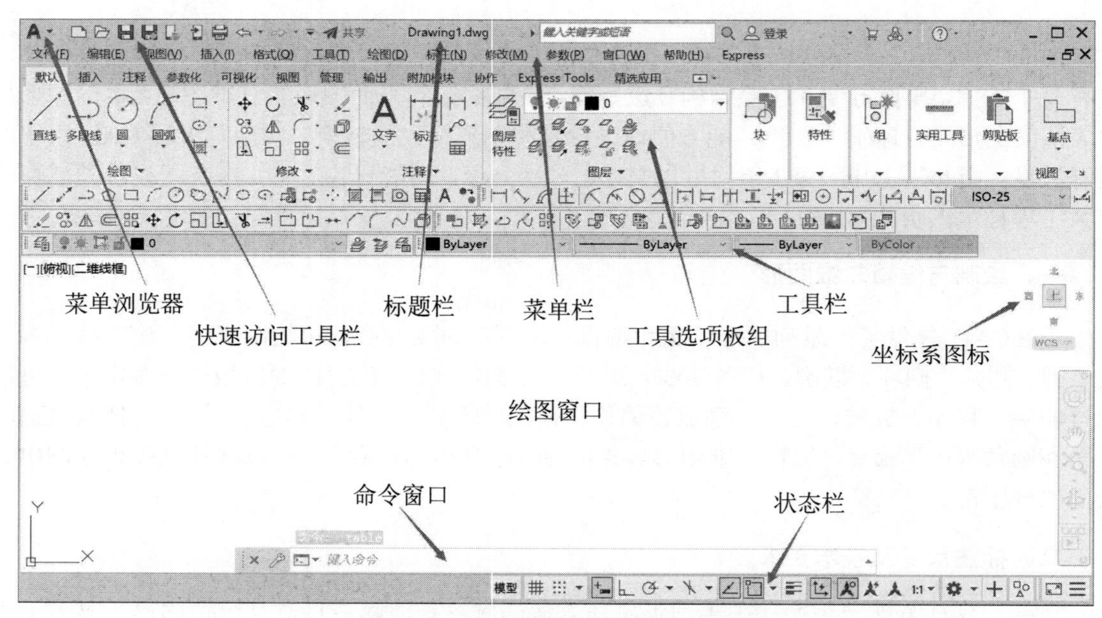

图 1-1　AutoCAD“草图与注释”界面

下面简要介绍工作界面中主要组成部分的功能。

1. 标题栏

标题栏位于工作界面窗口的顶部，显示 AutoCAD 2022 的程序图标和当前操作图形文件的名称。标题栏由菜单浏览器、快速访问工具栏等组成。

（1）菜单浏览器。AutoCAD 2022 对“菜单浏览器”按钮做了简化，单击按钮，弹出菜单，如图 1-2 所示。

（2）快速访问工具栏。快速访问工具栏（图 1-3）在默认状态下包含了“新建”“打开”“保存”“另存”“打印”“放弃”“重做”等命令。AutoCAD 2022 允许用户在快速访问工具栏中添加、删除和重新定位命令，在标题栏中单击按钮，即可进行相关设置。

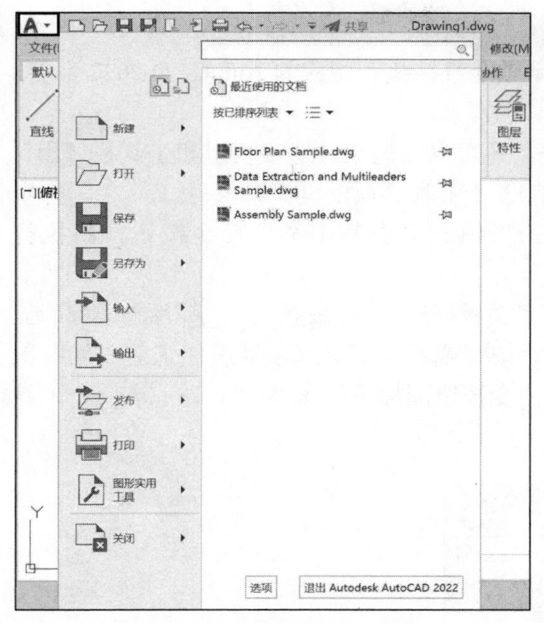

图 1-2　“菜单浏览器”菜单

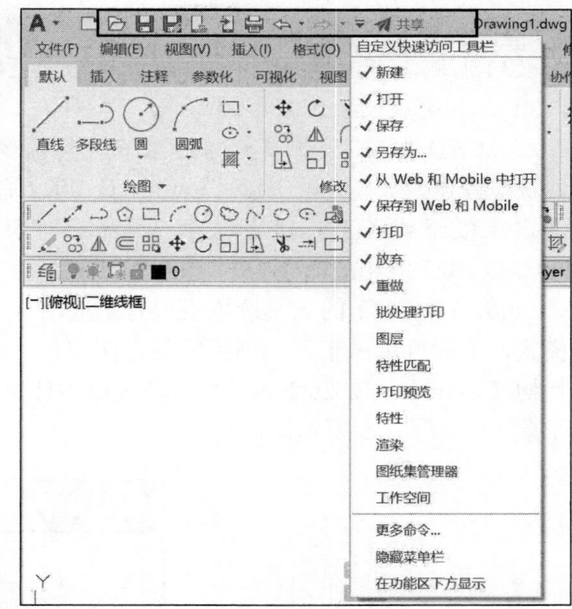

图 1-3　快速访问工具栏

2. 菜单栏

菜单栏中包含了 AutoCAD 2022 的主菜单。利用这些菜单可以执行 AutoCAD 2022 中的大部分命令。选择菜单栏中的某一选项，会弹出相应的下拉菜单，如图 1-4 所示。AutoCAD 2022 允许用户显示或者隐藏菜单栏，在菜单栏的任意空白处右击，在出现的对话框中进行勾选，即可显示或隐藏菜单栏，或者在标题栏中单击 按钮，亦可进行相关设置。

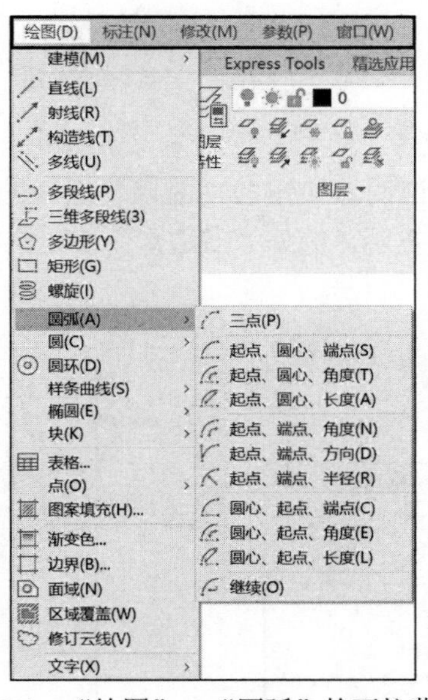

图 1-4　“绘图”→“圆弧”的下拉菜单

AutoCAD 2022 的下拉菜单有以下三个特点：

（1）右侧有 › 符号的菜单项，表示该菜单具有子菜单。

（2）右侧有…符号的菜单项，表示单击该菜单项后会打开一个对话框。

（3）右侧没有内容的菜单项，表示单击该菜单项会直接执行相应的 AutoCAD 2022 命令。

3. 工具选项板组和工具栏

AutoCAD 2022 菜单中包含的大部分常用命令，还可以通过工具选项板组和工具栏调用，实现快捷操作，如图 1-1 所示。AutoCAD 2022 有 13 个工具选项板组，40 多个工具栏。每个工具选项板组或者工具栏均包含一组命令对应的按钮。单击其中某个命令按钮，将执行 AutoCAD 2022 的相应命令。

AutoCAD 2022 的工具选项板组有“选项卡”“面板标题”“面板按钮”“所有选项”等显示模式，可通过单击工具选项板组最右侧的 ▾、▭ 按钮或者在工具选项板组任意空白处右击进行切换。AutoCAD 2022 的工具选项板组中任意命令按钮图标下的 ▾ 符号，表示该命令项具有子项目，如图 1-5 所示。

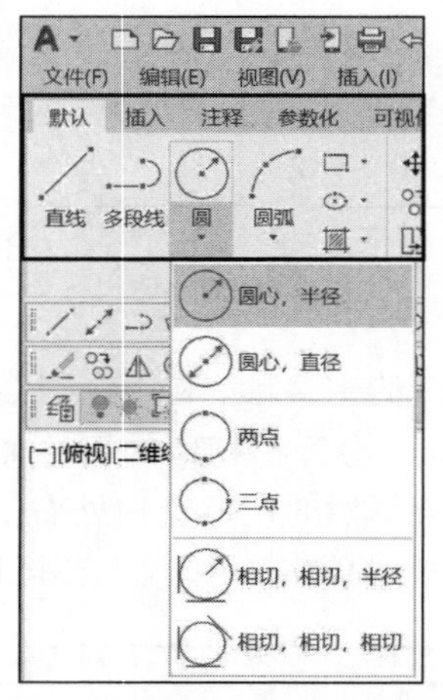

图 1-5 “绘图”工具选项板组

将光标移至工具选项板组或者工具栏中某个命令按钮并稍作停留，AutoCAD 2022 会弹出该按钮相关的文字提示标签，以说明该按钮的功能以及相应的绘图命令。在显示文字提示后继续稍作停留，将显示出扩展工具提示。例如“多边形”按钮文字提示标签及扩展工具提示标签如图 1-6 所示。

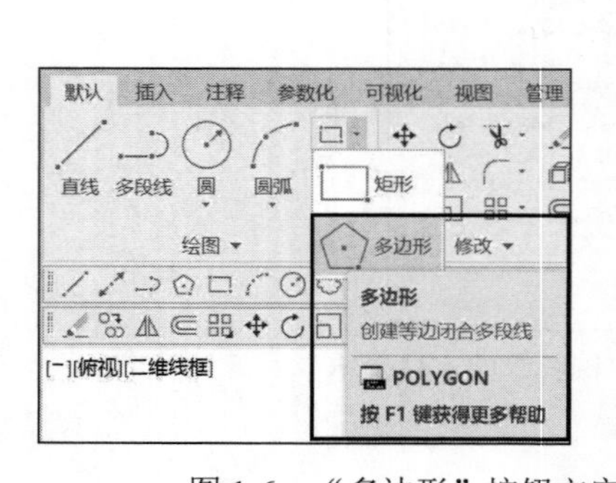

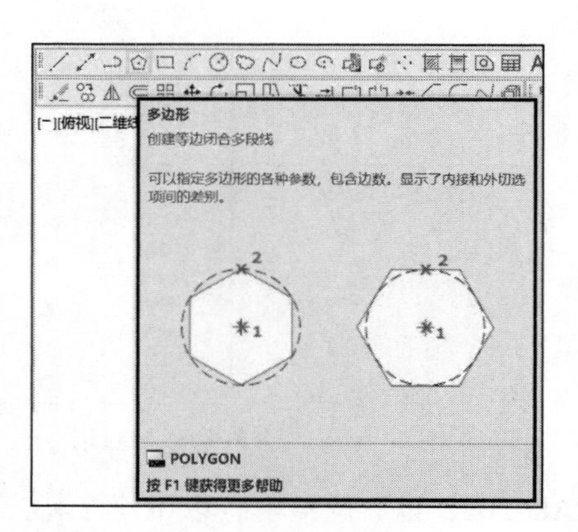

图 1-6 “多边形”按钮文字提示标签及扩展工具提示标签

AutoCAD 2022 工具选项板组和工具栏项目都可以根据需要打开或关闭。可通过在工具选项板组或者已打开的工具栏空白处右击，在弹出的设置列表框中选择该功能命令是否在工作窗口显示，前面有对勾则显示，无对勾则未显示，如图 1-7 和图 1-8 所示。可在图 1-8 所示的工具栏设置列表框中通过单击快捷菜单上侧的 ▲ 或者下侧的 ▼ 滚动查看所有可设置项目。

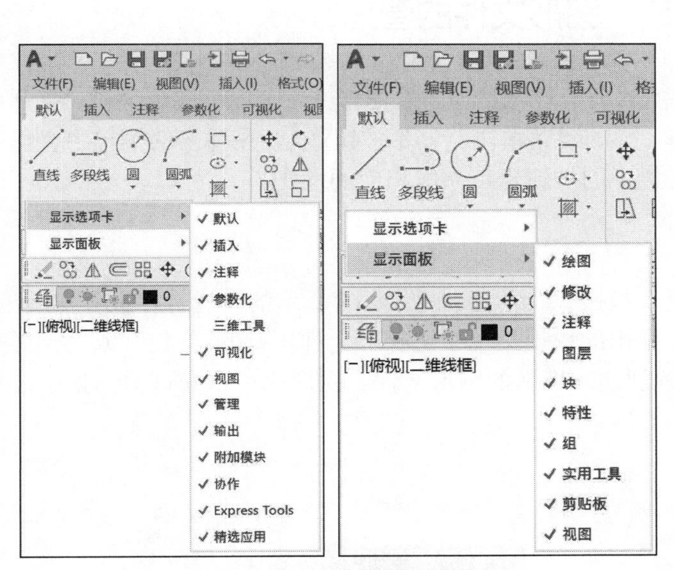

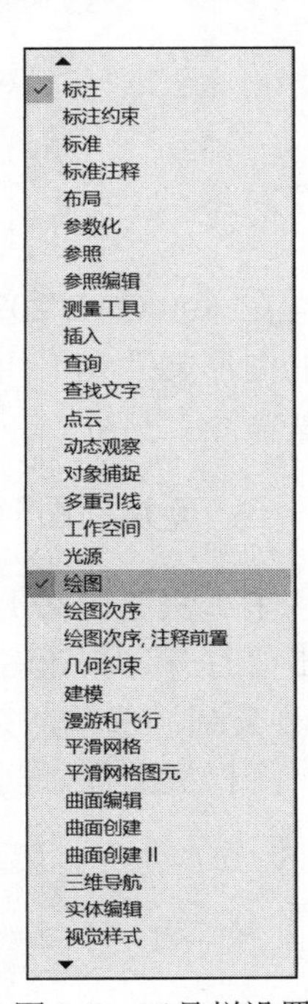

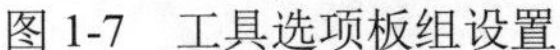
图 1-7 工具选项板组设置

图 1-8 工具栏设置

AutoCAD 2022 中的各种功能命令均可以采用菜单浏览器、快速访问工具栏、菜单栏、工具选项板组、工具栏和状态栏输入命令行等不同方式打开，使用者可以根据个人习惯和绘图需要采用最快捷的方式。

4. 绘图窗口

AutoCAD 2022 应用程序窗口中最大的空白区域即绘图窗口，类似于手工绘图时所用的图纸。在使用 AutoCAD 2022 绘制图形时，所有的绘图结果均反映在该窗口中。

5. 命令窗口

默认状态下，命令窗口位于绘图窗口的下方，由历史命令窗口和命令行组成，用于显示用户输入的绘图命令和相关的提示信息。AutoCAD 2022 的绘图过程为交互式操作过程，即在执行某一命令后，系统会在命令行中给出相关的提示信息，用户需要根据提示信息输入相应的数据，或执行相应的操作。

在使用 AutoCAD 2022 绘制图形时，系统会将用户的所有操作记录存放于历史命令窗口中。单击历史命令窗口右侧的滚动条，可以查看用户绘制图形时已执行的所有操作，按 F2 键可控制历史命令窗口的打开或关闭。

6. 状态栏

状态栏位于绘图窗口的最底部，用于显示或设置当前绘图状态，如光标的当前坐标、绘图工具、导航工具以及快速查看和注释缩放工具等，如图 1-9 所示。单击某一工具按钮可实现其对应功能的 ON 或 OFF 切换，按钮显蓝色时功能启用，按钮显灰色时功能关闭。状态栏上按钮的功能将在以后的相应章节中介绍。

图 1-9　AutoCAD 2022 的状态栏

第三节　图形文件的管理

在 AutoCAD 2022 中，图形文件的管理一般包括新建新图形文件、保存图形文件、打开已有的图形文件和关闭图形文件等操作。单击“菜单浏览器”按钮，在弹出的菜单中会显示这些命令。另外，单击快速访问工具栏中的按钮也可完成相应的操作。

一、新建新图形文件

单击快速访问工具栏中的“新建”按钮，打开如图 1-10 所示的“选择样板”对话框。单击“打开”按钮右侧的按钮，在弹出的快捷菜单中选择“无样板打开-英制”或“无样板打开-公制”选项，系统将按默认设置创建一个新的图形文件。用户也可以在该对话框中选择某一个样板文件，创建一个新的图形文件。

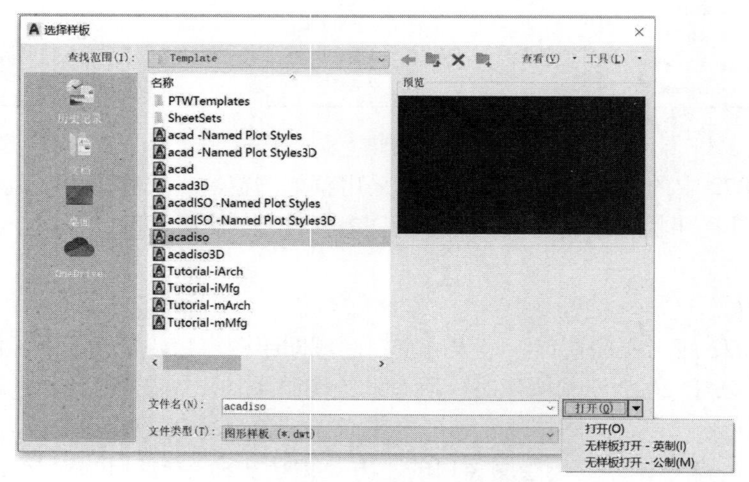

图 1-10　“选择样板”对话框

绘制一幅完整的工程图样应包括一些基本参数的设置（如图纸的幅面、选用的长度计数制单位和角度计数制单位等）以及一些附加的注释信息（如图框、标题栏、文字等）。AutoCAD 2022 根据不同国家和地区的制图标准，将这些基本参数预先组织起来，以文件的形式存放在系统中，这些文件称为“样板文件”。所以选择合适的样板文件可以减少用户绘图时的工作量，提高绘图效率，并能在相互引用时保持工程图样的一致性。

二、保存图形文件

如果当前图形文件已经命名，单击快速访问工具栏中的“保存”按钮，系统会自动以当前图形文件名保存文件；如果当前图形是第一次保存，系统会打开“图形另存为”对话框，如图 1-11 所示。默认情况下，AutoCAD 2022 以格式“*.dwg”保存图形文件。在“保存于”下拉列表框可选择图形文件保存的位置，在“文件名”文本框中可填写或选择文件名，在“文件类型”下拉列表框可选择将图形文件保存为其他格式。

图 1-11　“图形另存为”对话框

三、打开已有的图形文件

单击快速访问工具栏的“打开”按钮，打开“选择文件”对话框，如图 1-12 所示。在其中搜索需要打开的图形文件，其右侧的“预览”区域将显示用户所选图形文件的预览图像。单击“打开”按钮右侧的按钮，通过快捷菜单的选项可选择图形文件的打开方式。

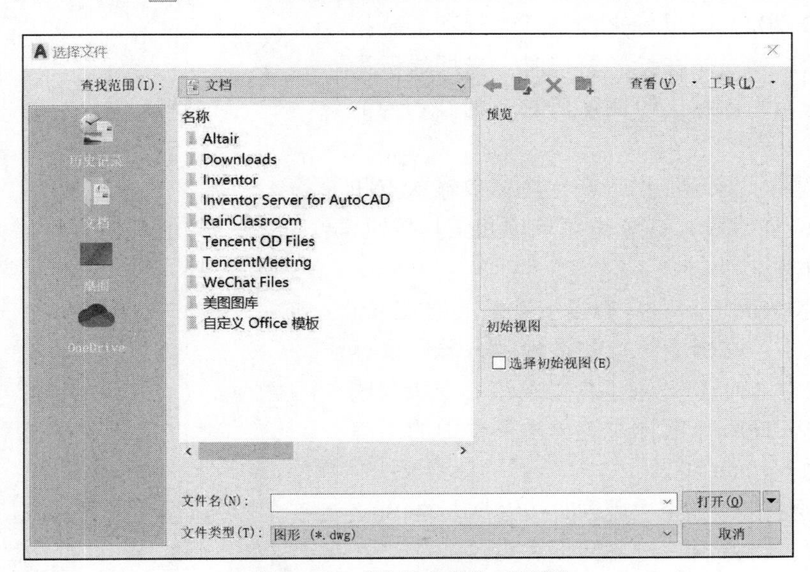

图 1-12　“选择文件”对话框

四、关闭图形文件和退出 AutoCAD 2022 程序

单击“菜单浏览器”按钮，在弹出的快捷菜单中执行“关闭”→“当前图形”命令，或单击绘图区的“关闭”按钮✕，就可以关闭当前的图形文件。若在快捷菜单中执行“关闭”→“所有图形”命令，则将关闭已打开的所有图形文件。

如果要退出 AutoCAD 2022 绘图环境，则单击“菜单浏览器”按钮，在弹出的快捷菜单中执行“退出 AutoCAD”命令，或单击标题栏右上角的“关闭”按钮✕，就可以退出 AutoCAD 2022 绘图环境。此时若在 AutoCAD 2022 绘图环境下打开了多个图形文件，系统会关闭已打开的所有图形文件。

第四节 AutoCAD 2022 的基本操作

在用 AutoCAD 2022 绘图的过程中，用户需要输入命令，根据系统提示输入相关的必要信息。因此，正确地理解和使用 AutoCAD 2022 的命令，了解和掌握使用 AutoCAD 2022 绘图的一些基本操作，如键盘、鼠标等输入设备的使用，坐标系统及数据的输入方式等，是学习 AutoCAD 2022 的基础。

一、命令输入设备

在使用 AutoCAD 2022 绘制图形时，输入命令的设备有键盘、鼠标、数字化仪等，其中最常用的是键盘和鼠标。

1. 键盘

在 AutoCAD 2022 中，需要通过键盘输入文本对象、数值参数、点的坐标等信息。此外，还可以通过键盘在命令窗口输入所要执行的命令，并按 Enter 键或 Space 键执行。

2. 鼠标

AutoCAD 2022 用鼠标来控制其光标和屏幕指针。移动鼠标，使光标在绘图窗口时，光标显示为十字线形式；当光标移出绘图窗口时，则显示为箭头形式。

（1）左键称拾取键，用于在绘图窗口输入点和选择图形对象（称拾取），或单击菜单项和工具按钮，以执行相应的操作。

（2）一般情况下，右键相当于键盘上的 Enter 键。默认情况下，在命令执行的过程中，单击鼠标右键会弹出包含“确认”“取消”以及该命令所有选项的快捷菜单，此时以鼠标左键单击菜单中的“确认”选项等效于 Enter 键。

（3）在绘图区域的空白处同时按键盘上的 Shift 键和鼠标右键，将弹出“对象捕捉和点过滤”光标菜单（图 1-13），其功能与“对象捕捉”工具栏相似。

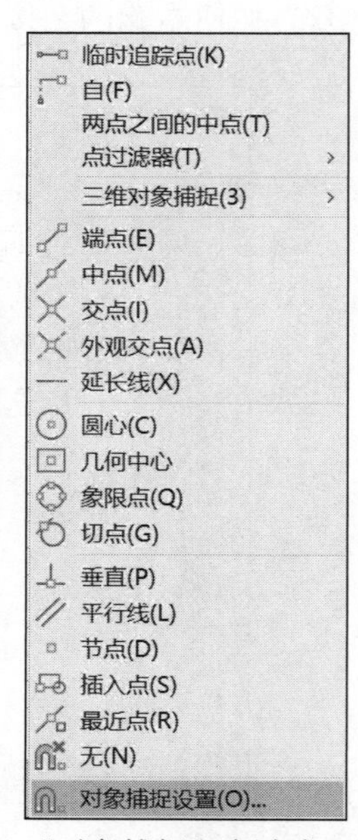

图 1-13 “对象捕捉和点过滤”光标菜单

二、AutoCAD 2022 命令的执行方式

一般情况下，可以通过以下方式执行 AutoCAD 2022 的命令。

1．通过工具按钮执行命令

单击工具按钮是最常用的命令执行方式。单击工具选项板组或者工具栏上的某一按钮，即可执行相应的 AutoCAD 2022 命令。

2．通过菜单栏执行命令

选择某一菜单命令，即可执行相应的 AutoCAD 2022 命令。

3．由键盘输入命令

当命令窗口中最后一行提示为“命令：”时，可通过键盘输入命令的全名或别名后，按 Enter 键或 Space 键，执行输入的命令。命令别名是指系统或用户提先定好的常用命令的缩写，如系统定制的“直线（Line）”命令的别名为“L”，“圆（Circle）”命令的别名为“C”。

4．“透明”命令的使用

“透明”命令是指在执行 AutoCAD 2022 的命令过程中可以执行的某些命令。不是所有的命令都可以“透明”使用，通常只是一些绘图辅助工具的命令，如缩放、平移、捕捉、正交、对象捕捉等可“透明”使用。从键盘输入“透明”使用的命令时必须在命令名前加单引号“'”，如'Zoom，但单击工具按钮输入可“透明”使用的命令时，系统将自动切换到“透明”使用的命令状态。

三、取消、重复、撤销与重做命令

1．取消命令

在执行命令的过程中，随时可以通过按键盘上的 Esc 键终止正在执行的命令。

2．重复命令

执行完一条命令后，直接按键盘上的 Enter 键或 Space 键可重复执行该命令，或在绘图窗口的空白区域右击，在弹出的快捷菜单中执行“重复”命令。在弹出的快捷菜单中还包含“最近的输入”选项，表示 AutoCAD 2022 允许重复执行最近使用的命令中的某一个。

3．撤销与重做命令

单击快速访问工具栏中的“撤销”按钮，或在命令行输入 U，即可撤销上一次执行的命令。在命令行输入 UNDO 命令，再输入需要撤销的命令个数，可撤销最近执行的多个命令。下面的例子演示了如何撤销最近的三个命令：

命令：UNDO↙

输入要撤销的操作数目或 [自动(A) 控制(C) 开始(BE) 结束(E) 标记(M) 后退(B)] <1>:　3↙

单击快速访问工具栏上的“重做”按钮，或在命令行输入 REDO 命令，可重做所取消的操作。

第五节　点 的 输 入

用 AutoCAD 2022 绘图时，经常需要制定点的位置，比如确定直线的端点、圆的圆心等。本节介绍常用的点的输入方法和 AutoCAD 2022 的坐标系统。

绘图过程中，用户根据命令行提示输入确定点的方式通常有以下四种：

（1）用鼠标直接在绘图区拾取点。即将光标移至指定位置后单击。

（2）利用对象捕捉方式捕捉特殊点。利用 AutoCAD 2022 提供的对象捕捉功能，精准地捕捉图形对象上的特殊点，如圆心、切点、端点、中点、垂足等。

（3）给定距离确定点。当 AutoCAD 2022 提示用户指定一点相对于另一点的位置时（如线段的另一端点），移动鼠标使光标指引线从已确定点指向待确定点的方向，然后输入两点间的距离值，再按下 Enter 键或 Space 键。

（4）通过键盘输入点的坐标。由键盘输入点的坐标可以采用绝对坐标方式，也可以采用相对坐标方式，每一种坐标方式均可在直角坐标系、极坐标系下，或在球坐标系、柱坐标系下输入点的坐标。下面将详细介绍各类坐标系的含义。

一、AutoCAD 2022 的坐标系统

AutoCAD 2022 为用户提供了世界坐标系（World Coordinate System，WCS）和用户坐标系（User Coordinate System，UCS），以帮助用户通过坐标精确定点。AutoCAD 2022 的世界坐标系和用户坐标系均采用笛卡尔右手系。

开始绘制新图时，默认的坐标系是世界坐标系。坐标原点位于绘图区域的左下角点，水平向右方向为 X 轴，竖直向上方向为 Y 轴，坐标系图标如图 1-14 所示，通常显示在绘图区域的左下角。

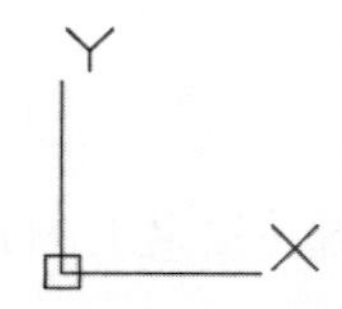

图 1-14　世界坐标系二维图标

二、绝对坐标

点的绝对坐标是指某一点相对于当前坐标系原点的坐标。有直角坐标、极坐标、球坐标和柱坐标四种形式。

（1）直角坐标系。直角坐标系中点的直角坐标在 AutoCAD 2022 中的输入格式为“x,y,z”。如“35,42,68”。若移动鼠标，在绘图窗口拾取一点，相当于输入了一个 Z 坐标为 0 的二维点，等效于由键盘输入“x,y”。

（2）极坐标。极坐标用于输入二维点，在 AutoCAD 2022 中的输入格式为“L<θ”，其参数含义以及与直角坐标系的关系如图 1-15（a）所示。默认状态下，极坐标系的极点与直角坐标系的原点重合，极轴的正向是直角坐标系中 X 轴的正向，逆时针方向为极角的增大方向。

（3）球坐标。球坐标用于输入三维点，在 AutoCAD 2022 中的输入格式为“L<θ<φ”，其参数含义以及与直角坐标系的关系如图 1-15（b）所示。

（4）柱坐标。柱坐标也用于输入三维点，在 AutoCAD 2022 中的输入格式为“L<θ,H”，其参数含义以及与直角坐标系的关系如图 1-15（c）所示。

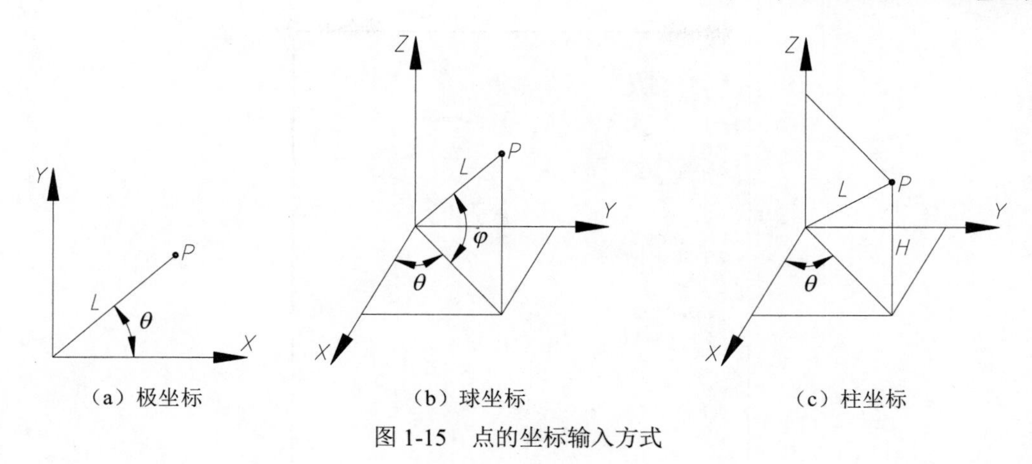

（a）极坐标　　（b）球坐标　　（c）柱坐标

图 1-15　点的坐标输入方式

三、相对坐标

相对坐标是指当前点相对于上一点的坐标，相对坐标也有直角坐标、极坐标、球坐标和柱坐标，其输入格式只是在绝对坐标输入格式前加@符号。例如在图 1-16 中，A 为当前点，输入 B 点相对于 A 点的坐标时，相对直角坐标的输入格式为“@50,90”；相对极坐标的输入格式为“@120<60”。

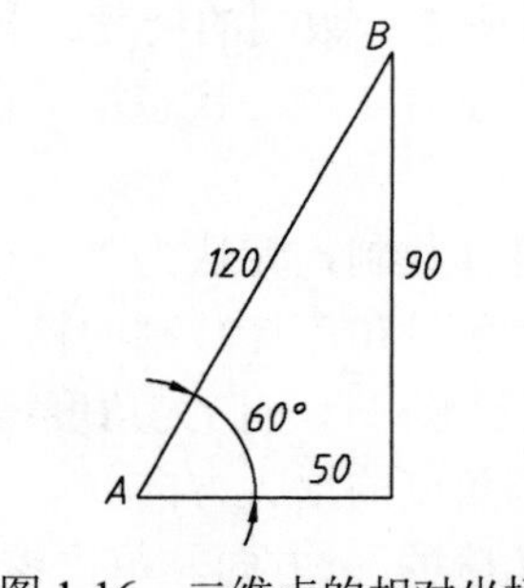

图 1-16　二维点的相对坐标

第六节　绘图设置与精确绘图辅助工具

一、设置绘图单位与精度

1. 功能

用来设置绘图长度的计数制、精度，以及角度的计数制、精度、零度方向和角度增大的正方向。

2. 命令调用与执行

单击快速访问工具栏右侧的箭头，在弹出的快捷菜单中选择“显示菜单栏”选项，使菜单栏显示在标题栏下方。然后执行菜单栏中的“格式”→“单位(U)”命令，打开“图形单位”对话框；单击标题栏最左侧的，在弹出的下拉菜单中执行“图形实用工具”→“单位”命令，也可打开“图形单位”对话框。“图形单位”对话框如图 1-17 所示。

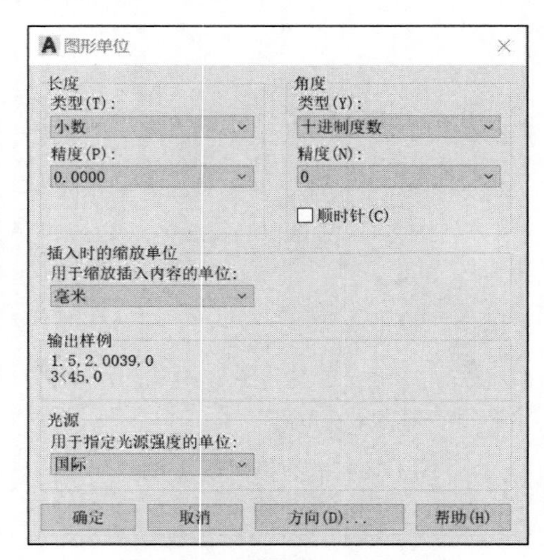

图 1-17 “图形单位”对话框

对话框各选项含义如下：

（1）长度选项组。

- “类型”下拉列表中有“建筑”“小数”“工程”“分数”“科学”五种选择，我国一般采用“小数”计数制，也是 AutoCAD 2022 的默认选项。
- “精度”下拉列表用于设置所选计数制的精度。小数计数制时，精度指小数点后的位数，默认选项是精确到小数点后 4 位。状态栏上点的坐标值按所设精度显示。

（2）角度选项组。

- “类型”下拉列表设置角度计数制，默认为“十进制度数”。
- “精度”下拉列表用于设置所设角度计数制的精度，默认选项“0”，即取整数。
- “顺时针”复选框，勾选表示顺时针方向为角度增大正方向，否则逆时针为角度增大正方向。默认设置逆时针为角度的增大方向。

（3）“方向”按钮。用于确定角度的 0°方向。单击该按钮弹出“方向控制”对话框，如图 1-18 所示。默认设置的 0°方向指向东。

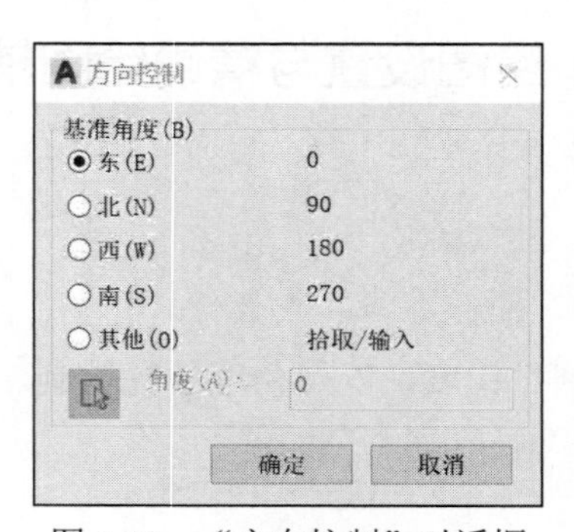

图 1-18 “方向控制”对话框

用户可以选择其中的东、南、西、北方向作为 0°的基准方向，亦可通过选中对话框中的“其他”单选按钮，在“角度”文本框中输入角度值，或单击图标拾取角度按钮，切换到绘图窗口直接指定。

二、设置图形界限

1．功能

图形界限相当于手工绘图时图纸幅面的大小，也称为图形边界。

2．命令调用

单击快速访问工具栏右侧的箭头，在弹出的快捷菜单中选择“显示菜单栏”选项，使菜单栏显示在标题栏下方，然后执行菜单栏中的“格式”→“图形界限(I)”命令。

3．命令执行

执行 Limits 命令，AutoCAD 2022 提示：

重新设置模型空间界限:

指定左下角点或 [开(ON) 关(OFF)] <0.0000,0.0000>:↙（指定图形界限的左下角位置，直接按 Enter 键或 Space 键则采用默认值）

指定右上角点 <420.0000,297.0000>:（指定图形界限的右上角位置）

三、精确绘图辅助工具

移动鼠标在屏幕上拾取点虽然方便，但不能精确确定点的位置。在任何一幅设计图中，精确绘制图形是至关重要的。为此，AutoCAD 2022 提供了多种精确绘图工具，如栅格、捕捉、正交、对象捕捉追踪、正交功能等。将光标移至状态栏某个绘图工具按钮上（如“栅格”按钮 # 等）并右击，或单击状态栏中的 ▾ 符号，在弹出的快捷菜单中选择“设置”选项，即打开“草图设置”对话框。用户可通过该对话框设置这些绘图工具。

1．栅格和捕捉

通过“草图设置”对话框中的“捕捉和栅格”选项卡设置栅格和捕捉的间距，如图 1-19 所示。

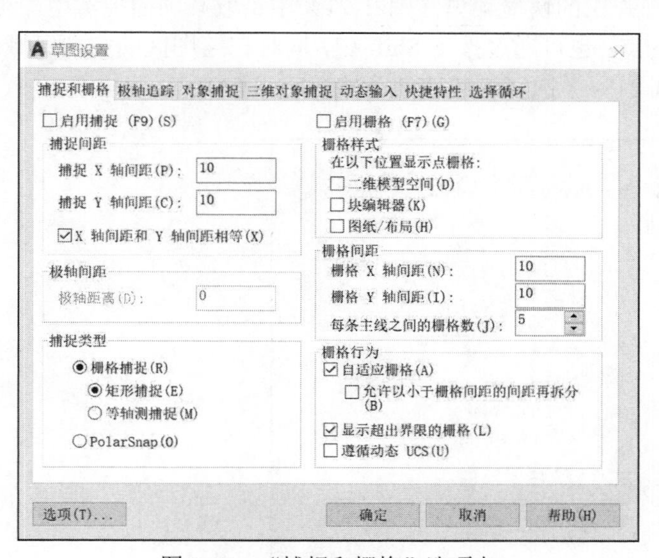

图 1-19　“捕捉和栅格”选项卡

（1）栅格。单击状态栏中的 # 按钮或使用 F7 功能键均可打开或关闭栅格显示。打开栅格显示后，系统在由“图形边界”命令设定的绘图边界内生成栅格点阵。“栅格间距”选项组中的“栅格 X 轴间距”与“栅格 Y 轴间距”两个文本框分别用于设置栅格点沿 X 和 Y 轴方向的间距。

（2）捕捉。捕捉功能用于设置光标移动的步距，单击状态栏中的按钮或使用 F9 功能键可打开或关闭捕捉功能。当捕捉功能处于打开状态时，用户会发现光标是以捕捉所设定的步距跳动，而不是平滑移动。光标的跳动实际在屏幕上形成了一个不可见的以光标步距为间距的捕捉栅格。栅格显示和捕捉通常配合使用。

2. 对象捕捉

利用 AutoCAD 2022 的对象捕捉功能，可以在绘图过程中快速地确定图形对象上的一些特殊点，如直线或圆弧段的端点、中点，圆的圆心点，象限点等，从而实现精确绘图的目的。在 AutoCAD 2022 中，对象捕捉功能的启用有以下两种方式。

（1）对象自动捕捉模式。单击状态栏上的按钮或使用键盘上的 F3 功能键可打开或关闭对象自动捕捉模式。打开对象自动捕捉模式后，在绘图的过程中，当光标接近捕捉点时，系统会根据用户的设置，自动捕捉到图形上的一些特殊点，并以不同的捕捉标记区分点的类型，捕捉标记与图 1-20 中所示的标记符号相对应。当出现捕捉标记符号时单击，即可完成对这些点的捕捉。

在“草图设置”对话框中的“对象捕捉”选项卡中，可通过勾选对象捕捉模式复选框设置各种捕捉类型，如图 1-20 所示。

对象自动捕捉模式的优点在于通过“草图设置”对话框中的“对象捕捉”选项卡，一次可设置一种或几种捕捉类型，一经设置，在后续的绘图过程中，系统会一直按所设置的捕捉类型自动捕捉这些特殊点，直到用户再次通过“草图设置”对话框取消设置或关闭对象自动捕捉模式。

（2）单点优先模式。在绘图过程中，当需要指定某一类特殊点时，将光标移至状态栏上的按钮并右击，在弹出的快捷菜单（图 1-21）中拾取某项捕捉类型，可在绘图区域已绘制对象上捕捉所需要的点；也可通过按下 Shift 键，同时在绘图区的空白区域右击，在弹出的“对象捕捉”菜单（图 1-21）中选择相应选项，捕捉所需要的点。

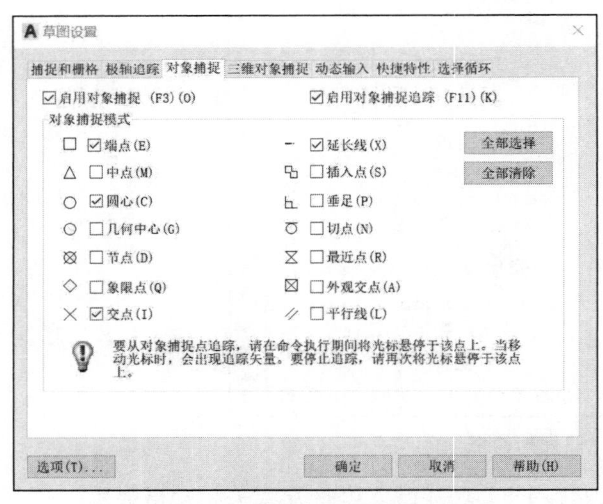

图 1-20　“对象捕捉”选项卡

图 1-21　“对象捕捉”快捷菜单

使用快捷菜单或光标菜单选项捕捉特殊点，一次只能选择一种捕捉类型，且只对当前点的输入有效。也就是说，在绘图的过程中，每当需要拾取一个特殊点时，都必须先打开快捷菜单或光标菜单并单击其中的对应按钮或选项，再拾取所需要的点。

上述内容说明，不同的对象捕捉模式在绘图的过程中所发挥的作用不同。对象自动捕捉模式一旦设置就会一直处于工作状态，直到关闭为止；而单点优先模式只对当前输入点有效。单点优先模式可嵌套在对象自动捕捉模式中使用，具有优先权。

对象捕捉设置及其使用均为可以“透明”使用的命令。对象捕捉功能是绘图过程中非常实用的一种精确定点的方式，应结合上一节介绍过的坐标系统及数据输入方式，在绘图过程中综合应用。

3. 对象捕捉追踪

对象捕捉追踪是对象捕捉和极轴追踪功能的联合应用，其功能是当 AutoCAD 2022 要求指定一个点时，首先使用对象捕捉功能捕捉到图形对象上的某一特殊点，系统会在对象捕捉点上显示一条无限延伸的辅助线（以虚线形式显示），用户沿辅助线追踪，在得到光标点的同时拾取该点。对象捕捉追踪各项参数的设置也是通过“草图设置”对话框的“极轴追踪”选项卡（图 1-22）来完成的。

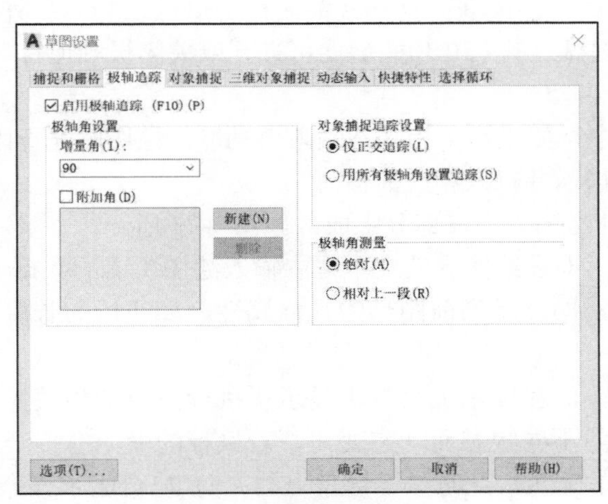

图 1-22　“极轴追踪”选项卡

其中在“对象捕捉追踪设置”区域中，若选中“仅正交追踪”单选按钮，则当启用对象捕捉追踪功能后，只显示获取的对象捕捉点的正交追踪路径；若选中“用所有极轴角设置追踪”单选按钮，则当启用对象捕捉追踪功能后，按设置的极轴增量角，在获取的对象捕捉点上显示追踪路径。

单击状态栏上的“对象捕捉追踪”按钮或使用键盘上的 F11 功能键均可打开或关闭对象捕捉追踪功能。勾选“对象捕捉”选项卡（图 1-20）中的“启用对象捕捉追踪”复选框，也可打开或关闭对象捕捉追踪功能。

4. 正交功能

AutoCAD 2022 提供的正交功能，可以方便地绘制与当前坐标系中 X 轴和 Y 轴平行的线段。单击状态栏上的按钮或使用键盘上的 F8 功能键可打开或关闭正交模式。

当正交模式为打开状态时绘制直线，当输入第一点后，通过移动光标来确定另一端点时，引出的橡皮筋线不再是光标点与起始点间的连线，而是起始点与光标十字线的两条垂直线中较长的那段。因此在二维绘图中，打开正交模式绘制图形中水平或垂直的直线十分方便。正交与捕捉功能仅影响通过光标输入的点，通过键盘以点的坐标方式输入的点不受影响。

5. 极轴追踪

极轴追踪是按事先设定的角度增量追踪特征点，其功能是当 AutoCAD 2022 要求指定一个点时，拖动光标，使光标接近预先设定的角度方向，AutoCAD 2022 会自动显示橡皮筋线，同时沿该方向显示极轴追踪矢量，并浮出一个小标签，表明当前光标位置相对于前一点的极坐标。通过“草图设置”对话框的“极轴追踪”选项卡（图 1-22）可设置极轴追踪的各项参数。

（1）“极轴角设置”选项组：在“增量角”下拉列表框中选择系统预设的角度增量，通过单击 按钮，从弹出的快捷菜单中选择系统预设的角度增量。

如果下拉列表框中的角度不能满足使用要求，可选中“附加角”复选框，然后单击“新建”按钮，在列表框中添加新的角度。

（2）“极轴角测量”选项组：设置极轴追踪增量角的测量基准。若选中“绝对”单选按钮，则以当前坐标系为测量基准确定极轴追踪增量角；若选中“相对上一段”单选按钮，则以最后绘制的直线段为测量基准确定极轴追踪增量角。

（3）“启用极轴追踪”复选框：打开或关闭极轴追踪功能。另外单击状态栏上的“极轴追踪”按钮 或使用键盘上的 F10 功能键均可打开或关闭极轴追踪功能。

6. 动态输入模式

在 AutoCAD 2022 中，如果启用“动态输入”功能，绘图时光标附近会显示工具栏提示，供用户查看相关的系统提示并输入相应的信息。

AutoCAD 2022 的动态输入由三部分组成，如图 1-23 所示：

- 指针输入功能，即在绘图区的文本框中输入绘图所需的数据信息。
- 标注输入功能，即显示当前图形的几何属性，如线段的长度、与水平方向的夹角、标注信息等。
- 动态提示功能，即在提示工具栏中显示所执行命令的相关操作提示，并随不同的命令及命令执行的不同状态而动态变化。若执行的命令有多个选项，则在提示工具栏右侧显示向下的箭头，此时按下键盘上的方向键↓会显示该命令的其他相关选项。选择其中的某一选项即可执行。

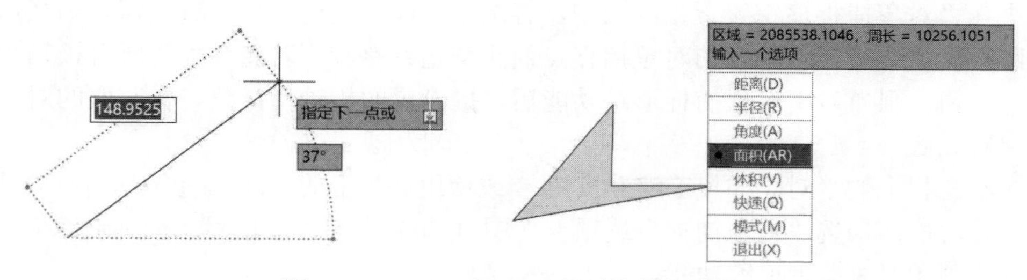

图 1-23 AutoCAD 2022 的动态输入功能

（1）启用动态输入。单击状态栏上的“动态输入”按钮 或使用键盘上的 F12 功能键打开或关闭动态输入功能。

（2）动态输入的设置。通过“草图设置”对话框的“动态输入”选项卡可设置动态输入的各项参数，如图 1-24 所示。

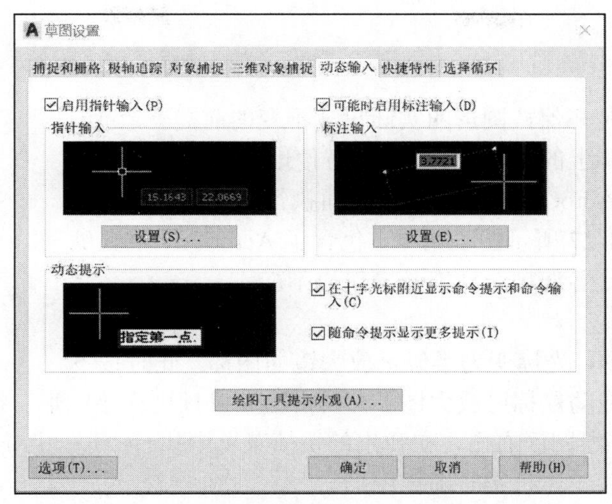

图 1-24　“动态输入”选项卡

1）设置指针输入。在图 1-24 所示的对话框中，勾选“启用指针输入”复选框即可打开指针输入功能；在“指针输入”区单击“设置”按钮，打开“指针输入设置”对话框，如图 1-25 所示，可设置指针的格式和可见性。

2）设置标注功能。在图 1-24 所示的对话框中，勾选“可能时启用标注输入”复选框，即打开标注功能。在“标注输入”区单击“设置”按钮，打开“标注输入的设置”对话框，如图 1-26 所示，可设置标注的可见性及标注的显示形式。

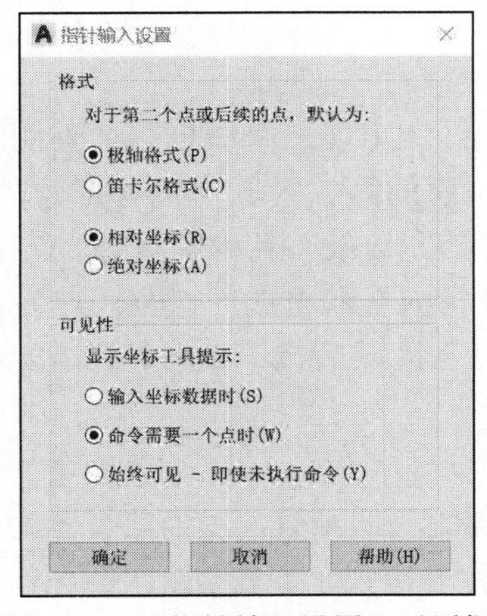

图 1-25　“指针输入设置”对话框

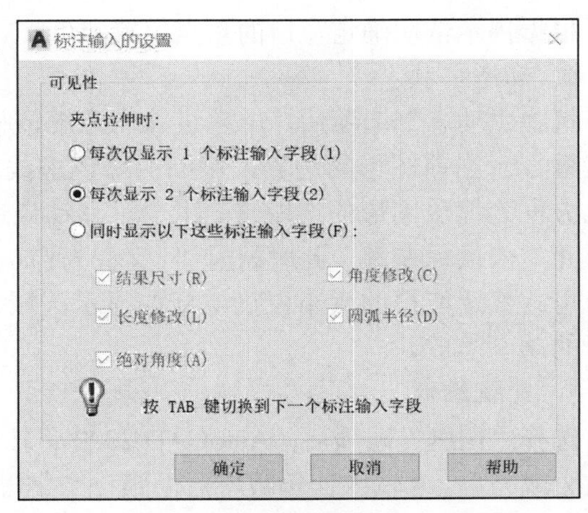

图 1-26　“标注输入的设置”对话框

3）显示动态提示。在图 1-24 所示的对话框中，勾选“在十字光标附近显示命令提示和命令输入”复选框，可在光标处显示动态提示工具栏。

第七节　图形的缩放与显示

AutoCAD 2022 为用户提供了一系列图形显示控制命令，使用户可以灵活地查看图形的整体效果或局部细节，其中最常用的操作就是视图的缩放和平移。

一、缩放视图

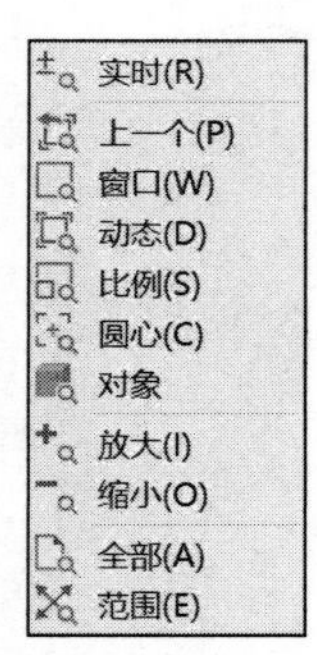

图 1-27 “缩放”菜单

视图的缩放功能是在保持图形的实际尺寸不变的前提下，通过放大或缩小图形在屏幕上的显示尺寸，从而方便地观察图形的整体效果或局部细节。在 AutoCAD 2022 工作界面执行“视图”→“缩放”命令，弹出如图 1-27 所示的子菜单，包含了 AutoCAD 中提供的各种视图缩放命令。各选项的功能及操作如下。

1. 实时缩放

选择“实时”选项，光标变为类似于放大镜的图标，此时按下鼠标左键不放，向外拖动鼠标可放大图形，向内拖动鼠标则缩小图形。缩放完毕后，按下 Esc 键或 Enter 键，也可在绘图区右击，在弹出的快捷菜单中执行“退出”命令均可结束实时缩放操作。滚动鼠标上的滚轮也可实时缩放图形。

2. 上一个

选择“上一个”选项，将恢复到上一次显示的视图。

3. 窗口缩放

“窗口”选项允许用户指定一个矩形区域作为窗口，窗口内的图形被放大到占满整个绘图窗口。如果要观察图形指定区域的局部细节，可以选择窗口缩放形式。选择该选项后，AutoCAD 2022 提示：

指定第一个角点:
指定对角点:

根据提示依次确定窗口的角点位置即可。

4. 动态缩放

选择“动态”选项后，屏幕进入动态缩放模式。绘图区域出现三个线框。最外侧的蓝色虚线框表示当前图形的边界，中间的绿色虚线框表示上一次的缩放区域，带有符号“×”的灰色方框为缩放图形的选取框。用户可移动该选取框，使其左边线与待缩放区域的左边线重合，并单击鼠标左键，此时符号“×”变为箭头“→”，且指向选取框的右边界，左右移动鼠标，可改变选取框的大小以确定新的显示区域。确定好显示区域后按下 Enter 键，即可完成图形的动态缩放。

5. 比例缩放

选择“比例”选项后，AutoCAD 2022 将按照预先设置的比例系数，以当前视图为参照进行放大或缩小。若输入比例数字后面跟一个字母 X，则表示相对于整体图形按比例进行放大或缩小。若输入比例数字后面跟字母 XP，则表示相对于图纸空间的大小进行缩放。

6. 圆心缩放

“圆心”选项用于重新设置图形的显示中心位置和缩放倍数。选择该选项后，AutoCAD 2022 提示：

指定中心点:（指定新的显示中心位置）
输入比例或高度:（输入缩放比例或高度值）

执行结果为，AutoCAD 2022 将图形中新指定的中心位置显示在绘图窗口的中心位置，并对图形进行对应的放大或缩小。在“输入比例或高度:”提示下输入缩放比例（数字后加后缀 X），AutoCAD 2022 将按该比例缩放；输入高度值（数字后面不加后缀 X），AutoCAD 2022 将缩放图形，使图形在绘图窗口的高度为输入值。

7．对象缩放

“对象”选项用于在缩放图形时，尽可能大地显示一个或多个选定对象，并使其位于绘图区域的中心。

8．全部缩放

“全部”选项用于显示整个图形，选择此选项后，如果所有图形均绘制在预先设置的绘图边界以内，则参照图纸的边界显示图形，即图纸占满整个绘图区域；如果有图形超出了绘图边界，则按图形的实际范围显示图形。

9．范围缩放

“范围”选项允许用户在绘图窗口内尽可能大地显示图形，与图形的边界无关。

在实际绘图的过程中，经常使用的缩放方式只是上述方式中的几种。如实时缩放、窗口缩放和回到上一步等。

二、平移视图

平移视图是指移动整个图形，将图纸的特定部分显示在绘图窗口。执行平移视图后，图形相对于图纸的实际位置不发生变化。

PAN 命令用于实现图形的实时移动。执行该命令后，绘图窗口的光标变为手形图标，同时 AutoCAD 2022 提示：

按 Esc 或 Enter 键退出，或单击右键显示快捷菜单

同时状态栏提示“按住拾取键并拖动进行平移”。此时按下鼠标左键不放，向某一方向拖动鼠标时，图形会随之做相应的移动。移动到指定的位置后，在绘图窗口右击，在弹出的快捷菜单中执行“退出”命令，或按下 Esc 键或 Enter 键均可结束命令。

另外，AutoCAD 2022 还提供了用于平移视图操作的菜单命令，这些命令位于“视图”→“平移”子菜单中，如图 1-28 所示。其中的选项不仅可以向左、右、上、下四个方向平移视图，还可以使用“实时”和“点”命令平移视图。亦可利用“标准”工具栏上的 （实时平移）按钮实现实时平移视图操作。此外，按下鼠标滚轮，屏幕光标变为手形，也可实现图形的实时平移，抬起鼠标滚轮即退出实时平移。

图 1-28　“平移”子菜单

思考与练习

1．简述 AutoCAD 2022 用户界面的组成。

2．AutoCAD 2022 中点的输入方式有哪些？

3．试绘制一个等边三角形，了解各种点的坐标输入格式。

4．在绘图过程中，怎样重复上一条或曾经使用的命令？

5．练习图形文件的平移和缩放操作。

第二章　绘制编辑二维图形

绘制二维图形是 AutoCAD 2022 的主要功能，也是最基本的功能。因此需要熟练地掌握二维图形的绘制和编辑方法及技巧。本章主要介绍 AutoCAD 2022 中二维图形的绘制命令和编辑命令。

第一节　绘制直线、矩形和正多边形

一、直线命令

1. 功能

直线命令用于在两个指定点之间（可以是二维点或三维点）绘制一个直线段，也可绘制多段连接的折线，其中每一段为一个独立的图形对象。

2. 命令调用

命令：LINE。工具选项板组：“默认”→“绘图”→“直线”按钮。菜单命令：“绘图”→“直线”命令。工具栏：“绘图”→“直线”按钮。

3. 操作

执行“直线”命令，AutoCAD 提示：

_line 指定第一点：（输入线段的起始点）

指定下一点或 [放弃(U)]:（输入线段的另一端点，或选择“放弃(U)”选项重新确定起始点）

指定下一点或 [放弃(U)]:（输入线段的另一端点，也可以按 Enter 键或 Space 键结束命令，或选择“放弃(U)”选项取消前一次操作）

指定下一点或 [闭合 I 放弃(U)]:（输入线段的另一端点，也可以按 Enter 键或 Space 键结束命令，或选择“放弃(U)”选项取消前一次操作，或选择“闭合(C)”选项创建封闭多边形）

指定下一点或 [闭合 I 放弃(U)]:（↙结束直线命令）

4. 说明

（1）指定下一点是默认选项，采用第一章所述的任一种输入点的方法均可。如输入下一点的绝对坐标或相对坐标，或在绘图窗口单击拾取某一点。

（2）以直接距离法确定线段的端点，是在直线命令的命令行提示中不出现的但可自动执行的选项之一。在指定了线段的前一点后（如图 2-1 中的 A 点），当命令行提示为“指定下一点”时不要输入点，而是打开正交功能（若画倾斜线则不打开正交功能），并移动鼠标使橡皮筋从已确定的点指向画线方向，再输入两点间距离（图 2-1 中为 100），即画出直线 AB。

（3）以角度替代法确定线段端点，也是在命令行提示中不出现但是可自动执行的选项之一。当命令行提示为“指定下一点”时不要输入点，而是输入“<角度值”后按 Enter 键（如图 2-1 中输入了 B 点之后，则输入<120），此时命令行显示“角度替代:120”，并

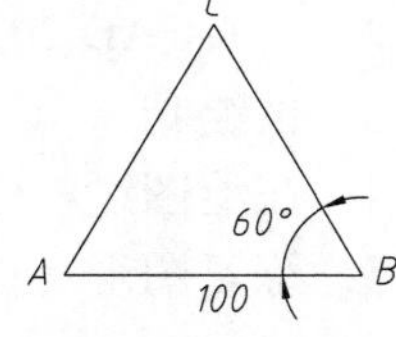

图 2-1　直线画法

重新提示“指定下一点”，可用鼠标拾取一点或用直接距离法输入两点间的距离（图 2-1 中用直接距离法输入 100），即可画出直线 BC。

（4）“闭合(C)”选项，画线的终点将落在此次直线命令的画线起点上，从而形成闭合多边形，并结束直线命令。如图 2-1 中绘制直线 BC 后，输入 C 即画出等边三角形 ABC。

将“直接距离法”与“角度替代法”“正交”“极轴追踪”“动态输入”等工具联合使用，可使绘制图形更为方便。

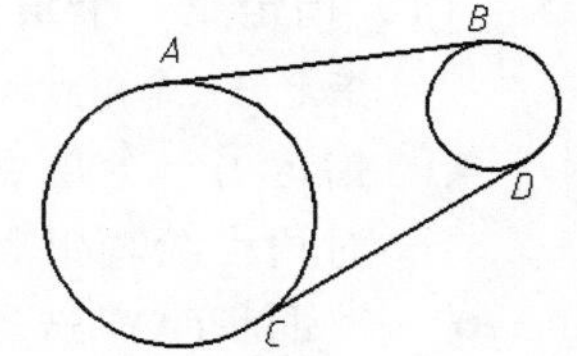

图 2-2　绘制两圆的切线

例 2-1　绘制如图 2-2 所示的两圆外公切线。

首先绘制出两个圆，设置对象捕捉类型为捕捉切点并打开对象捕捉功能，然后执行直线命令，以下是绘制 AB 直线的过程。

命令: _line 指定第一点: （将光标移到 A 点附近，当显示 ⊙ 切点标记时单击鼠标左键）
指定下一点或 [放弃(U)]: （将光标移到 B 点附近，并显示 ⊙ 切点标记时单击鼠标左键）
指定下一点或 [放弃(U)]: ↙ （结束直线命令）

同样的操作绘制出直线 CD。

二、矩形命令

1. 功能

根据指定的尺寸或条件绘制不同形式的矩形，如倒角矩形、圆角矩形、有厚度的矩形等，如图 2-3 所示。

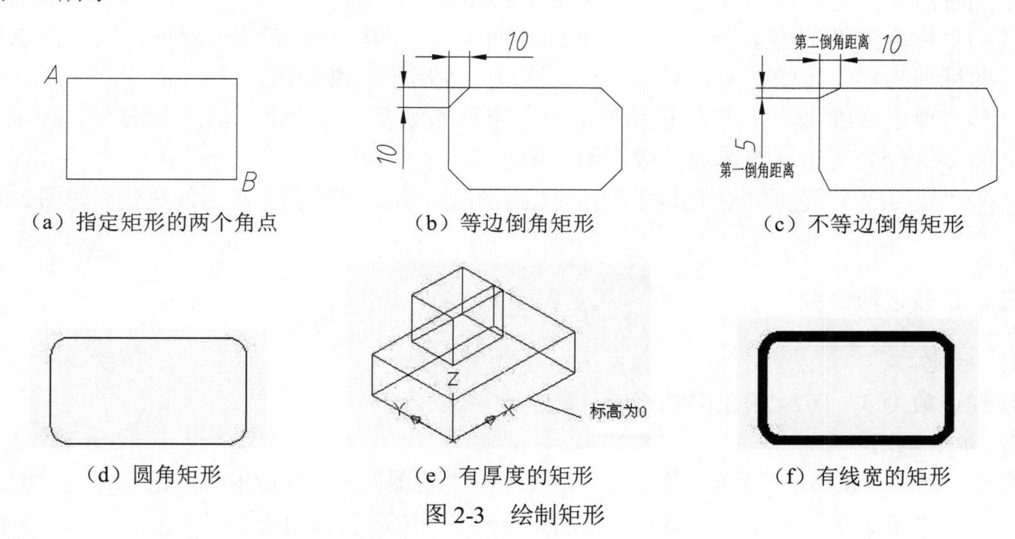

（a）指定矩形的两个角点　（b）等边倒角矩形　（c）不等边倒角矩形

（d）圆角矩形　（e）有厚度的矩形　（f）有线宽的矩形

图 2-3　绘制矩形

2. 命令调用

命令：RECTANG。工具选项板组：“默认”→“绘图”→“矩形”按钮▭。菜单命令：“绘图”→“矩形”命令。工具栏：“绘图”→“矩形”按钮▭。

3. 操作

执行“矩形”命令，AutoCAD 2022 提示：

指定第一个角点或 [倒角(C) 标高(E) 圆角(F) 厚度(T) 宽度(W)]: 点↙或某选项↙
指定另一个角点或 [面积(A) 尺寸(D) 旋转(I)]: 点↙或某选项↙

4. 各选项说明

根据第一级提示的各选项（如倒角、圆角、宽度等）设置矩形的形式；根据第二级提示的各选项（如面积、尺寸等）确定矩形的大小。

（1）指定第一个角点。输入第一角点［如图 2-3（a）中的 A 点］后，命令行提示：

指定另一个角点或[面积(A) 尺寸(D)/旋转 I]: 点↙或某选项↙

- 指定另一个角点，如图 2-3（a）中的 B 点，指定矩形的另一角点与已指定角点为两对角点绘制出矩形，同时结束命令。
- “面积(A)”选项：指定矩形的面积和长度或指定矩形的面积和宽度绘制矩形。以“面积”选项绘制矩形时，总是以指定的第一角点为矩形的左下角点。若已用上一级提示设置了矩形的倒角或圆角，则面积是倒角或圆角后的面积。
- “尺寸(D)”选项：指定矩形的长度和宽度绘制矩形。
- “旋转 I”选项：根据用户指定的角度绘制一个倾斜的矩形。

（2）“倒角(C)”选项，绘制一个带倒角的矩形，如图 2-3（b）、图 2-3（c）所示。此时需要指定矩形的两个倒角距离，后续提示：

指定矩形的第一个倒角距离 <0.0000>: 5↙

指定矩形的第二个倒角距离 <5.0000>: 10↙或↙ （若绘制等边倒角矩形，以空回车响应）

指定倒角距离后，回到第一级提示，指定矩形的第一和第二角点。

（3）“圆角(F)”选项，绘制一个带圆角的矩形，操作过程和“倒角(C)”选项类似，不同之处是此时需要指定矩形的圆角半径，如图 2-3（d）所示。

（4）“标高(E)”选项，指定矩形所在的平面高度，即标高。默认情况下，矩形在 XY 平面内，即标高为零，如图 2-3（e）所示。该选项一般用于三维绘图。

（5）“厚度(T)”选项，后续提示要求给出矩形的厚度，所绘矩形沿 Z 轴延伸，形成长方体，如图 2-3（e）所示。该选项一般用于三维绘图。

（6）“宽度(W)”选项，按已设定的线宽绘制矩形，此时需要指定矩形的线宽，如图 2-3（f）所示。

三、正多边形命令

1. 功能

绘制边数为 3～1024 的正多边形。

2. 命令调用

命令：POLYGON。工具选项板组：“默认”→“绘图”→“多边形”按钮。菜单命令：“绘图”→“多边形”命令。工具栏：“绘图”→“多边形”按钮。

3. 操作

执行“正多边形”命令，AutoCAD 提示：

_polygon 输入边的数目 <4>: 指定多边形的边数↙

指定正多边形的中心点或 [边(E)]: 指定正多边形的中心点↙或 E↙

下面介绍提示中各选项的含义及其操作。

（1）指定正多边形的中心点，是默认选项。后续提示：

输入选项 [内接于圆(I) 外切于圆(C)] <I>:

- 按 Enter 键即选择正多边形内接于圆(I)方式画圆，如图 2-4（a）所示。
- 输入“C”即选择正多边形外切于圆(C)方式画圆，如图 2-4（b）所示。

以上两种选项，后续提示均为

　　指定圆的半径: 输入圆的半径值↙或指定点 B↙

- 输入半径值：无论在“I”或“C”方式下，多边形的底边均与当前坐标系的 X 轴方向平行。
- 以“点 B”响应：在“I”方式下，点 B 是多边形的顶点，即 AB 是正多边形外接圆的半径，如图 2-4（a）所示。在“C”方式下，点 B 则是内切圆与正多边形的切点，即 AB 是正多边形内切圆的半径，如图 2-4（b）所示。

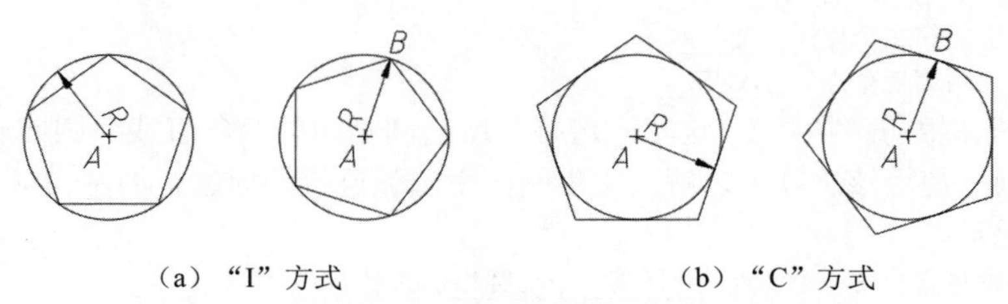

（a）“I”方式　　　　　　　（b）“C”方式

图 2-4　正多边形的绘制

（2）“边”选项。根据多边形的某一条边的两个端点绘制多边形。选择该选项后，后续提示：

　　指定边的第一个端点: A 点↙
　　指定边的第二个端点: B 点↙

依次确定边的两端点后，AutoCAD 2022 将以这两点连线作为多边形的一条边，沿逆时针方向绘制多边形。

第二节　绘制圆、圆环、圆弧、椭圆和样条曲线

一、圆命令

1．功能

绘制指定尺寸的圆。

2．命令调用

命令：CIRCLE。工具选项板组：“默认”→“绘图”→“圆”按钮。菜单命令：“绘图”→“圆”命令。工具栏：“绘图”→“圆”按钮。在子菜单中包含六种画圆方式，如图 2-5 所示。

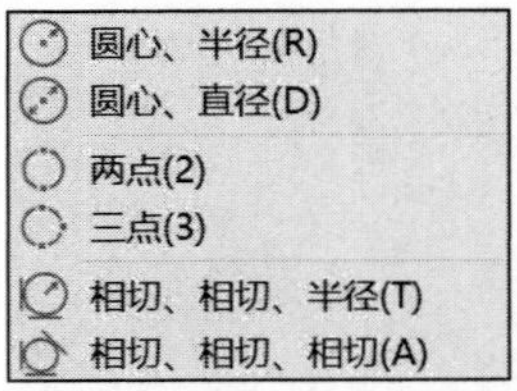

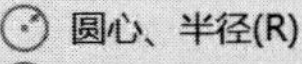

图 2-5　圆命令的子工具

3．操作

执行“圆”命令，AutoCAD 2022 提示：

　　命令:_circle 指定圆的圆心或 [三点(3P) 两点(2P) 切点、切点、半径(T)]:
　　指定圆的半径或 [直径(D)] <当前值>:

下面介绍图 2-5 中各选项的含义及其操作。

（1）“圆心、半径（或直径）”选项。根据圆心的位置和圆的半径（或直径）绘制圆，圆心、半径方式是默认方式，输入 D 后，按圆心、直径方式画圆。

半径值和直径值均可由键盘直接输入，也可在绘图区域拾取一点，此时，以圆心、半径方式画圆，拾取点到圆心的距离为圆的半径值；以圆心、直径方式画圆，拾取点到圆心的距离为圆的直径值。

（2）“两点”选项。以指定两点为圆的一条直径画圆。执行该选项后续提示：

指定圆直径的第一个端点: 输入点↙
指定圆直径的第二个端点: 输入点↙

（3）“三点”选项。通过圆周上的指定三点画圆。执行该选项后续提示：

指定圆上的第一个点: 输入点↙
指定圆上的第二个点: 输入点↙
指定圆上的第三个点: 输入点↙

（4）“相切、相切、半径” 选项。选择与所绘圆相切的两条直线（圆或圆弧），然后指定圆的半径画圆。使用该选项可以解决工程制图中圆弧连接的问题，如图 2-6（a）所示。执行该选项后续提示：

指定对象与圆的第一个切点: 选择第一个与圆相切的对象↙
指定对象与圆的第二个切点: 选择第二个与圆相切的对象↙
指定圆的半径 <10>: 输入圆的半径↙

选择相切对象的选择点不仅指出了相切对象，而且还应指明切点的大致位置。

（5）“相切、相切、相切”选项。该选项实质上仍然是三点方式画圆，如图 2-6（b）所示。执行该选项后续提示：

命令: _circle 指定圆的圆心或 [三点(3P) 两点(2P) 切点、切点、半径(T)]: _3p
指定圆上的第一个点: _tan 到 选择第一个与圆相切的对象↙
指定圆上的第二个点: _tan 到 选择第二个与圆相切的对象↙
指定圆上的第三个点: _tan 到 选择第三个与圆相切的对象↙

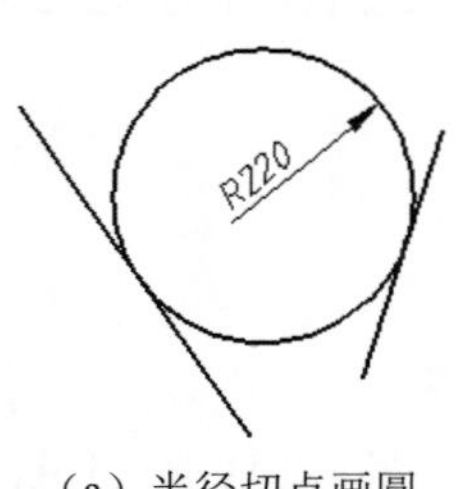

（a）半径切点画圆

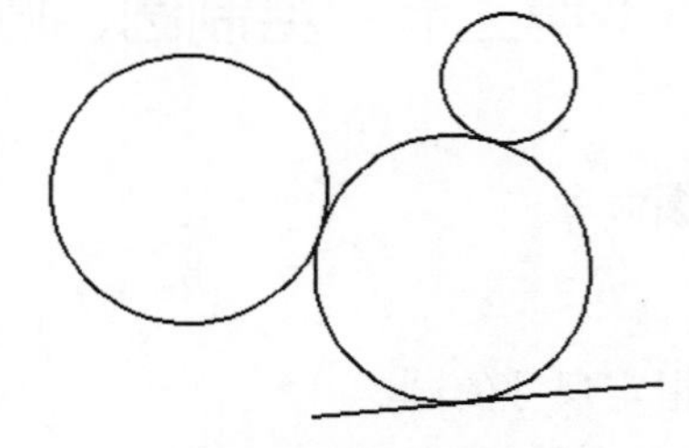

（b）三切点画圆

图 2-6 圆的各种画法

二、圆环命令

1. 功能

圆环命令用于绘制如图 2-7 所示的图形。

图 2-7 圆环

2. 命令调用

命令：DONUT。工具选项板组：“默认”→“绘图”→“圆环”按钮◎。菜单命令：“绘图”→“圆环”命令。

3. 操作

执行“圆环”命令，AutoCAD 2022 提示：

　　指定圆环的内径 <0.5000>: 输入圆环的内径↙
　　指定圆环的外径 <1.0000>: 输入圆环的外径↙
　　指定圆环的中心点或 <退出>: 拾取一点↙
　　指定圆环的中心点或 <退出>: ↙

4. 说明

“指定圆环的中心点或<退出>:”提示信息会反复出现，此时拾取一点（圆环的中心点）即可绘制一个圆环，直到按 Enter 键，退出该命令，所以使用该命令一次可以绘制出若干个相同的圆环。

三、圆弧命令

1. 功能

AutoCAD 2022 根据给定条件绘制指定尺寸的圆弧。

2. 命令调用

命令：ARC。工具选项板组：“默认”→“绘图”→“圆弧”按钮。菜单命令：“绘图”→“圆弧”命令。工具栏：“绘图”→“圆弧”按钮。“圆弧”子菜单如图 2-8 所示，其中提供了 11 种绘制圆弧的方式。

图 2-8　“圆弧”子菜单

3. 操作

执行相应命令，然后按命令提示输入关键字操作，下面仅介绍几种主要的常用选项。

（1）“三点”选项。此为默认选项。执行该选项后续提示：

　　命令: _arc 指定圆弧的起点或 [圆心(C)]:（指定圆弧的起点）
　　指定圆弧的第二个点或 [圆心(C)/端点(E)]:（指定圆弧上的第二点）
　　指定圆弧的端点:（指定圆弧的终点）

（2）“起点、圆心、端点”选项。执行该选项后续提示：

　　命令: _arc 指定圆弧的起点或 [圆心(C)]:（指定圆弧的起点）
　　指定圆弧的第二个点或 [圆心(C)/端点(E)]: C↙
　　指定圆弧的圆心: （指定圆弧的圆心）
　　指定圆弧的端点或（按住 Ctrl 键以切换方向）[角度(A) 弦长(L)]: （指定圆弧的终点）

此选项绘制的是一段从起点沿逆时针方向到终点的圆弧。圆弧终点的作用只是确定圆弧的终止位置，而终点不一定在所绘制的圆弧上。

（3）“起点、圆心、角度”选项（参照图 2-9）。执行该选项后续提示：

命令: _arc 指定圆弧的起点或 [圆心(C)]: P_1↙（指定圆弧的起点）

指定圆弧的第二个点或 [圆心(C)/端点(E)]: C↙

指定圆弧的圆心: P_2↙（指定圆弧的圆心）

指定圆弧的端点(按住 Ctrl 键以切换方向)或 [角度(A)/弦长(L)]: A↙

指定包含角: 120↙

当输入的圆心角为正时，按逆时针方向绘制圆弧；当输入的圆心角为负时，按顺时针方向绘制圆弧。如图 2-9 所示。

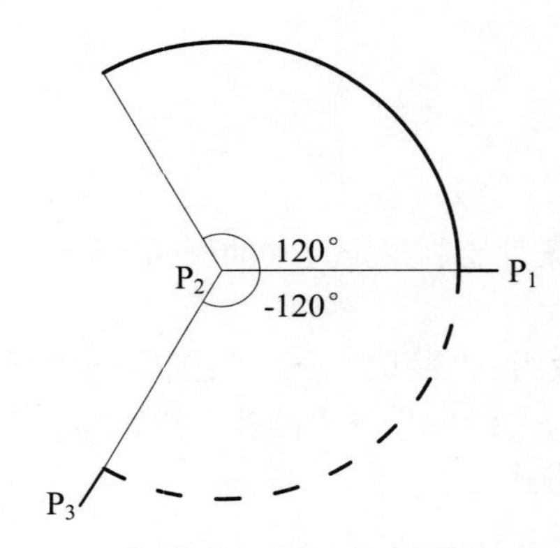

图 2-9 “起点、圆心、角度”选项画圆弧

若输入 P_3 点，则 P_1P_2 连线与 P_2P_3 连线的夹角为圆弧的圆心角，此时，终点 P_3 不一定在所绘制的圆弧上。

（4）“起点、圆心、长度”选项（参照图 2-10）。执行该选项后续提示：

命令: _arc 指定圆弧的起点或 [圆心(C)]: P_1↙（指定圆弧的起点）

指定圆弧的第二个点或 [圆心(C)/端点(E)]: C↙

指定圆弧的圆心: P_2 点↙（指定圆弧的圆心）

指定圆弧的端点或(按住 Ctrl 键以切换方向) [角度(A)/弦长(L)]: L↙

指定弦长: 80↙或 P_3↙ （其中 80 是所绘圆弧的弦长）

当输入的弦长为正时，按逆时针方向绘制圆弧；当输入的弦长为负时，按顺时针方向绘制圆弧，如图 2-10 所示。

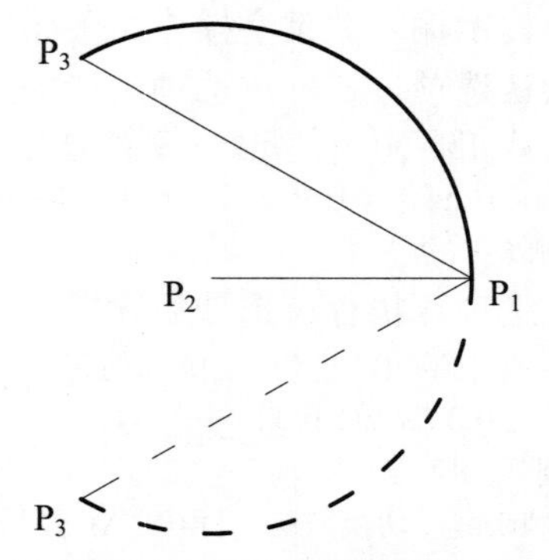

图 2-10 “起点、圆心、长度”选项画圆弧

若输入 P_3 点，则 P_1P_3 连线为圆弧的弦长。

（5）“起点、端点、角度”选项。执行该选项后续提示：

命令: _arc 指定圆弧的起点或 [圆心(C)]: P_1↙（圆弧的起点）

指定圆弧的第二个点或 [圆心(C)/端点(E)]: E↙

指定圆弧的端点: P_2↙

指定圆弧的圆心(按住 Ctrl 键以切换方向)或 [角度(A)/方向(D)/半径(R)]:A↙

指定包含角: 120↙或 P_3↙

当输入的圆心角为正时，按逆时针方向绘制圆弧；当输入的圆心角为负时，按顺时针方向绘制圆弧。

若输入 P_3 点，则 P_3 点与 OX 轴的正向夹角为圆弧的圆心角，且只能按逆时针方向画弧。

四、椭圆命令

1. 功能

根据指定尺寸绘制椭圆。

2. 命令调用

命令：ELLIPSE。工具选项板组：“默认”→“绘图”→“椭圆”按钮。菜单命令：“绘图”→“椭圆”命令。工具栏：“绘图”→“椭圆”按钮。

3. 操作

执行“椭圆”命令，AutoCAD 2022 提示：

指定椭圆的轴端点或 [圆弧(A) 中心点(C)]:

下面介绍提示中部分选项的含义及其操作。

（1）“中心点”选项。该选项通过指定椭圆的中心及两个半轴的长短绘制椭圆，参照图 2-11。执行该选项后续提示：

指定椭圆的中心点: P_1↙（指定椭圆弧的中心点）

指定轴的端点: P_2↙

指定另一条半轴长度或 [旋转(R)]: P_3↙

（2）“轴端点”选项。该选项通过指定椭圆一个轴的两个端点和另一个轴的半轴长度绘制椭圆，参照图 2-12。执行该选项后续提示：

指定椭圆的轴端点或 [圆弧(A) 中心点(C)]: P_1↙ （指定椭圆某一轴的第一端点）

指定轴的另一个端点: P_2↙

指定另一条半轴长度或 [旋转(R)]: P_3↙

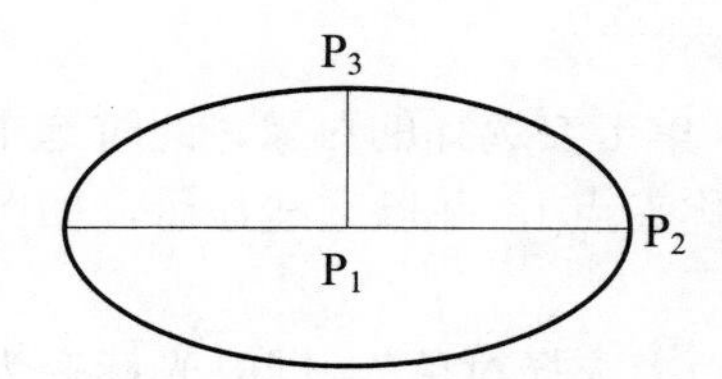

图 2-11 “中心点”选项绘制椭圆

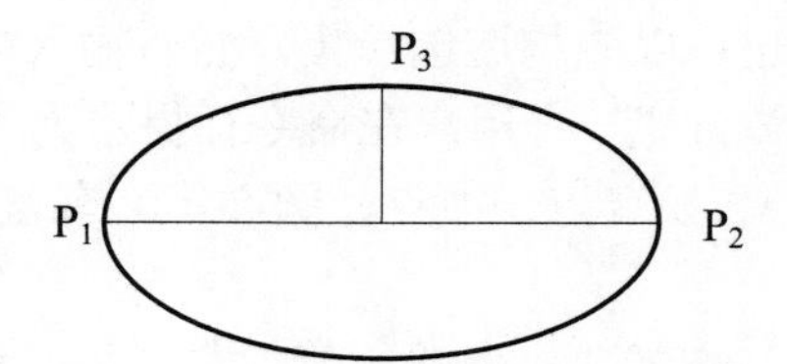

图 2-12 “轴端点”选项绘制椭圆

五、样条曲线命令

1．功能

该命令常用于绘制不规则的曲线，如绘制非一致有理 B 样条曲线（即 NURBS 曲线）。工程制图的应用中常用它绘制波浪线。

2．命令调用

命令：SPLINE。工具选项板组："默认"→"绘图"→"样条曲线拟合"按钮和"样条曲线控制点"按钮。菜单命令："绘图"→"样条曲线"命令。工具栏："绘图"→"样条曲线"按钮。

3．操作

执行"样条曲线"命令，AutoCAD 2022 提示：

指定第一个点或 [对象(O)]: 输入一点↙或 O↙（以"O"响应，选择一条样条曲线拟合的多段线，并将其转换为 NURBS 曲线）

指定下一点: 输入一点↙

指定下一点或 [闭合(C) 拟合公差(F)] <起点切向>:输入一点↙或↙或某选项↙

指定起点切向: 输入一点↙ （指示样条曲线起点的切线方向）

指定端点切向: 输入一点↙ （指示样条曲线端点的切线方向）

（1）指定下一点：指定样条曲线的数据点。直到以空回车响应，结束数据点的输入。后续提示要求指示样条曲线起点和端点的切线方向。

（2）"闭合(C)"选项：封闭样条曲线，后续提示：

指定切向: 输入一点↙ （指示样条曲线起点同时也是端点的切线方向）

（3）"拟合公差(F)"选项：设置样条曲线的拟合公差，即绘制样条曲线时，绘制样条曲线的拾取点与实际样条曲线的数据点之间所允许的最大偏移距离。拟合公差不影响样条曲线的起点和端点位置。后续提示：

指定拟合公差<0.0000>: 10↙

默认值为 0，表示拾取点和实际样条曲线的数据点重合，若拟合公差大于 0，系统会根据拟合公差和输入的数据点重新生成样条曲线。

第三节 对象选择方法

在绘图过程中，用户经常需要对图形进行修改操作，在对图形的修改过程中需要指定被修改对象，对象的指定通过选择来实现。本节介绍 AutoCAD 2022 提供的选择对象的方式。

在进行修改操作时，用户可以先输入修改命令，后选择要修改的对象（即构造选择集）（方式一）；也可以先构造选择集，然后输入修改命令（方式二）。

（1）方式一：用户在命令行提示为"命令:"时，单击要选择的对象，此时选中的对象上的关键点（如端点、中点、圆心等）有蓝色小方框（称夹点），并以虚线显示，如图 2-13（a）所示。

（2）方式二：先输入修改命令后，命令行提示为"选择对象"，同时光标变为拾取方框"□"，选中的对象以虚线显示，但没有蓝色夹点框，如图 2-13（b）所示。

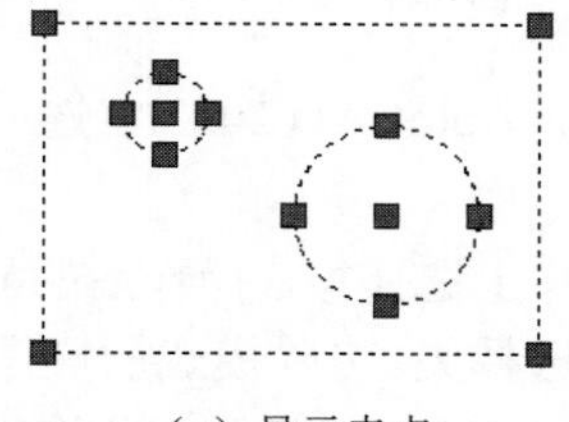
（a）显示夹点

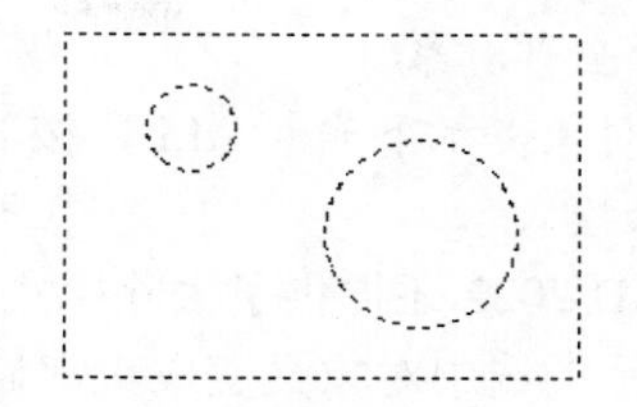
（b）不显示夹点

图 2-13 构造选择集

用户可以根据自己的习惯和命令要求结合使用上述两种方式。常用的操作选择集的方法有五种，先选择对象，后输入修改命令，或先输入修改命令，后选择对象均可直接使用。

1. 单击对象直接拾取

将光标移动到某个图形对象上，单击鼠标左键，选中的对象以虚线显示。

2. 窗口选择

在绘图区域空白处单击鼠标左键，然后将光标向右拖动，形成矩形选择窗口［图 2-14（a）］时，再次单击鼠标左键，选择窗口呈实线显示，完全包容在选择窗口中的对象被选中，如图 2-14（b）所示。

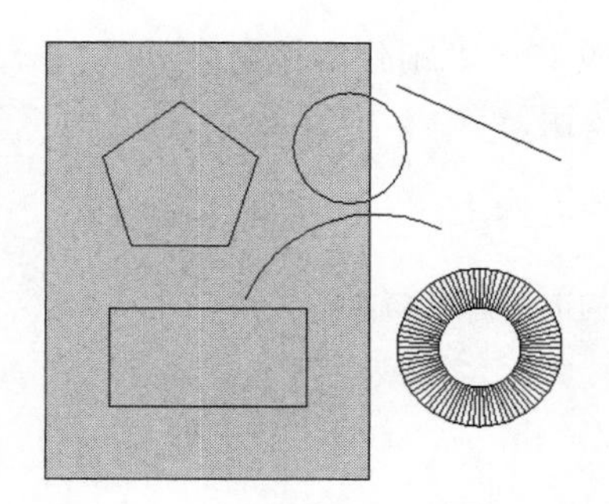
（a）形成选择窗口

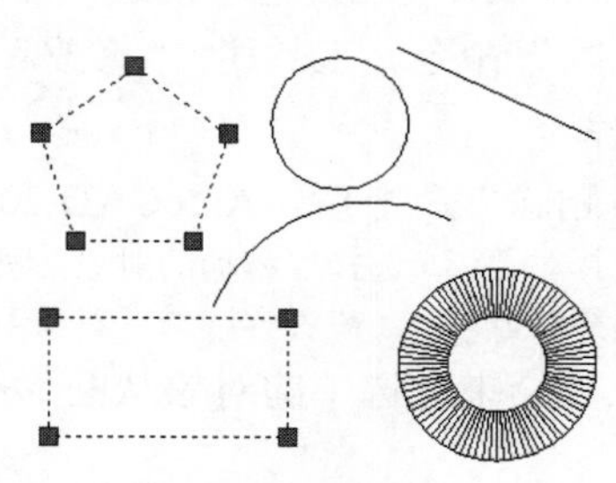
（b）选中对象

图 2-14 窗口选择

3. 交叉窗口选择

交叉窗口与窗口选择方式类似，所不同的是，在交叉窗口选择方式中，光标往左移动形成选择窗口，选择窗口边界呈虚线显示［图 2-15（a）］，与交叉窗口边界相交以及完全包容在交叉窗口中的对象都被选中，如图 2-15（b）所示。

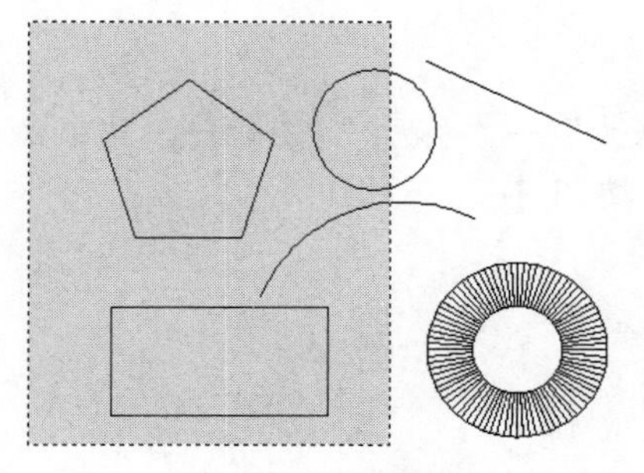
（a）形成选择窗口

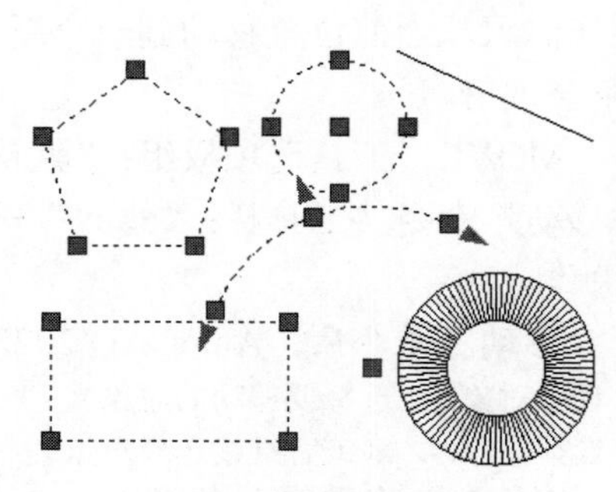
（b）选中对象

图 2-15 交叉窗口选择

4. 选择全部对象

在选择对象提示下输入 ALL，按 Enter 键或 Space 键，AutoCAD 2022 将选中所有对象。

5. 去除模式

AutoCAD 2022 还提供了去除模式，即将选中的对象移出选择集，操作后的显示特征：以虚线形式显示的选中对象又变成正常显示方式，即退出了选择集。去除模式的操作方式：在“选择对象:”提示下输入 R 并按 Enter 键或 Space 键，AutoCAD 2022 将切换到去除模式。后续提示：

删除对象:

在该提示下，利用前述的选择方式选择需要去除的对象，被选中的对象将退出选择集。

用户还可以在去除模式“删除对象:”提示下输入 A 并按 Enter 键或 Space 键，AutoCAD 2022 将切换选择状态，再次提示“选择对象:”。

第四节　删 除 对 象

1. 功能

删除已有的图形。

2. 命令调用

命令：ERASE。工具选项板组：“默认”→“修改”→“删除”按钮。菜单命令：“修改”→“删除”命令。工具栏：“修改”→“删除”按钮。

3. 操作

执行“删除”命令后，AutoCAD 2022 提示：

选择对象:（选择要移动的对象，利用上节介绍的构造选择集方法）

选择对象:↙（或者继续选择对象）

命令执行结果是选中的对象从图形中被删除。

第五节　改变对象位置

AutoCAD 2022 中通过改变对象位置进行二维图形编辑的命令为移动和旋转。

一、移动命令

1. 功能

将图形对象从当前位置移动到一个新的位置。

2. 命令调用

命令：MOVE。工具选项板组：“默认”→“修改”→“移动”按钮。菜单命令：“修改”→“移动”命令。工具栏：“修改”→“移动”按钮。

3. 操作

执行“移动”命令后，AutoCAD 2022 后续提示：

选择对象:（选择要移动的对象）

选择对象:↙（或者继续选择对象）

指定基点或 [位移(D)] <位移>:

下面介绍各选项的含义及操作。

（1）指定基点。确定移动基准点时，可在绘图窗口中拾取一点，也可输入点的二维或三维坐标。一般情况下应选取图形上的一些特殊点，如直线的端点、中点、圆的圆心点等，即通过对象捕捉方式准确地确定移动对象的位置。指定基点后，后续提示：

指定第二个点或 <使用第一个点作为位移>:

在此提示下再输入一点，即执行“指定第二个点”选项，AutoCAD 2022 将选择的对象按照该点与基点的坐标差进行移动。如果在此提示下直接按 Enter 键或 Space 键，则基点到坐标原点的距离和方向即为对象位移的距离和方向。

（2）“位移(D)”选项。输入 D，执行该选项，AutoCAD 2022 后续提示：

指定位移 <0.0000, 0.0000, 0.0000>: 输入一点↙或键入位移距离↙

输入位移量，AutoCAD 2022 将所选对象按对应的移动位移量移动。例如输入“40,60,20”，然后按 Enter 键，则 40、60、20 分别表示沿 X、Y 和 Z 坐标轴方向的移动位移量。

二、旋转命令

1. 功能

将图形对象绕指定点（基点）旋转指定的角度。

2. 命令调用

命令：ROTATE。工具选项板组：“默认”→“修改”→“旋转”按钮。菜单命令：“修改”→“旋转”命令。工具栏：“修改”→“旋转”按钮。

3. 操作

执行“旋转”命令后，AutoCAD 2022 后续提示：

UCS 当前的正角方向: ANGDIR=逆时针　ANGBASE=0

选择对象: 选取图 2-16 中的矩形↙

选择对象: ↙

指定基点: 输入旋转基点↙ （图 2-16 中的 A 点）

指定旋转角度，或 [复制(C) 参照(R)] <0>: 输入旋转角度↙或某选项↙（图 2-16 中为 30°）

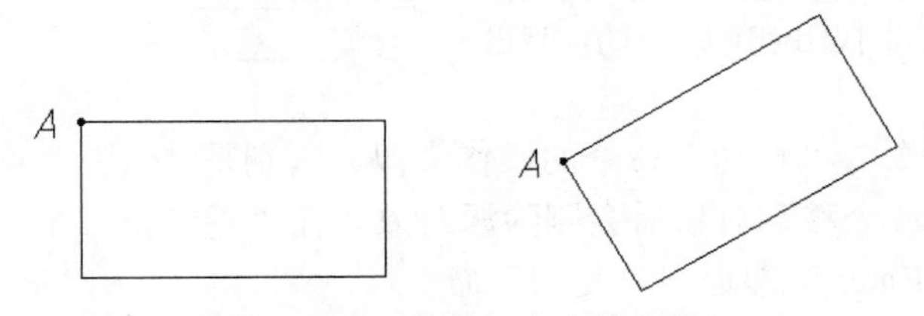

图 2-16　“旋转”命令的应用

下面介绍各选项的含义及操作。

（1）指定旋转角度，是默认选项，当输入的旋转角度为正时，所选对象绕基点逆时针旋转；当输入的旋转角度为负时，对象绕基点顺时针旋转。

（2）“复制(C)”选项，所选对象旋转后，仍在原来位置保留源对象，如图 2-17 所示。

（3）“参照(R)”选项，通过输入所选对象的参照角度值（即所选对象的当前倾斜角）和对象旋转后的倾斜角度值，来确定对象的旋转角度，两角度值之差为实际旋转角度。后续提示：

指定参照角 <0>: 输入参照方向的角度值↙

指定新角度或 [点(P)] <0>: 输入相对于参照方向的新角度↙ 或 输入一点↙

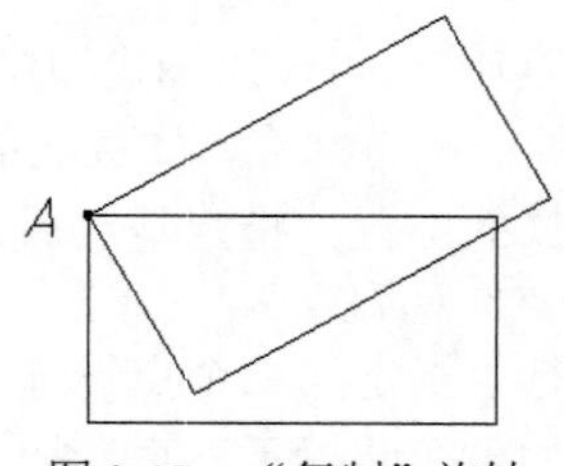

图 2-17 “复制”旋转

若输入一点，则该点到基点的连线与 OX 轴的正向夹角为所选对象相对于参照方向的新角度。

第六节 创建对象复制

一、复制命令

1. 功能

复制已绘制的图形对象到指定位置。

2. 命令调用

命令：COPY。工具选项板组：“默认”→“修改”→“复制”按钮。菜单命令：“修改”→“复制”命令。工具栏：“修改”→“复制”按钮。

3. 操作

执行“复制”命令，AutoCAD 后续提示：

选择对象：（选择要复制的对象）
选择对象：↙（或者继续选择对象）
当前设置：复制模式 = 多个
指定基点或 [位移(D) 模式(O)] <位移>：输入基点（与“移动”命令的基点雷同）↙
指定第二个点或 <使用第一个点作为位移>：↙或第二点↙
指定第二个点或 [退出(E) 放弃(U)] <退出>：↙或第二点↙

4. 说明

（1）“复制”命令与“移动”命令的操作类似，区别是“复制”命令移动对象后仍保留源对象，而“移动”命令移动对象后会删除源对象。在“指定第二个点或 <使用第一个点作为位移>:”提示下按 Enter 键即退出“复制”命令。

（2）“模式(O)”选项，用于设置复制模式，后续提示：

输入复制模式选项 [单个(S) 多个(M)] <多个>:

其中“单个(S)”选项只复制图形对象的一个副本，如图 2-18 所示。而“多个(M)”选项可复制一个图形对象的多个副本，如图 2-19 所示。多重复制模式是默认选项。

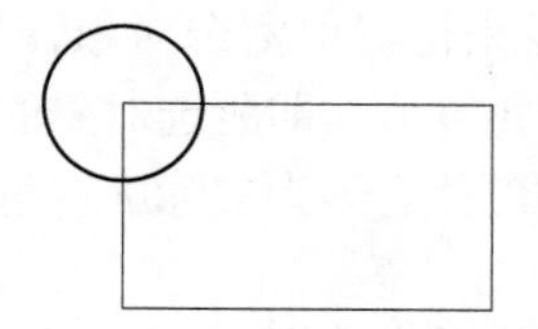
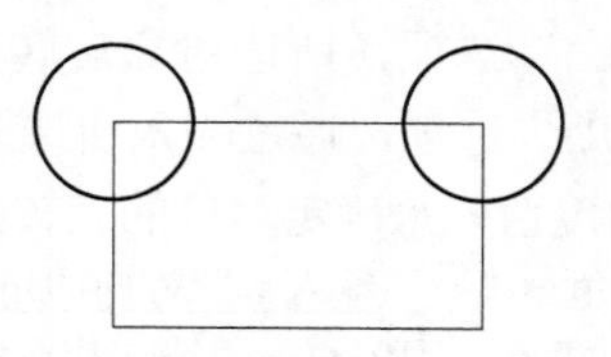

图 2-18 单一复制

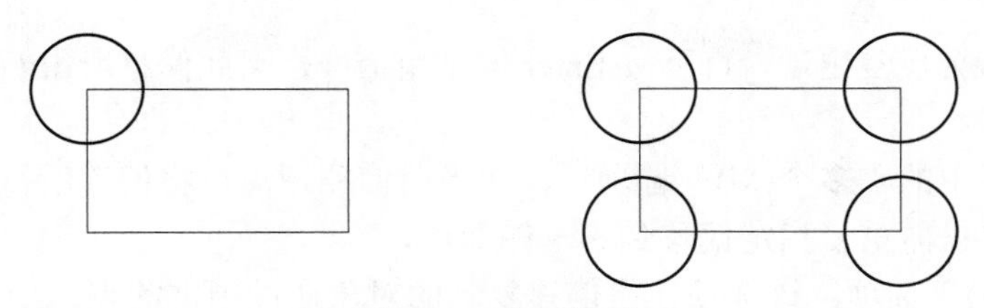

图 2-19　多重复制

二、镜像命令

1. 功能

将图形按指定的镜像线进行镜像复制，复制后，原图可以删除也可以保留。此功能便于对称图形的绘制。

2. 命令调用

命令：MIRROR。工具选项板组："默认"→"修改"→"镜像"按钮。菜单命令："修改"→"镜像"命令。工具栏："修改"→"镜像"按钮。

3. 操作

执行"镜像"命令后，AutoCAD 2022 后续提示：

选择对象: 选择对象↙　（此提示反复出现，直到用空回车响应结束对象选择）
指定镜像线的第一点:　输入镜像线的第一点↙
指定镜像线的第二点:　输入镜像线的第二点↙
要删除源对象吗？[是(Y)　否(N)] <N>: ↙或 Y↙

4. 说明

为了准确地确定镜像线，输入镜像线的点时，应结合使用对象捕捉、正交等工具。

三、偏移命令

1. 功能

对指定的对象（直线、圆弧、圆、多义线等）做等距离复制，用于创建同心圆、平行线和等距曲线。

2. 命令调用

命令：OFFSET。工具选项板组："默认"→"修改"→"偏移"按钮。菜单命令："修改"→"偏移"命令。工具栏："修改"→"偏移"按钮。

3. 操作

执行"偏移"命令后，AutoCAD 2022 后续提示：

当前设置: 删除源=否　图层=源　OFFSETGAPTYPE=0
指定偏移距离或 [通过(T)　删除(E)　图层(L)] <通过>:

下面介绍各选项的含义及操作。

（1）指定偏移距离。该选项根据指定的距离偏移复制对象，是默认选项，输入偏移距离，后续提示：

选择要偏移的对象，或 [退出(E)　放弃(U)] <退出>:　↙或选择要偏移的对象↙或某选项↙
指定要偏移的那一侧上的点，或 [退出(E)　多个(M)　放弃(U)] <退出>: ↙或在偏移对象的某一侧拾取一点↙　[如图 2-20（a）中的 C 点]

上述两行提示会反复出现，直至按 Enter 键结束命令，因此偏移所得新对象又可作为再次偏移的源对象。

选择最后提示中的“多个(M)”选项后，按当前偏移距离，将偏移所得新对象作为再次偏移的源对象，用户只需重复指定偏移到哪一侧即可。

（2）“通过(T)”选项。该选项使得偏移复制的对象通过指定的点，如图 2-20（b）所示。执行该选项后续提示：

选择要偏移的对象，或 [退出(E) 放弃(U)] <退出>: ↙或选择要偏移的对象↙或某选项↙

指定通过点或 [退出(E)/多个(M) 放弃(U)] <退出>: ↙或指定复制对象经过的点↙或某选项↙

（3）“删除(E)”选项。该选项用于设置当前的删除模式，即偏移完成后删除还是保留偏移的源对象。默认设置是保留源对象。

（4）“图层(L)”选项。该选项用于确定将偏移对象创建在当前图层，还是与源对象在同一图层。默认设置是偏移所得新对象在源对象所在的图层。

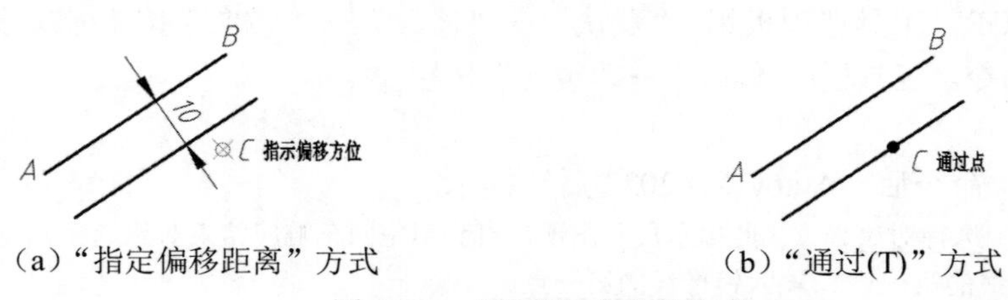

（a）“指定偏移距离”方式　　（b）“通过(T)”方式

图 2-20　“偏移”命令的应用

4．说明

（1）执行“偏移”命令后，只能以直接拾取的方式选择对象，而且在一次偏移操作中只能选择一个对象。

（2）用指定距离的方式偏移复制对象，距离值必须大于零。

四、阵列命令

1．功能

将选定的图形对象以矩形或环形多重复制。

2．命令调用

命令：ARRAY。工具选项板组：“默认”→“修改”→“矩形阵列”按钮、“路径阵列”按钮、“环形阵列”按钮。菜单命令：“修改”→“阵列”命令。工具栏：“修改”→“矩形阵列”按钮、“路径阵列”按钮、“环形阵列”按钮。

3．操作

（1）执行“矩形阵列”命令后，AutoCAD 2022 后续提示：

选择对象: 选择对象↙　（此提示反复出现，直到用空回车响应结束对象选择）

选择对象: ↙

类型=矩形　关联=是

ARRAYRECT 选择夹点以编辑阵列或[关联(AS) 基点(B) 计数(COU) 间距(S) 列数(COL) 行数(R) 层数(L) 退出(X)]<退出>:

下面介绍各选项的含义及操作。

1）“关联(AS)”选项。该选项用于指定阵列中的对象是关联的还是独立的。使用关联阵列，可以通过编辑特性和源对象，在整个阵列中快速传递更改。

2）“基点(B)”选项。该选项用于指定在阵列中放置项目的基点。其后续提示中的“关键点”选项是指对于关联阵列，在源对象上指定有效的约束（或关键点）以与路径对齐。如果编辑生成的阵列的源对象作为路径，则阵列的基点应保持与源对象的关键点重合。

3）“计数(COU)”选项。该选项用于指定行数和列数，并在移动光标时可以动态观察结果。

4）“间距(S)”选项。该选项用于指定行间距和列间距。

5）“列数(COL)”选项。该选项用于设置阵列中的列数，并指定从每个对象的相同位置测量的每列之间的距离。

6）“行数(R)”选项。该选项用于设置阵列中的行数，并指定从每个对象的相同位置测量的每行之间的距离。其后续提示的“全部”选项用于指定从开始和结束对象上的相同位置测量的起点和终点行之间的总距离；“增量标高”选项用于设置每个后续行的增大或减小的标高。

7）“层数(L)”选项。该选项用于指定三维阵列的层数和层间距。

（2）执行“环形阵列”命令后，AutoCAD 2022 后续提示：

选择对象: 选择对象↙　（此提示反复出现，直到用空回车响应结束对象选择）

选择对象: ↙

类型=极轴　关联=是

ARRAYPOLAR 指定阵列的中心点或[基点(B)/旋转轴(A)]:

（“基点”选项用于指定阵列的基点；“旋转轴”选项用于指定由两个指定点定义的自定义旋转轴。）

ARRAYPOLAR 选择夹点以编辑阵列或[关联(AS) 基点(B) 项目(I) 项目间角度(A) 填充角度(F) 行(ROW) 层数(L) 旋转项目(ROT) 退出(X)]<退出>:

下面介绍不同于“矩形阵列”中的选项的含义及操作。

1）“项目(I)”选项。该选项使用值或表达式指定阵列中的项目数。

2）“项目间角度(A)”选项。该选项使用值或表达式指定项目之间的角度。

3）“填充角度(F)”选项。该选项使用值或表达式指定阵列中第一个和最后一个项目之间的角度。

4）“旋转项目(ROT)”选项。该选项用于控制在排列项目时是否旋转项目。

（3）执行“路径阵列”命令后，AutoCAD 2022 后续提示：

选择对象: 选择对象↙　（此提示反复出现，直到用空回车响应结束对象选择）

选择对象: ↙

类型=路径　关联=是

ARRAYPATH 选择路径曲线:

选择曲线路径: ↙（路径可以是直线、多段线、三维多段线、样条曲线、螺旋、圆弧、圆或椭圆）

ARRAYPATH 选择夹点以编辑阵列或[关联(AS) 方法(M) 基点(B) 切向(T) 项目(I) 行(R) 层数(L) 对齐项目(A) Z 方向(Z) 退出(X)]<退出>:

下面介绍不同于“矩形阵列”和“环形阵列”中的选项的含义及操作。

1）“方法(M)”选项。该选项用于控制如何沿路径分布项目，后续提示：

输入路径方法[定数等分(D)/定距等分(M)]:

（“定数等分”是指将指定数量的项目沿路径的长度均匀分布；“定距等分”是指将按照给定的间隔沿路径分布项目。）

2）“基点(B)”选项。该选项用于定义阵列的基点，指定路径阵列中的项目相对于基点放置的位置。

3）“切向(T)”选项。该选项用于指定阵列中的项目如何相对于路径的起始方向对齐。

4）“对齐项目(A)”选项。该选项用于指定是否对齐每个项目以与路径的方向相切，对齐相对于第一个项目的方向。

5）“Z 方向(Z)”选项。该选项用于控制是否保持项目的原始 Z 方向或沿三维路径自然倾斜项目。

各阵列命令的生成效果如图 2-21 所示。

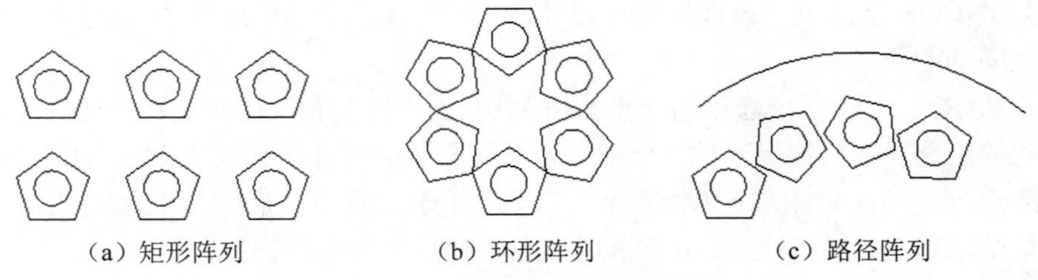

（a）矩形阵列　（b）环形阵列　（c）路径阵列

图 2-21 “阵列”命令的应用

第七节 修改对象形状

一、缩放命令

1. 功能

将选定的图形对象放大或缩小。

2. 命令调用

命令：SCALE。工具选项板组：“默认”→“修改”→“缩放”按钮。菜单命令：“修改”→“缩放”命令。工具栏：“修改”→“缩放”按钮。

3. 操作

执行“缩放”命令，后续提示：

选择对象：（选择要缩放的对象）

选择对象：↙（或继续选择要缩放的对象）

指定基点：（确定基点位置）

指定比例因子或[复制(C) 参照(R)]:

下面介绍各选项的含义及操作。

（1）指定比例因子。该选项用于确定缩放的比例因子。输入比例因子后，按 Enter 键或 Space 键，选定对象将根据比例因子相对于基点缩放。比例因子大于 1 时放大对象，否则缩小对象。“缩放”命令的应用如图 2-22 所示。

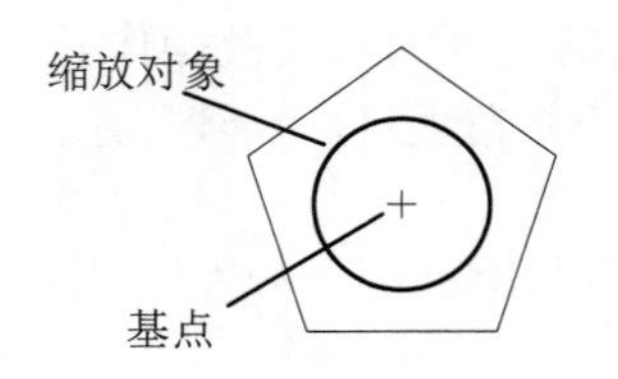

（a）原图形

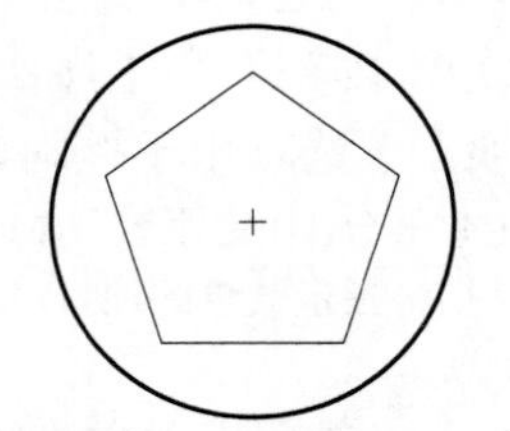

（b）缩放（圆被放大）结果

图 2-22 “缩放”命令的应用

（2）“复制(C)”选项。该选项用于创建缩小或放大对象后仍保留原对象。

（3）“参照(R)”选项。该选项用于将对象按参照方式进行缩放。执行该选项，后续提示：

指定参照长度: (输入参照长度的值)

指定新的长度或[点(P)]:（输入新的长度或通过“点(P)”选项指定两点来确定长度值）

AutoCAD 2022 将根据参照长度与新长度计算比例因子，比例因子=新长度/参照长度，并相应地缩放选定对象。

二、拉伸命令

1. 功能

拉长或压缩对象，在一定条件下也可以移动对象。

2. 命令调用

命令：STRETCH。工具选项板组：“默认”→“修改”→“拉伸”按钮。菜单命令：“修改”→“拉伸”命令。工具栏：“修改”→“拉伸”按钮。

3. 操作

执行“拉伸”命令，后续提示：

以交叉窗口或交叉多边形选择要拉伸的对象...

选择对象: 指定选择窗口第一角点↙（如图 2-23 中的 B 点）

选择对象: 指定对角点:　指定选择窗口另一角点↙（如图 2-23 中的 C 点）

选择对象: ↙（结束对象选择）

指定基点或 [位移(D)] <位移>:　输入基点↙或 D↙（拾取图 2-23 中的 A 点作为基点）

指定第二个点或 <使用第一个点作为位移>: ↙或输入点↙（拾取图 2-23 中的 P 点作为第二个点）

4. 说明

（1）必须使用交叉窗口选择伸缩对象，如图 2-23（b）所示，完全位于交叉窗口内的对象将移动，一部分位于窗口外的对象则伸缩。若连续使用两个以上交叉窗口选择伸缩对象，则最后使用的交叉窗口所做的选择有效。

（2）可使用 Remove 选项从选择集中移走所选对象，但不能向选择集中添加对象。

（3）若所选图形中含有尺寸对象，图形被伸缩后，尺寸数值也会随之改变。

（4）在“指定第二个点或 <使用第一个点作为位移>:”的提示下，以 Enter 键响应，则基点到坐标原点的距离和方向即为对象伸缩的距离和方向。若打开正交功能，则可控制伸缩方向只能是水平方向或竖直方向。

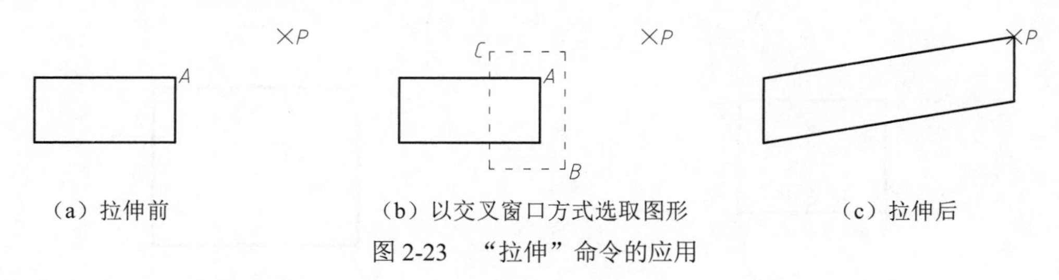

（a）拉伸前　　（b）以交叉窗口方式选取图形　　（c）拉伸后

图 2-23　“拉伸”命令的应用

三、修剪命令

1. 功能

用指定的剪切边图形对象修剪另外一些对象，对象可以是直线、圆、圆弧等。

2. 命令调用

命令：TRIM。工具选项板组："默认"→"修改"→"修剪"按钮。菜单命令："修改"→"修剪"命令。工具栏："修改"→"修剪"按钮。

3. 操作

执行"修剪"命令，后续提示：

当前设置: 投影=视图,边=无,模式=快速
选择要修剪的对象,或按住 Shift 键选择要延伸的对象,或
[剪切边(T) 窗交(C) 模式(O) 投影(P) 删除(R) 放弃(U)]: 某选项↙
选择对象:（此提示反复出现，直到用空回车结束对象选择）

下面介绍各选项的含义及操作。

（1）选择要修剪的对象，或按住 Shift 键，修剪模式转换为延伸模式。该选项用于选择对象进行修剪或将其延伸到剪切边，为默认选项。用户在该提示下选择被修剪对象，用鼠标挪动"对象选择标记"□到需要被修剪掉的对象上，右击，此时位于拾取点处的部分被剪切掉。如果被修剪对象没有与剪切边相交，在该提示下按住 Shift 键后选择对象，AutoCAD 2022 会将其延伸到剪切边。

（2）"剪切边(T)"选项。用户在该选项下，先选择作为剪切边的对象，右键确认结束剪切边的选择；然后开始选择要修剪的对象，或按住 Shift 键，修剪模式转换为延伸模式。剪切边和被修剪对象均可以选多个，可以逐个拾取，也可以窗选。同一个剪切边，在被修剪对象上的拾取位置不同，修剪结果也会不同。"剪切边"修剪如图 2-24 所示。

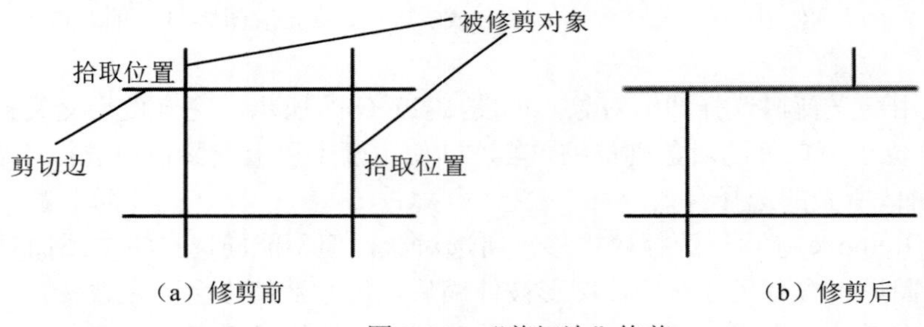

（a）修剪前　　（b）修剪后

图 2-24　"剪切边"修剪

（3）"窗交(C)"选项。该选项采用窗交方式选择多个被剪切对象，与选择窗口边界相交的对象为被修剪对象。如图 2-25（a）中虚线形成的框即为窗口边界。

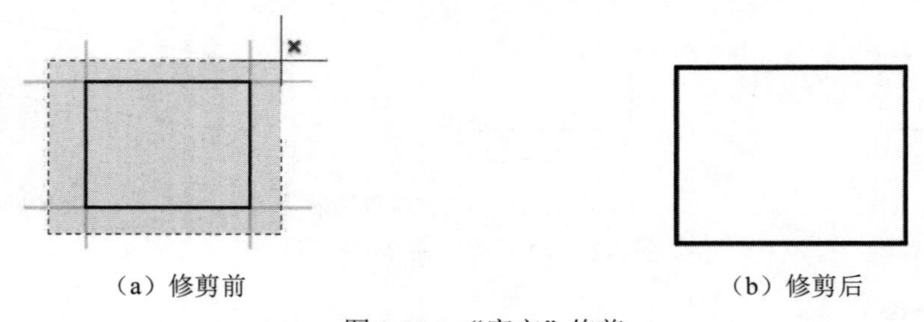

（a）修剪前　　（b）修剪后

图 2-25　"窗交"修剪

（4）"模式(O)"选项。该选项可对修剪模式进行设置，有"快速(Q)"和"标准(S)"两种选择，默认模式是"快速(Q)"。

（5）“投影(P)”选项。该选项可对修剪的投影方式进行设置，有“无(N)”“UCS(U)”“视图(V)”三种，默认投影方式是“视图(V)”。

（6）“删除(R)”选项。该选项用于删除指定的对象，相当于在修剪命令中“透明”使用“擦除”命令。

（7）“放弃(U)”选项。该选项用于取消上一次的剪切操作。

4. 说明

图形中的对象可以互为剪切边，即剪切边可以被剪，而被剪对象也可以作为剪切另一个对象的剪切边，也可用窗口方式选择剪切边。

四、延伸命令

1. 功能

将选定的对象延伸到指定边界。

2. 命令调用

命令：EXTEND。工具选项板组：“默认”→“修改”→“延伸”按钮。菜单命令：“修改”→“延伸”命令。工具栏：“修改”→“延伸”按钮。

3. 操作

“延伸”命令的使用方法和“修剪”命令的使用方法类似，不同之处在于：使用“延伸”命令时，如果在按下 Shift 键的同时选择对象，则执行“修剪”命令；使用“修剪”命令时，如果在按下 Shift 键的同时选择对象，则执行“延伸”命令。

如图 2-26（a）所示图形中的粗线对象延伸后的结果如图 2-26（b）所示。

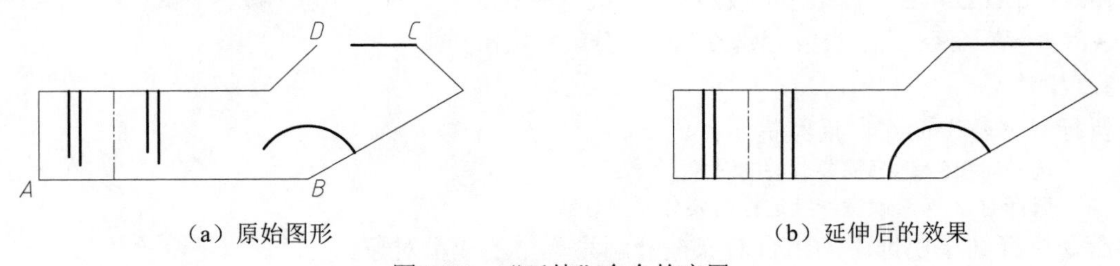

（a）原始图形　　（b）延伸后的效果

图 2-26　“延伸”命令的应用

五、打断命令

1. 功能

根据指定点将对象分成两部分，或删除对象上指定两点之间的部分。

2. 命令调用

命令：BREAK。工具选项板组：“默认”→“修改”→“打断”按钮和“打断于点”按钮。菜单命令：“修改”→“打断”命令。工具栏：“修改”→“打断”按钮和“打断于点”按钮。

3. 操作

执行“打断”命令，后续提示：

选择对象：（选择断开的对象，只能用单点方式）

指定第二个打断点 或 [第一点(F)]：指定第二点↙或 F↙或@↙

下面介绍各选项的含义及操作。

（1）指定第二个打断点。此时，AutoCAD 2022 将选择对象时的选择点作为第一断点，用户可有以下几种操作：

- 直接在对象上另一点处单击，则两个选择点之间的对象被删除。
- 输入符号“@”，然后按 Enter 键或 Space 键，则对象在第一断开点处被打断。
- 拾取对象的任意一个端点，则从第一断点到对象该端点处的部分被删除。

（2）“第一点(F)”选项。该选项以“F”响应，表示要重新输入第一断点，后续提示：

指定第二个打断点:（重新确定第一断点）
指定第二个打断点:

在此提示下，按前面介绍的三种方法确定第二断点即可。

4. 说明

（1）利用“修改”工具栏中的“打断于点”按钮可在某一点处将对象一分为二。

（2）对圆执行打断操作时，AutoCAD 2022 沿逆时针方向将圆上位于第一断点与第二断点之间的圆弧段删除。

六、分解命令

1. 功能

将由多个对象组成的组合对象分解为单个对象。比如利用“矩形”命令绘制的矩形可分解为四段直线段对象。

2. 命令调用

命令：EXPLODE。工具选项板组：“默认”→“修改”→“分解”按钮。菜单命令：“修改”→“分解”命令。工具栏：“修改”→“分解”按钮。

3. 操作

执行“分解”命令，后续提示：

选择对象:（选择需要分解的对象）
选择对象:（↙或者继续选择需要分解的对象）

命令执行结果使选中的组合对象被分解为单个的成员对象。

七、圆角对象

1. 功能

将两个图形对象用一个指定半径的圆弧光滑连接，使工程制图中圆弧连接的绘制变得简单。圆角对象及连接点的选择不同，圆角的结果也不同，如图 2-27 至图 2-29 所示。

（1）用圆弧连接两条直线，如图 2-27 所示。

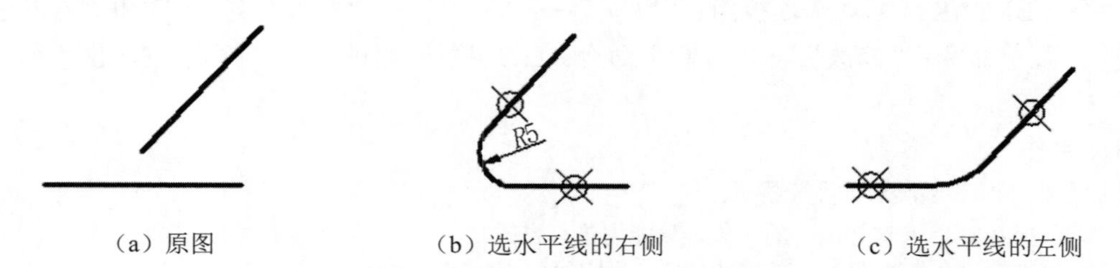

（a）原图　　（b）选水平线的右侧　　（c）选水平线的左侧

图 2-27　用圆弧连接两条直线

（2）用圆弧连接直线和圆弧，如图 2-28 所示。

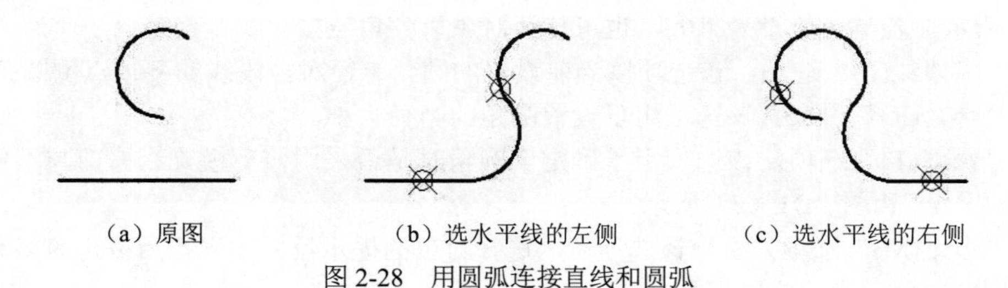

（a）原图　（b）选水平线的左侧　（c）选水平线的右侧

图 2-28　用圆弧连接直线和圆弧

（3）用圆弧连接两圆或圆弧，如图 2-29 所示。

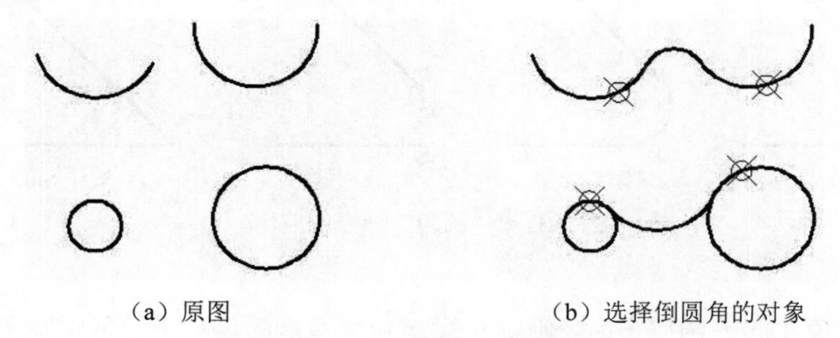

（a）原图　（b）选择倒圆角的对象

图 2-29　用圆弧连接两圆或圆弧

为整条多段线或其中两条相邻线段倒圆角，如图 2-30 所示。但不能对一条多段线与另一其他对象（如直线）倒圆角。

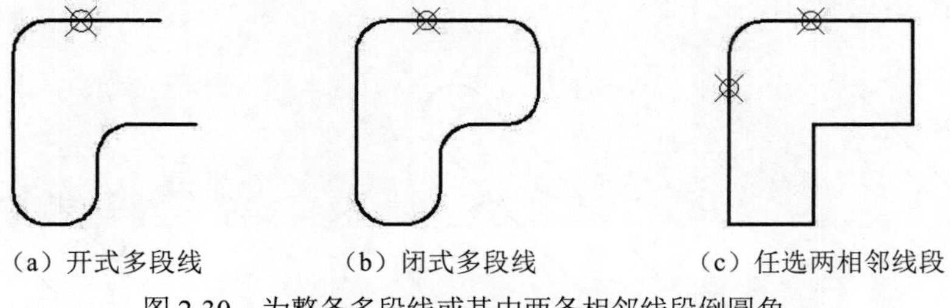

（a）开式多段线　（b）闭式多段线　（c）任选两相邻线段

图 2-30　为整条多段线或其中两条相邻线段倒圆角

2. 命令调用

命令：FILLET。工具选项板组：“默认”→“修改”→“圆角”按钮。菜单命令：“修改”→“圆角”命令。工具栏：“修改”→“圆角”按钮。

3. 操作。

执行“圆角”命令，后续提示：

前设置: 模式 = 修剪,半径 = 10.0000

选择第一个对象或 [放弃(U) 多段线(P) 半径(R) 修剪(T) 多个(M)]:（选择第一个对象）

下面介绍各提示的含义及操作。

（1）选择第一个对象。该提示要求选择创建圆角的第一个对象，是默认选项，后续提示：

选择第二个对象,或按住 Shift 键选择要应用角点的对象:（选择第二个对象）

在此提示下选择另一个对象，AutoCAD 2022 将按当前的圆角半径对它们进行倒圆角。若按住 Shift 键选择第二个对象，则无论所设圆角的半径值多大，两对象间均以尖角连接，如图 2-31（d）所示。若半径值设为“0”，也可使两对象以尖角连接。

（2）“多段线(P)”选项。该选项以当前设置的圆角半径对多段线的各顶点倒圆角。

（3）“半径(R)”选项。该选项用于设置圆角的半径大小。

（4）“修剪(T)”选项。该选项用于确定倒圆角时是否采用修剪模式。修剪与不修剪的效果如图 2-31（b）和图 2-31（c）所示。

（5）“多个(M)”选项。执行该选项后，选择对象的提示反复出现，所以可对多个对象倒圆角，直到以空回车键响应结束命令。

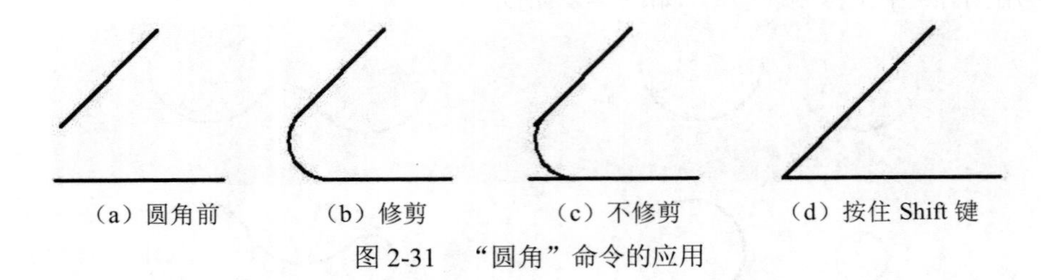

（a）圆角前　（b）修剪　（c）不修剪　（d）按住 Shift 键

图 2-31 “圆角”命令的应用

4. 说明

（1）当两对象在同一图层上时，则圆角与两对象在同一图层上，否则圆角在当前图层上，其颜色、线型、线宽随当前图层。

（2）AutoCAD 2022 也可对两平行线倒圆角。无论所设圆角半径值多大，当选择了两条平行线后，圆角半径由系统自动按两平行线间的距离计算。圆角的起点从所选的第一条直线的端点开始，如图 2-32 所示。

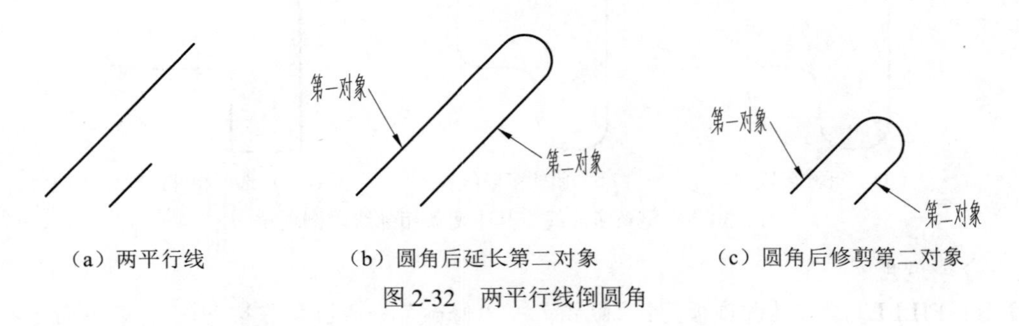

（a）两平行线　（b）圆角后延长第二对象　（c）圆角后修剪第二对象

图 2-32 两平行线倒圆角

八、倒角对象

1. 功能

在两条直线之间创建倒角。

2. 命令调用

命令：CHAMFER。工具选项板组：“默认”→“修改”→“倒角”按钮。菜单命令：“修改”→“倒角”命令。工具栏：“修改”→“倒角”按钮。

3. 操作

“倒角”命令的使用方法和“圆角”命令类似，不同之处在于：使用“圆角”命令时，需要设置圆角半径；而使用“倒角”命令时，则需要设置倒角距离，如图 2-33 所示。此处不再赘述“倒角”命令的使用方法。

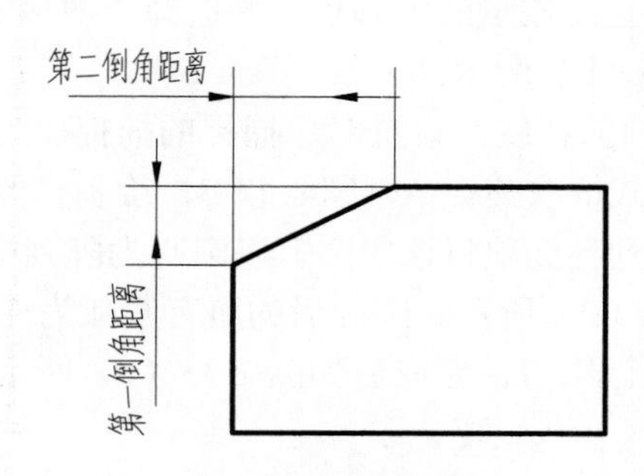

图 2-33　倒角距离

例 2-2　绘制图 2-34 所示的平面图形，图形中圆的直径为 70mm。

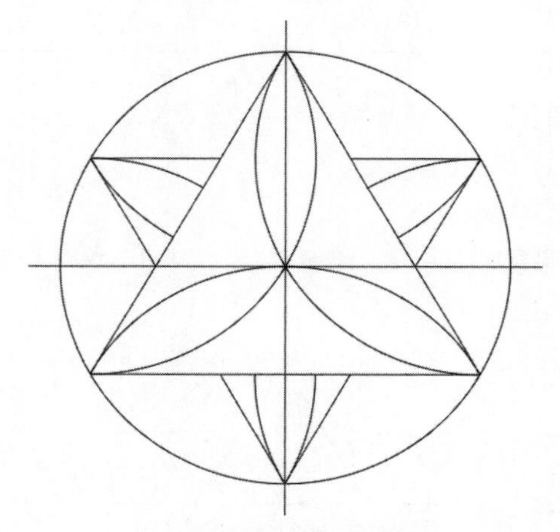

图 2-34　例 2-2 平面图形

1. 建立图形文件

单击快速访问工具栏上的“新建”按钮，从弹出的“选择样板”对话框中选择“acadiso.dwt”样板文件，单击“打开”按钮。

2. 设置绘图边界

（1）执行菜单栏“格式”→“图形界限”命令，显示以下提示：

指定左下角点或 [开(ON) 关(OFF)] <0.0000,0.0000>: ↙

指定右上角点 <420.0000,297.0000>: 210，148↙

（2）执行菜单栏“视图”→“缩放”→“全部”命令，系统按所设图形界限（210mm×148mm）重新生成并显示绘图窗口。

3. 绘制图形

（1）绘制基准线。打开正交模式（单击状态栏中的按钮），用直线命令绘制长度为 80mm，于中心位置相互垂直的两条基准线。

（2）绘制圆。关闭正交模式。打开对象捕捉模式（单击状态栏中的按钮），设置对象捕捉的捕捉类型为交点（I）。用“圆”命令中的“圆心、直径”选项捕捉基准线交点为圆心，绘制直径为70mm的圆，如图2-35（a）所示。

（3）绘制两个正三边形。设置对象捕捉的捕捉类型为“交点(I)”。用“多边形”命令绘制2个正三边形，捕捉圆心为正三边形的中心点，并选择“内接于圆”。用“修剪”命令，修剪正三边形，完成后如图2-35（b）所示。

（4）绘制正三边形中的圆弧花纹。设置对象捕捉的捕捉类型为“端点(E)、交点(I)”，用“圆弧”命令中的“三点”方式依次捕捉A、圆心和B，绘制一段圆弧，如图2-35（c）所示。用“阵列”命令中的“环形阵列”选项将该段圆弧以圆心为阵列中心点，项回数目为6，填充360度阵列，完成后如图2-35（d）所示。阵列后的所有圆弧为一个整体，先用“分解”命令对阵列对象进行分解，然后进行修剪，完成后如图2-35（e）所示。

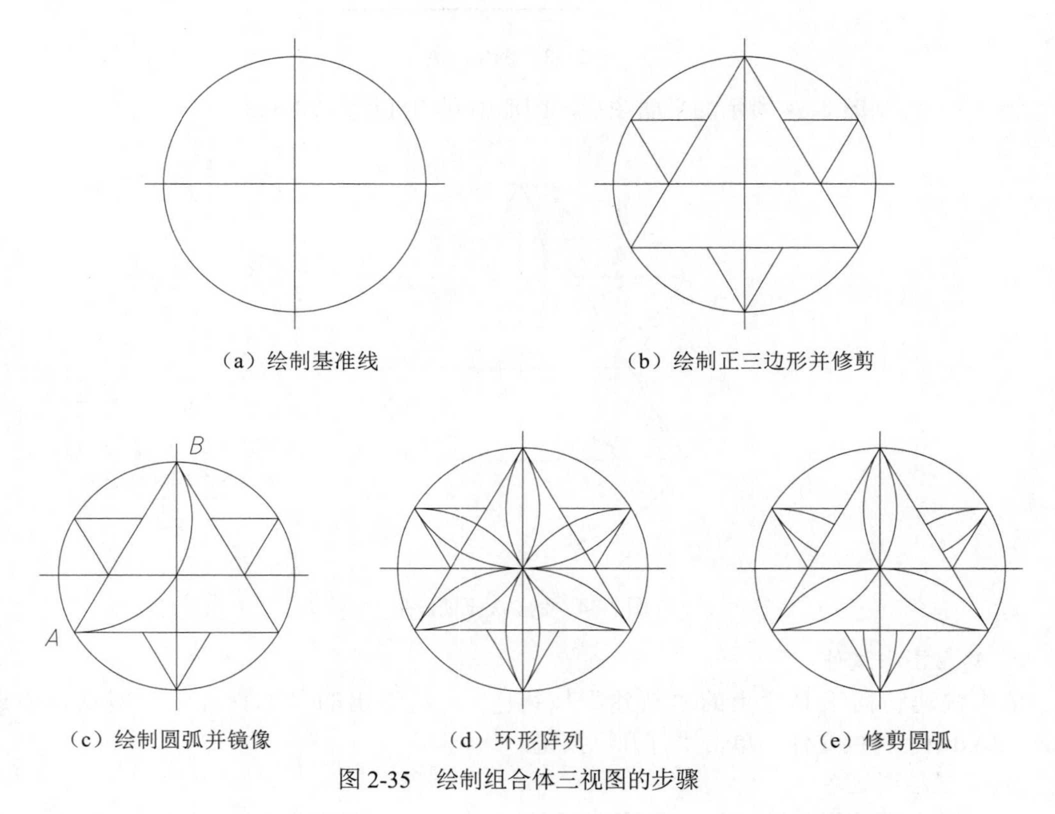

（a）绘制基准线　（b）绘制正三边形并修剪

（c）绘制圆弧并镜像　（d）环形阵列　（e）修剪圆弧

图2-35　绘制组合体三视图的步骤

4. 保存文件

完成上述操作后保存即可结束绘制。

思考与练习

1. AutoCAD 2022中对象的选择方式有哪些？
2. 试述绘制组合体三视图的一般步骤。

3．绘制图 2-36 和图 2-37 所示的平面图形。

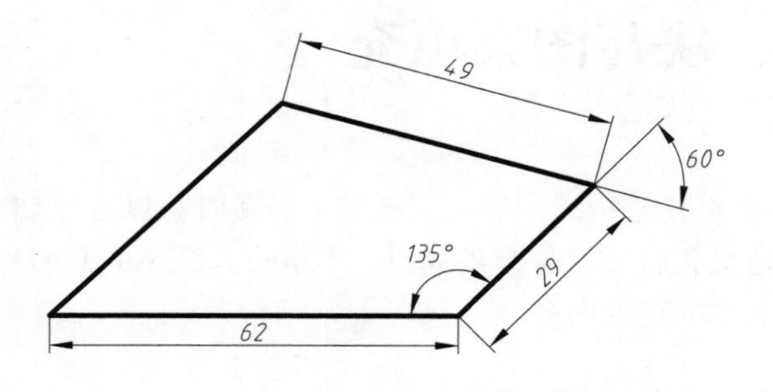

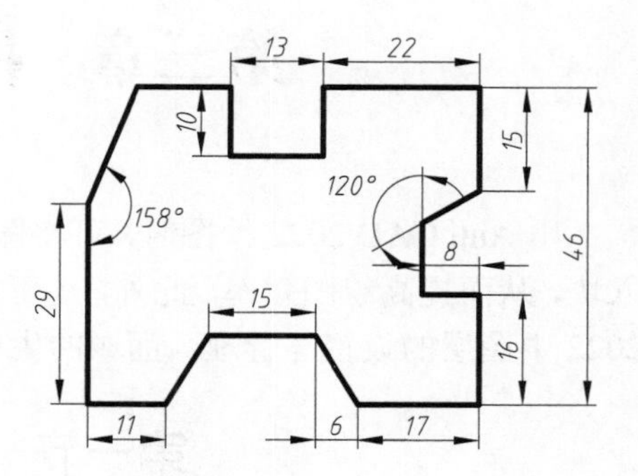

图 2-36　平面图形 1

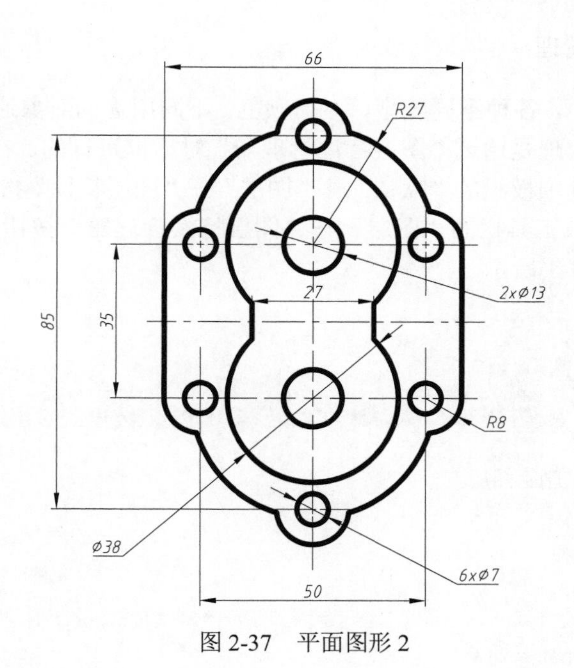

图 2-37　平面图形 2

第三章　图层、块与图案填充

用 AutoCAD 2022 绘图时，可将图形中需要重复绘制的内容定义成块，需要时可以直接插入块，从而提高绘图效率。此外，还可以为块定义包含文字信息的属性。本章将介绍 AutoCAD 2022 中图层的设置与管理、面域的生成以及图案填充等内容。

第一节　图层管理与对象特性

一、图层的设置与管理

在 AutoCAD 2022 中，各种不同线型、不同颜色、不同用途的对象通常通过图层来进行分类管理。图层的设置与管理是通过“图层特性管理器”对话框进行的。在 AutoCAD 2022 工作空间中，可以通过工具选项板组的“默认”→“图层”→“图层特性”按钮，或菜单的“格式”→“图层”命令，或工具栏的“图层”→“图层特性管理器”按钮，打开“图层特性管理器”对话框，如图 3-1 所示。

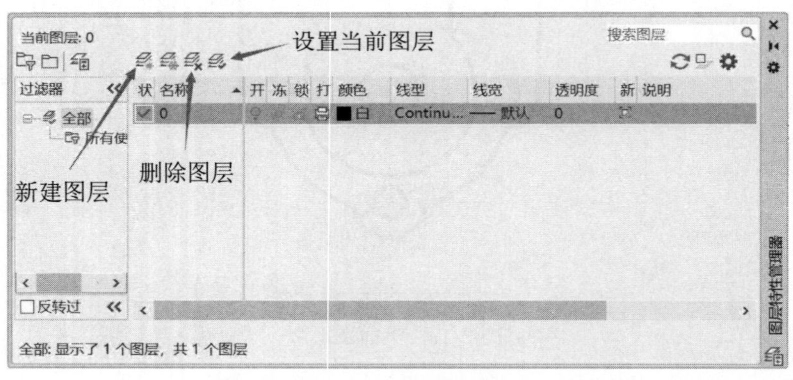

图 3-1　“图层特性管理器”对话框

“图层特性管理器”对话框由树状图窗格、列表框窗格和按钮组成。下面介绍该对话框中主要选项的功能。

1. 新建图层

AutoCAD 2022 在启动时自动创建一个初始层“0”层，其特性和状态如图 3-1 所示，“0”层不能改名也不能删除。单击“图层特性管理器”对话框顶部的“新建图层”按钮，即可创建一个新图层，图层列表框中显示新图层的特性和状态。默认情况下，新图层的名称是以“图层 1”“图层 2”……的顺序来命名的。用户可修改新建图层的名称，方法是将光标移至需要重命名的图层名称上右击，在弹出的快捷菜单中选择“重命名图层”选项，可输入新的名称。

为了有效地管理图层，图层的命名应有特点且比较容易识别，例如以“虚线”“细实线”为图层命名，在绘图的过程中，通过层名就可以清楚地知道该图层上图形对象的线型和用途。

2．设置当前图层

AutoCAD 2022 允许在一个图形文件中创建多个图层，但用户在某一时刻只能在当前层上绘图。选中某一图层，然后单击“图层特性管理器”对话框顶部的“置为当前”按钮；或双击选定的图层，所选图层即设置为当前层。

3．删除图层

在“图层特性管理器”对话框中选中某一图层，然后单击“删除”按钮，即可完成图层的删除。需要说明的是，“0”层、当前层、包含图形对象的图层和依赖于外部参照的图层不能删除。

4．图层的开启与关闭

当图层列表框中“开”列所对应的小灯泡图标为黄色时，表示图层处于开启状态；当小灯泡图标的颜色为灰色时，表示图层处于关闭状态，单击该图标可切换图层的开/关状态。或在展开图层状态列表框中单击相同的按钮也可切换图层的开/关状态。若图层打开，层上的对象可见亦可选取，当图形重新生成时会占用刷新时间。若图层关闭，层上的对象不可见，打印图形时层上的对象不会打印，但当图形重新生成时会占用刷新时间。

5．图层的冻结与解冻

当图层列表框中“冻结”列所对应的图标为雪花符号时，表示图层处于冻结状态；为太阳符号时，表示该图层处于解冻状态，单击该图标可切换图层的解冻/冻结状态。若图层解冻，层上的对象可见亦可选取，当图形重新生成时会占用刷新时间。若图层被冻结，层上的对象不可见，当图形重新生成时不占用刷新时间。打印图形时，冻结图层上的对象不打印。

6．图层的锁定与解锁

当图层列表框中“锁定”列所对应的图标为符号时，表示图层处于锁定状态；为符号时，表示图层处于解锁状态，单击该图标切换图层的解锁/锁定状态。若图层解锁，层上的对象可见亦可选取，当图形重新生成时会占用刷新时间。若图层被锁定，层上的对象可见但不可选，若用捕捉功能可以捕捉到对象上的特定点，当图形重新生成时会占用刷新时间。

7．设置图层颜色

在图层列表框中单击某一图层的“颜色”列所对应的图标，即打开“选择颜色”对话框，如图 3-2 所示。在该对话框中，可以使用“索引颜色”“真彩色”“配色系统”三个选项卡为图层设置颜色。

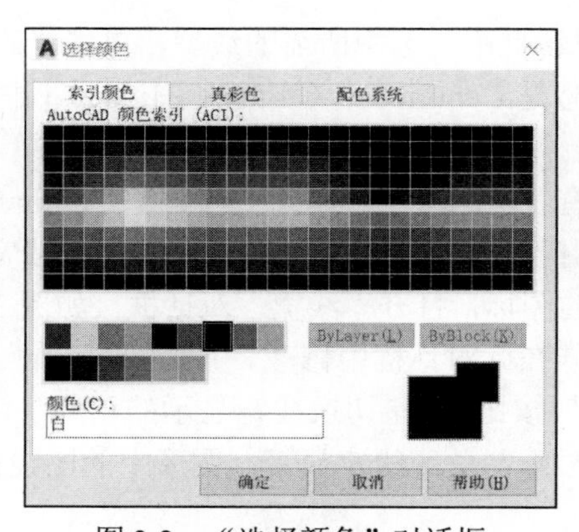

图 3-2　“选择颜色”对话框

8. 设置图层的线型

图层的线型是指在图层上绘图时对象的线型。设置图层线型的步骤如下：

（1）在图层列表框中单击某一图层的“线型”列所对应的图标，打开如图 3-3 所示的“选择线型”对话框，该对话框中仅列出了当前图形文件中可用的线型。初始状态下，该对话框中只有 Continuous（实线）线型。

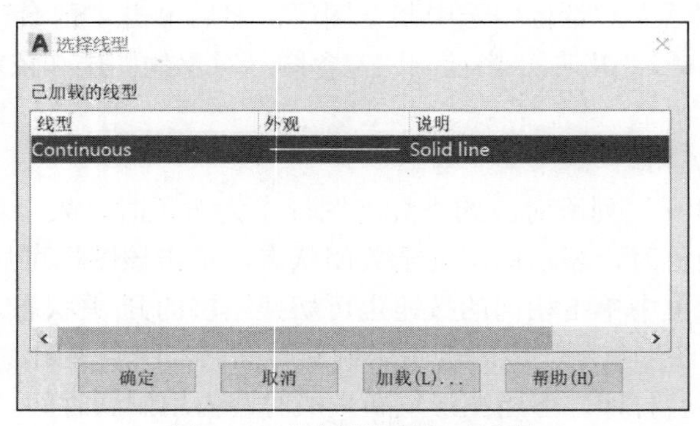

图 3-3　“选择线型”对话框

（2）单击“选择线型”对话框中的“加载”按钮，打开“加载或重载线型”对话框，如图 3-4 所示。在该对话框中选择所需的线型，单击“确定”按钮，返回“选择线型”对话框，此时该对话框中已列出新加载的线型。

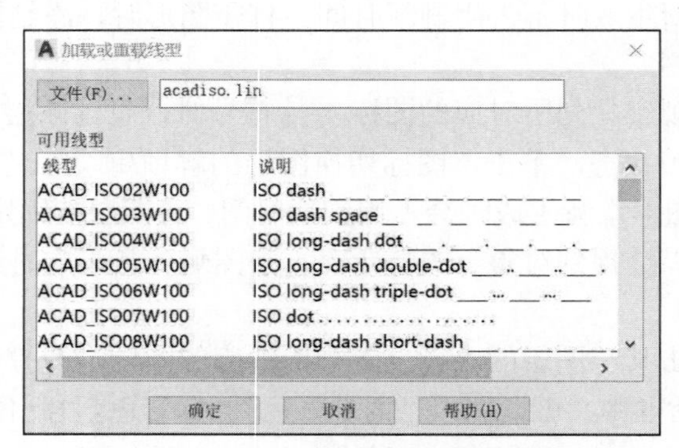

图 3-4　“加载或重载线型”对话框

（3）在“选择线型”对话框中，选中所需的线型，单击“确定”按钮。

绘制工程图样常用的线型是 Continuous（实线）、Hidden（虚线）和 Center（点画线）。

9. 设置图层的线宽

在工程图样中，线型还有线宽的区别，如同一种线型 Continuous（实线）就有细实线和粗实线之分。图层的线宽是指图层上对象的线宽。要设置图层的线宽，应在图层列表框中单击某一图层的“线宽”列所对应的图标，打开“线宽”对话框，如图 3-5 所示，选择一种合适的线宽即可。默认线宽的宽度不能在此对话框中修改。

单击状态栏上的“线宽”按钮，切换线宽显示的“开”“关”状态。打开线宽显示，图形中的图线按设置的线宽显示；关闭线宽显示，图形中的图线按“0”宽度（即一个像素的宽度）显示。

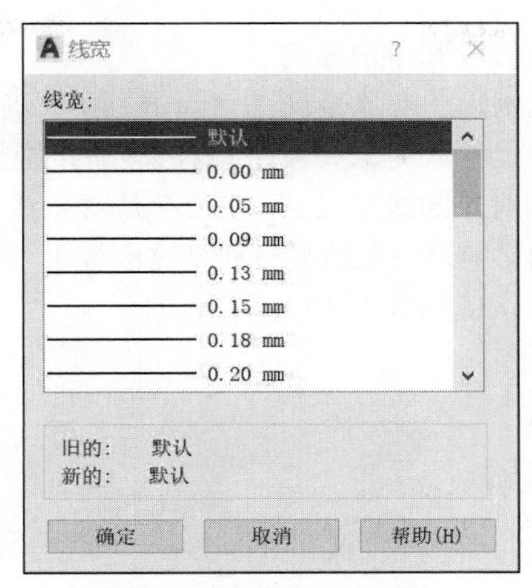

图 3-5　“线宽”对话框

二、线型比例与线宽显示

1.“线宽设置”对话框

执行菜单栏的“格式”→“线宽”命令，打开“线宽设置”对话框，如图 3-6 所示。

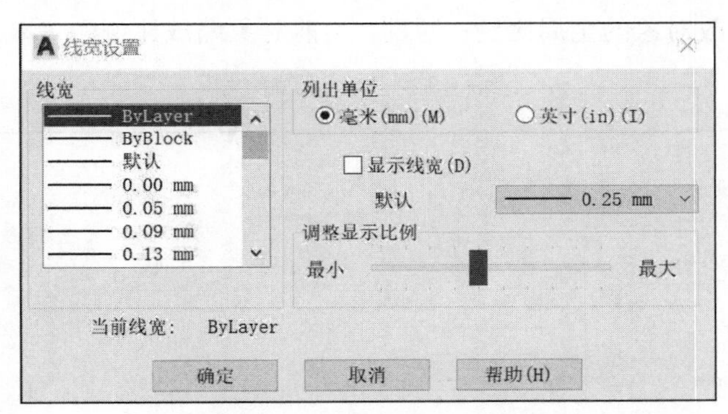

图 3-6　“线宽设置”对话框

对话框中各主要选项的功能如下：

（1）勾选对话框中的“显示线宽”复选框，或单击状态栏中的“线宽”按钮，可控制对象线宽是否在屏幕上按设置线宽显示。

（2）“默认”下拉列表框用来修改默认线宽值。

（3）拖动“调整显示比例”滑动条中的滑块可调整线宽的显示比例。

2. 线型比例

AutoCAD 2022 的线型比例因子是针对非连续线型的，因为非连续线型一般是由实线段和空白段组成的，AutoCAD 2022 事先在系统的线型文件中定义了这些实线段和空白段的长度。非连续线型的实线段和空白段的长度与绘图边界一样，是以图形单位衡量的，对同一线型而言，在不同的绘图情况下，其短画和间隔需要适当地调整，于是就有了线型比例因子。用户在创建新图形文件时，通过选择适当的样板文件，使非连续线型的显示与当前文件的图形边界匹配。但有时屏幕上的显示或输出到图纸上的线型还是不能令人满意，这时可通过调整对象的线型比例因子放大或缩小非连续线型实线段和空白段的长度。

AutoCAD 2022 的线型比例因子有“全局比例因子”和“当前对象缩放比例”两种，“全局比例因子”影响所有对象（已绘制对象和新绘制对象）的线型显示；“当前对象缩放比例”仅影响修改比例因子后新绘制对象的线型显示。图 3-7 是对象线型为“虚线”时不同的“当前对象缩放比例”对线型显示的影响。对象的最终线型比例等于“全局比例因子”和“当前对象缩放比例”的乘积（它们的默认值均等于 1）。

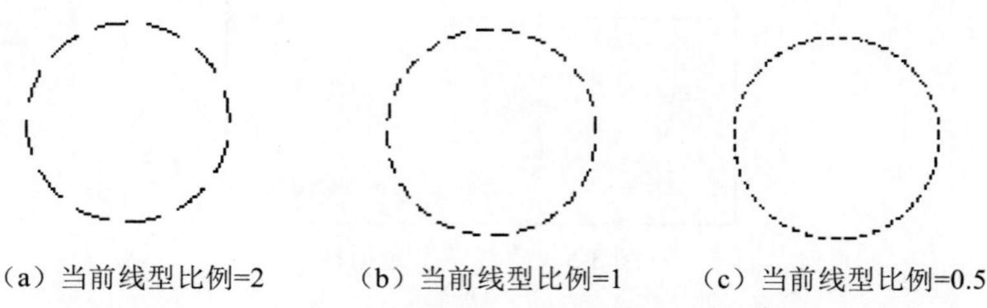

（a）当前线型比例=2　（b）当前线型比例=1　（c）当前线型比例=0.5

图 3-7　线型比例对线型显示的影响（全局比例因子=1）

3. “线型管理器”对话框

执行菜单栏的“格式”→“线型”命令，打开“线型管理器”对话框，单击其中的“显示细节”按钮（此时变为“隐藏细节”），展开后的对话框如图 3-8 所示。通过其中的“全局比例因子”文本框可修改对象的全局比例；通过“当前对象缩放比例”文本框可修改新绘制对象的当前比例。

图 3-8　“线型管理器”对话框

三、图形对象特性

在 AutoCAD 2022 中绘制一个图形对象，例如一个圆，除了要确定它的几何数据（即圆心坐标和半径）以外，还要确定它的颜色、线型、线宽、打印样式等特性数据。AutoCAD 2022 控制图形对象特性的方式有三种，即随层、随块、独立设置。通过“特性”工具栏可以查看和控制图形对象的特性，如图 3-9 所示。

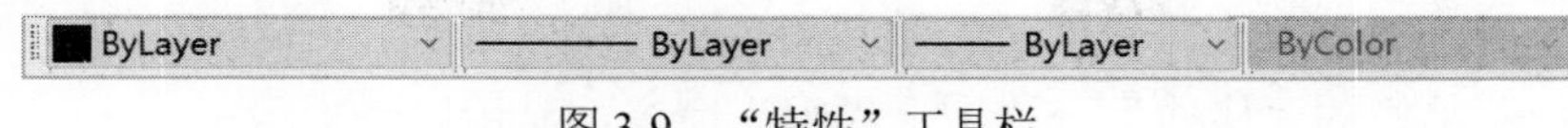

图 3-9　“特性”工具栏

1. 随层（ByLayer）

“随层”图形对象的特性（如颜色、线型、线宽等）与其所在图层的特性一致，即同一图层上设置为“随层（ByLayer）”的图形对象都有相同的颜色、线型和线宽。“随层”方式是 AutoCAD 2022 启动后的默认方式，也是最常用的方式。

2. 随块（ByBlock）

图形对象的特性设置为“随块（ByBlock）”后，在定义块时，图形对象在屏幕上显示的颜色为白色，线型为 Continuous（实线），线宽为默认宽度。随着块的插入，图形对象的特性将与所插入图层的特性一致。

3. 独立设置

独立设置方式中，图形对象的特性与其所在图层的特性不一致，而且此时图形对象的特性优先于图层的特性。如设置图形对象的颜色为蓝色，其所在图层的颜色是红色，则画出的图线是蓝色而不是红色。

虽然用上述任意一种方式都能控制图形对象的特性，但建议采用“随层”方式，因为绘制图形时，图形中的任一对象都必属于某一层，且对象的状态是通过层来控制的。因此图层是组织图形、管理图形的有效工具之一，如利用图层的特性来控制图形对象的特性；利用图层的状态来控制图层的可见性和可操作性。

例 3-1　绘制图 3-10 所示的组合体三视图。

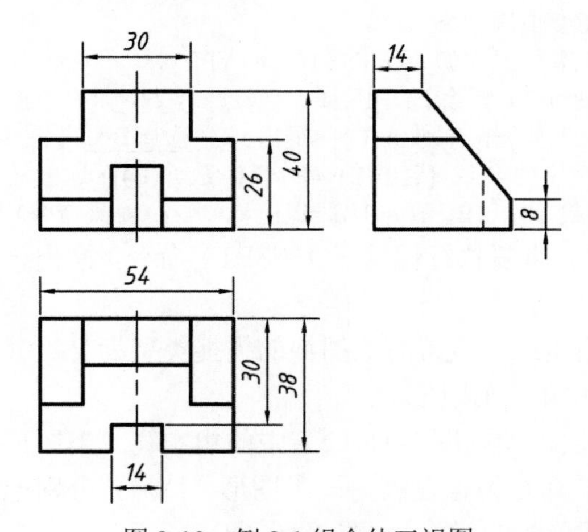

图 3-10　例 3-1 组合体三视图

用 AutoCAD 2022 绘制组合体的三视图时，为保证各视图之间“长对正、高平齐、宽相等”的投影关系，最常用的方法就是构造辅助线。下面举例说明绘图过程。为了绘图方便，单击快速访问工具栏右侧的向下箭头，选择菜单中的“显示菜单栏”选项。

1. 建立图形文件

单击快速访问工具栏上的“新建”按钮，从弹出的“选择样板”对话框中选择“acadiso.dwt”样板文件，单击“打开”按钮。

2. 设置绘图边界

（1）执行菜单栏的“格式”→“图形界限”命令，显示以下提示：

指定左下角点或 [开(ON) 关(OFF)] <0.0000,0.0000>: ↙

指定右上角点 <420.0000,297.0000>: 210，148↙

（2）执行菜单栏的“视图”→“缩放”→“全部”命令，系统按所设图形界限（210mm×148mm）重新生成并显示绘图窗口。

3. 设置图层

单击工具选项板组的“默认”→“图层”→按钮。打开“图形特性管理器”对话框，本例中设置粗实线层（线型：Continuous；线宽：0.5mm；黑色或白色）、虚线层（线型：Hidden；线宽：默认；黑色或白色）和中心线层（线型：Center；线宽：默认；黑色或白色）、辅助线层（线型：Continuous；线宽：默认；红色）。默认线宽设为0.25mm。

4. 绘制图形

（1）绘制基准线。将辅助线层置为当前层，并打开正交模式（单击状态栏中的按钮），用“直线”命令绘制基准线A、B、C、D，如图3-11（a）所示。

（2）绘制投影连线。提示如下：

命令: _offset

当前设置: 删除源=否 图层=源 OFFSETGAPTYPE=0

指定偏移距离或 [通过(T) 删除(E) 图层(L)] <通过>: 40↙（总高尺寸）

选择要偏移的对象,或 [退出(E) 放弃(U)] <退出>: 选择A线［图3-11（a）］

指定要偏移的那一侧上的点,或 [退出(E)/多个(M)/放弃(U)] <退出>: 在A线上方拾取一点

选择要偏移的对象,或 [退出(E) 放弃(U)] <退出>: ↙（结束命令）

命令: _offset （重复前次命令）

当前设置: 删除源=否 图层=源 OFFSETGAPTYPE=0

指定偏移距离或 [通过(T) 删除(E) 图层(L)] <通过>: 27↙（总宽的一半）

选择要偏移的对象,或 [退出(E) 放弃(U)] <退出>: 选择B线［图3-11（a）］

指定要偏移的那一侧上的点,或 [退出(E) 多个(M) 放弃(U)] <退出>: 在B线右侧拾取一点

选择要偏移的对象,或 [退出(E) 放弃(U)] <退出>: ↙（结束命令）

根据图3-10中的尺寸，重复执行偏移（OFFSET）命令，画出一系列投影连线，如图3-11（b）所示。

（3）绘制视图中的粗实线。设置对象捕捉的捕捉类型为交点（INT 和 END），并打开对象捕捉模式（单击状态栏中的按钮）。

将粗实线层置为当前层，绘制图3-11（c）中的粗实线。当图形对称时，可先画出对称图形的一半，最后用“镜像”命令镜像复制另一半图形。然后，分别把虚线层和中心线层设置为当前层，绘制视图中的点画线和虚线，如图3-11（d）所示。

（4）关闭辅助线层，用“镜像”命令复制对称图形，如图3-11（f）所示。提示如下：

命令: _mirror

选择对象: 用窗口选择已画出的图形［图3-11（e）］

选择对象: ↙ (结束对象选择)

指定镜像线的第一点: 拾取P_1点 （应配合使用对象捕捉工具）

指定镜像线的第二点: 拾取P_2点 （本例中打开“正交”功能）

要删除源对象吗？[是(Y) 否(N)] <N>: ↙ （保留源对象）

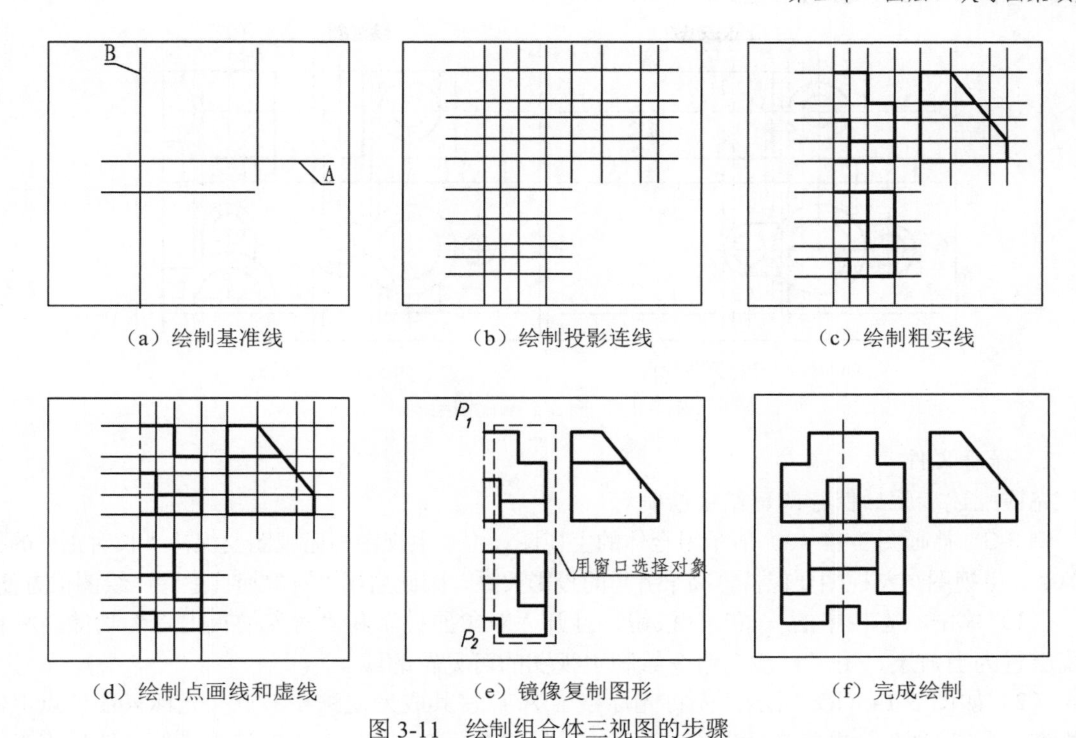

图 3-11　绘制组合体三视图的步骤

5. 保存文件

完成上述步骤后保存即可结束绘制。

例 3-2　绘制如图 3-12 所示的组合体三视图。

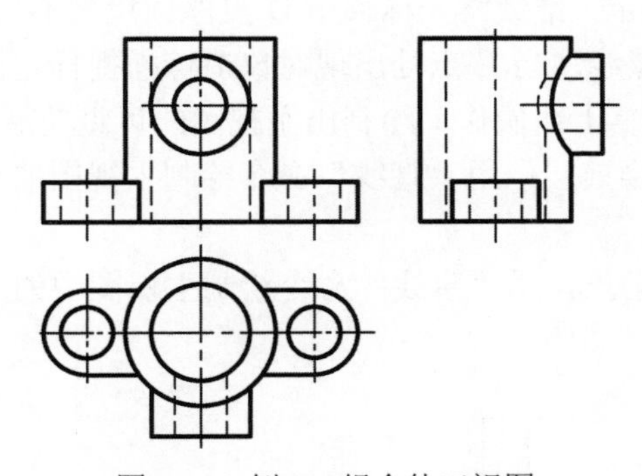

图 3-12　例 3-2 组合体三视图

1. 绘制图形

（1）用前例所用步骤和方法绘制主、俯视图，如图 3-13（a）所示。

（2）用“复制”命令将俯视图的对称部分复制后，再用“旋转”命令将图形旋转 90°。

（3）用“偏移”命令的通过点方式画出左视图中宽度方向的投影连线，并画出左视图，如图 3-13（b）所示。

左视图上的相贯线可通过特殊点用“圆弧”命令或“多段线”命令绘制。左视图中与主、俯视图相同的投影可用“复制”命令完成，如左视图中大圆柱筒的投影可复制主视图中相同的部分。

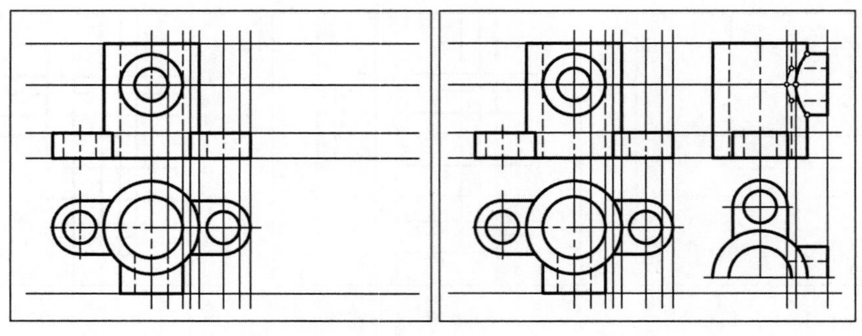

（a）绘制主、俯两视图　　（b）绘制左视图

图 3-13　例 3-2 三视图绘制

2. 保存文件

完成上述步骤后保存即可结束绘制。

例 3-3　补画图 3-14（a）所示组合体的主视图。由于主视图与俯视图要保持“长对正”的投影关系，主视图与左视图要保持“高平齐”的投影关系，因此启用“对象捕捉追踪”绘图很方便。

（1）单击状态栏中的和按钮，打开“对象捕捉”和“对象捕捉追踪”功能，将粗实线层置为当前层，用“直线”命令绘制主视图的可见轮廓线。

（2）如图 3-14（a）所示，先将光标移至 A 点使其成为追踪参考点（光标只在该点上停顿片刻，不要拾取），再将光标向 B 点移动，图形中显示一条过 A 点的追踪点线。然后将光标移至 B 点，使其成为第二追踪参考点（光标也是只在 B 点上停顿片刻，不要拾取），再将光标向 C 点移动，图形中显示第二条过 B 点的追踪点线，当 C 点处出现对象追踪捕捉标记“×”时再拾取，该点即为输入的直线的起点。

（3）如图 3-14（b）所示，继续将光标移至 D 点停顿片刻不拾取，并将光标向 E 点移动，图形中显示过 D 点的追踪点线，当 E 点处出现对象追踪捕捉标记“×”时再拾取，该点即为输入点，画出 CE 直线；重复上述操作，绘制出主视图的可见轮廓线如图 3-14（c）所示。

（4）将点画线层置为当前层，用“直线”命令绘制主视图的对称中心线，如图 3-14（c）所示。

（5）将虚线层置为当前层，用“直线”命令绘制主视图中的虚线。完成后如图 3-14（d）所示。

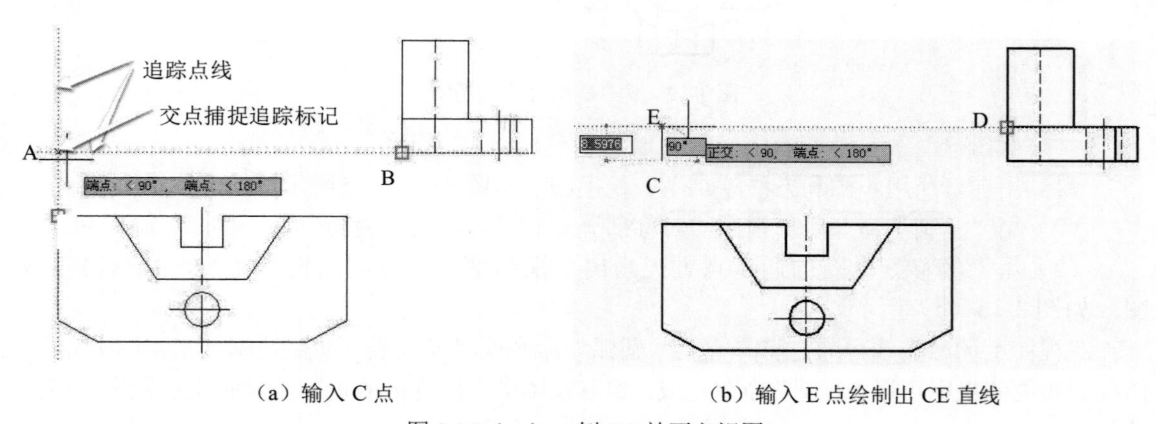

（a）输入 C 点　　（b）输入 E 点绘制出 CE 直线

图 3-14（一）　例 3-3 补画主视图

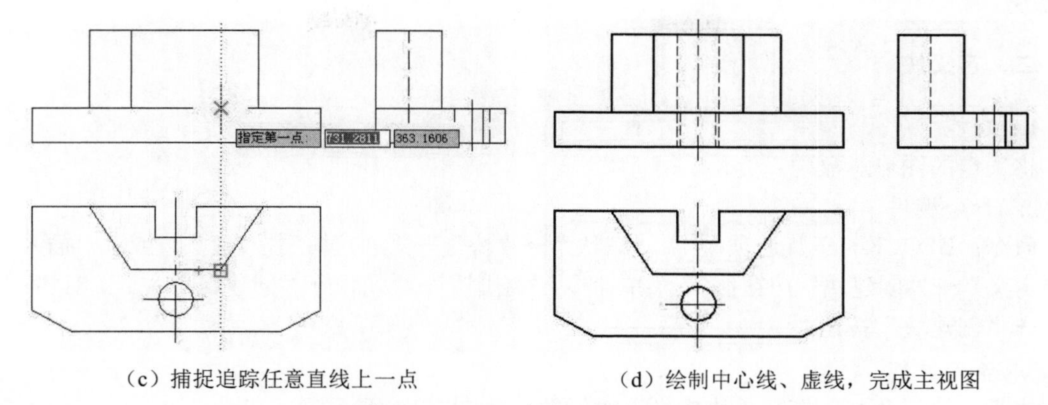

（c）捕捉追踪任意直线上一点　　（d）绘制中心线、虚线，完成主视图

图 3-14（二）　例 3-3 补画主视图

第二节　块及属性

一、块的概念

块是图形对象的集合，常用于绘制重复的图形和符号。使用块具有以下特点。

1. 提高绘图效率

在工程制图中，常有一些需重复绘制的图形和符号。如将这些重复出现的图形和符号定义成块，绘图时可以根据需要，将块以不同的大小、方向多次插入图中的任一位置，从而可避免大量的重复性工作，提高绘图效率和质量。

2. 节省存储空间

AutoCAD 2022 的图形文件要保存图形中所有对象的相关信息，如对象的类型、位置、图层、线型、颜色及几何参数等，这些信息要占用存储空间。显然图形中对象越多，占用的存储空间就越大，如果将相同的图形对象定义成块，绘图时插入图形中，系统只需保存与块的定义和插入相关的信息（如块名、插入点坐标及插入比例等），从而可节省磁盘空间。所以块的定义越复杂，插入的次数越多，这一特点的优越性就越明显。

3. 便于修改图形

对象集合一旦定义为块插入图形中，AutoCAD 2022 即将块作为一个单一对象来处理，选择对象时选中块中的任何一个对象，整个块都会被选中。另外，块的修改非常方便。在设计过程中，工程图样的修改是不可避免的。如果需要修改的内容是插入图中的某个块，只需修改块定义，插入图形中的相应的块内容就会自动更新。若是 AutoCAD 2022 的动态块，则修改将更方便。

4. 添加属性

有些块除图形内容外，还需要文字信息，如机械制图中的表面结构符号、土木建筑制图中的标高符号等。在 AutoCAD 2022 中，这些从属于块的文字信息称为属性，是块的一个组成部分。定义块之前应首先定义属性（即确定属性值），属性值可随着块的每一次插入而改变。此外，用户还可控制块中属性的可见性，并可提取块中属性的数据信息，将它们写入数据文件传送到数据库中。

二、定义块

1. 功能

将选定的图形对象定义为块。

2. 命令调用

命令：BLOCK。工具选项板组："默认"→"块"→"创建块"按钮，或者"插入"→"块定义"→"创建块"按钮。菜单命令："绘图"→"块"→"创建"命令。工具栏："绘图"→"创建块"按钮。

3. 命令操作

执行"块"命令，打开"块定义"对话框，如图3-15所示。

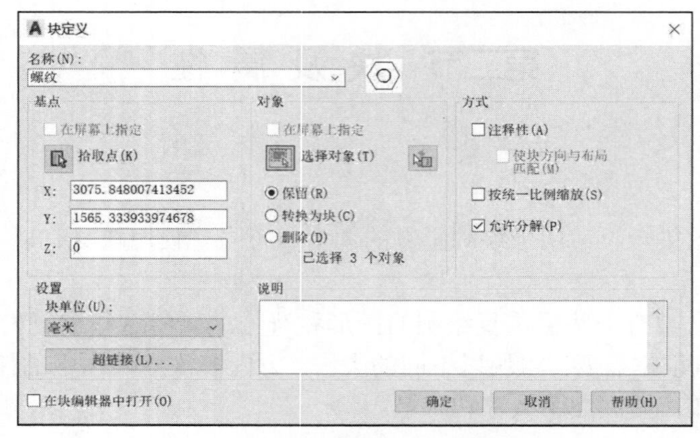

图3-15 "块定义"对话框

对话框中主要选项的含义如下：

（1）"名称"文本框：输入和编辑块的名称。单击文本框右侧的箭头可列出当前图形文件中所有的块名。

（2）"基点"区：设置块的插入基点位置。用户可以直接在X、Y、Z文本框中输入，也可以单击"拾取点"按钮，切换到绘图窗口指定基点。

基点可以选择块所包含图形上的点，也可以选择其他点。为了使块的插入方便、快捷，应根据图形特点和绘图需要选择基点，一般选在块的对称中心、左下角或其他有特征的点。

（3）"对象"区：确定组成块的对象。

- "在屏幕上指定"复选框，其含义与"基点"区的"在屏幕上指定"复选框相同。
- 单击"选择对象"按钮，切换到绘图窗口选择组成块的对象。
- 单击"快速选择"按钮，弹出"快速选择"对话框，用于设置选择对象的过滤条件。
- 选中"保留"单选按钮，创建块后组成块的各对象仍保留在绘图窗口。
- 选中"转换为块"单选按钮，创建块后保留组成块的对象，并把它们转换成块。
- 选中"删除"单选按钮，创建块后删除组成块的源对象。

（4）"方式"区：设置块的显示状态。

- "注释性"复选框，若勾选该复选框，则对于有注释性的块对象，会按照注释的比例自动调整大小。

- “按统一比例缩放”复选框，勾选该复选框，块插入时按统一比例缩放；否则块插入时，各个坐标轴方向可采用不同的缩放比例。
- “允许分解”复选框，勾选该复选框，块插入后可以分解为组成块的基本对象。

（5）“设置”区：设置块的插入单位和超链接。

- “块单位”下拉列表框，从下拉列表框中选择块插入时的缩放单位。
- 单击“超链接”按钮，打开“插入超链接”对话框，可以插入某个超链接文档。

（6）“说明”文本框：用来输入当前块的相关描述信息。

（7）“在块编辑器中打开”复选框，勾选该复选框，块定义完成后，可以在块编辑器中打开、编辑当前块定义。

4. 说明

（1）如果新块名与已定义的块重名，系统将弹出警告对话框，用户可根据具体情况选择是否重新定义块。但块一经重新定义，图形中所有的块参照都会使用新定义。

（2）AutoCAD 2022 允许块嵌套，即块中可以包含其他块，块的嵌套层数不限，但块与所嵌套的块不能重名。

例 3-4　在 AutoCAD 2022 中，将图 3-16 所示的图形定义成块螺孔。

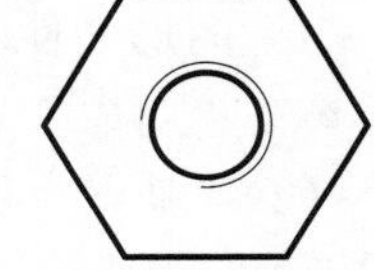

图 3-16　定义块

（1）绘制图 3-16 所示的图形。

（2）单击工具选项板组中的“默认”→“块”→“创建”按钮，打开“块定义”对话框。

（3）在“名称”文本框中输入块名为“螺孔”；在“基点”区中单击按钮，在绘图窗口拾取图 3-16 中的圆心，将其确定为插入基点；在“对象”区选中“保留”单选按钮，再单击按钮，切换到绘图窗口。用窗口选择方式选择图 3-16 中的所有对象，然后右击返回“块定义”对话框；在“块单位”下拉列表框中选择“毫米”选项，将单位设置为毫米；单击“确定”按钮，完成块的定义。

注意：此外，使用“块”命令创建的块只能由块所在的图形使用，而不能由其他图形使用。

三、定义外部块

1. 功能

用“创建块”命令定义的块（称内部块）只能在创建块时的图形中调用。AutoCAD 2022 还提供了定义外部块的功能，将块以单独文件保存，通过“插入”命令可在任何图形文件中调用。

2. 命令调用

命令：WBLOCK。

3. 命令操作

执行 WBLOCK 命令，将打开“写块”对话框，如图 3-17 所示。

对话框各选项的含义如下：

（1）“源”选项组：用于确定组成块的对象来源。

- “块”单选按钮，将当前图形文件中已定义的块存储为图形文件，在其右侧的下拉列表框中选择块名。

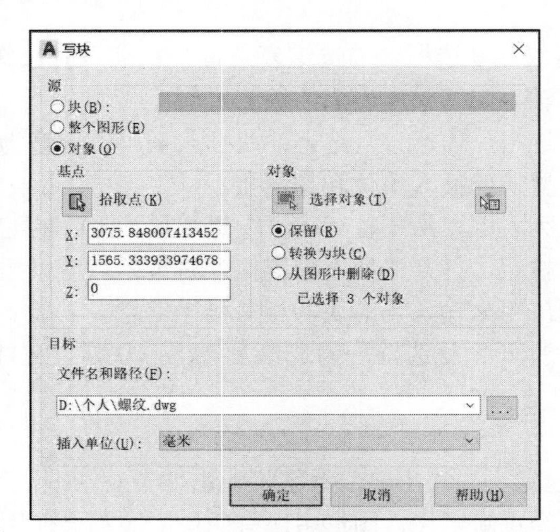

图 3-17 “写块”对话框

- “整个图形”单选按钮，将当前图形文件以块的形式存储为图形文件，基点是当前图形文件的坐标原点。
- “对象”单选按钮，将当前图形文件中选定的对象存储为图形文件。

（2）“基点”和“对象”选项组：“基点”选项组用于确定块的插入基点位置；“对象”选项组用于确定组成块的对象；只有在“源”选项组中选中“对象”单选按钮，这两个选项组才有效。

（3）“目标”选项组：设置块存储为图形文件的保存路径和名称。

- “文件名和路径”文本框，确定块存储为图形文件的保存路径和名称。也可单击其后的...按钮，通过“浏览文件夹”对话框确定块存储为图形文件的保存路径和名称。
- “插入单位”下拉列表框，确定块插入时的缩放单位。

实际上，用 WBLOCK 命令定义的外部块，该块以“.DWG”格式保存，形成了一个新的图形文件。

四、插入块

1. 功能

在当前图形中插入块或者图形。

2. 命令调用

命令：BLOCK。工具选项板组：“默认”→“块”→“插入块”按钮，或者“插入”→“块”→“插入块”按钮。菜单命令：“插入”→“块选项板”命令。工具栏：“绘图”→“插入块”按钮。

3. 命令操作

执行“插入”→“块选项板”命令，打开块选项板，如图 3-18（a）所示；或者单击“工具选项板组”→“插入”→“块”→“插入块”按钮，如图 3-18（b）所示。可选择从“当前图形块”“最近使用的块”“收藏块”“库中的块”等来源插入所需要的块。

块选项板的“选项”组中各项目含义如下：

（1）“插入点”按钮：用于确定块的插入点位置。可直接在 X、Y、Z 文本框中输入点的坐标，也可勾选前的复选框，插入块时，可根据提示在绘图屏幕指定基点。

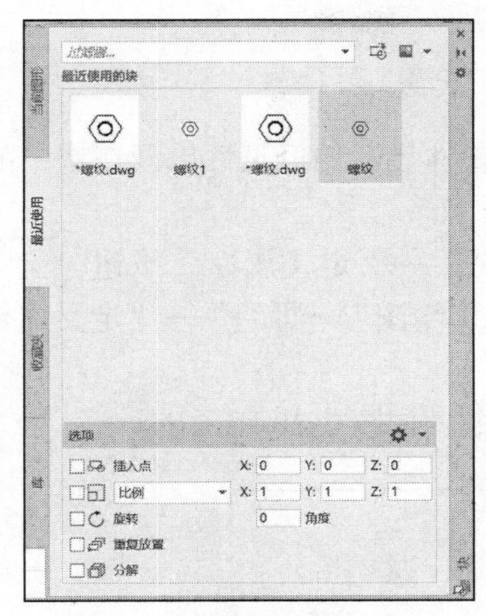

（a）块选项板

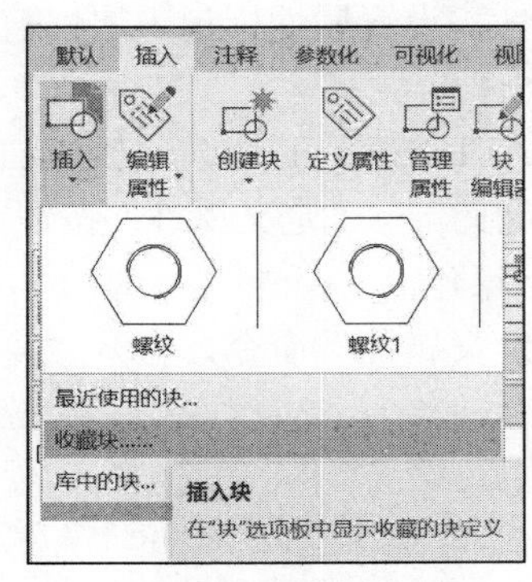

（b）“插入块”按钮

图 3-18　插入块选项板

（2）“比例”按钮：用于设置块的插入比例。可直接在 X、Y、Z 文本框中输入块在 X、Y、Z 三个方向的比例；也可以勾选前的复选框，插入块时，可根据提示在绘图窗口指定比例。此外，也可在“比例”下拉框中选择“统一比例”，块插入时 X、Y、Z 各个方向均按统一比例缩放。

（3）“旋转”按钮：用于设置块插入时的旋转角度。可直接在“角度”文本框中输入角度值，也可勾选前的复选框，插入块时，可根据提示在绘图窗口指定旋转角度。

（4）“重复放置”按钮。勾选前的复选框，可重复插入其他块实例。

（5）“分解”按钮。勾选前的复选框，块插入后即分解为组成块的基本对象。

例 3-5　将例 3-4 中创建的块插入图 3-19（a）所示的图形中，结果如图 3-19（c）所示。

（1）单击“绘图”工具栏上的“插入块”按钮，打开块选项板。

（2）在“当前使用块”或者“最近使用的块”选项卡列表框中选择“螺孔”选项；可直接在“选项”的各项目中直接设置相关内容，也可勾选“插入点”按钮、“比例”按钮和“旋转”按钮前的复选框，根据提示在绘图窗口中拾取点 A，插入效果如图 3-19（b）所示。

（3）重复上述步骤，插入块螺孔，最后效果如图 3-19（c）所示。

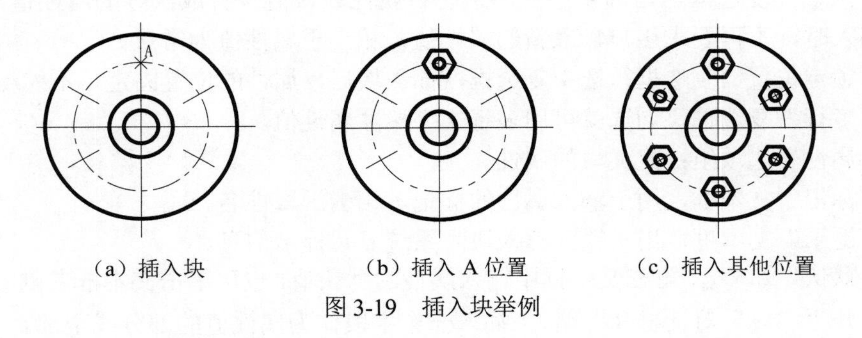

（a）插入块　　（b）插入 A 位置　　（c）插入其他位置

图 3-19　插入块举例

五、定义属性命令

属性是附属于块的文字信息，是块的组成部分。如果要插入的块包含属性，在插入时可修改其属性值。一个块中可以包含多个属性。

1. 功能

创建属性，设置属性标记、属性值、属性提示、属性显示的可见性以及在块中的位置。

2. 命令调用

命令：ATTDEF。工具选项板组：“默认”→“块”→“定义属性”按钮，或者“插入”→“块定义”→“定义属性”按钮。菜单命令：“绘图”→“块”→“定义属性”命令。

3. 命令操作

执行“定义属性”命令，打开“属性定义”对话框，如图3-20所示。

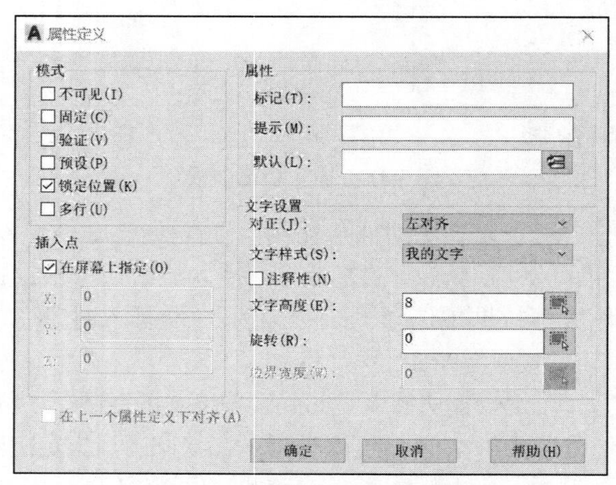

图3-20 “属性定义”对话框

下面介绍其中主要选项的功能及含义。

（1）“模式”选项组：设置属性的模式。

- “不可见”复选框，选中复选框，属性随块插入后不显示其属性值，即属性不可见，否则会在块中显示其属性值。
- “固定”复选框，勾选表示属性值为常量，否则变量插入块时可改变属性值。
- “验证”复选框，用于验证所输入的属性值是否正确，一般不勾选此项即不验证。
- “预设”复选框，勾选复选框，系统将属性默认值预置成实际的属性值，属性随块插入时，不再要求用户输入新的属性值，相当于属性值为常量。
- “锁定位置”复选框，选中复选框，插入块后，属性的位置固定，不能编辑、修改。
- “多行”复选框，勾选就可用多行文字标注属性值。

（2）“属性”选项组：定义块的属性。

- “标记”文本框，用于输入属性的标记，相当于属性名。
- “提示”文本框，用于输入插入块时系统显示提示信息。
- “默认”文本框，可在文本框中输入属性的默认值，也可单击文本框右侧的按钮，打开“字段”对话框（图略），插入一个字段作为属性值的部分或全部。

（3）“插入点”选项组：设置属性值文字位置的插入点。用户可直接在X、Y、Z文本框中输入点的坐标，也可以勾选“在屏幕上指定”复选框，待设置完成后，单击“确定”按钮关闭对话框，在绘图区拾取一点作为属性值文字位置的插入点。

（4）“文字设置”选项组：用于设置属性值文字的对正方式、文字样式、文字的高度和旋转角度等。

（5）“在上一个属性定义下对齐”复选框：勾选该复选框，在一个块中定义多个属性时，使当前定义的属性与上一个已定义的属性的对正方式、文字样式、字高和旋转角度均相同，但会另起一行，排列在上一个属性的下方。

4. 说明

单击对话框中的“确定”按钮只完成一个属性定义，重复“定义属性”命令可为块定义多个属性。

例 3-6　用属性块绘制图中表面结构符号，如图 3-21 所示。

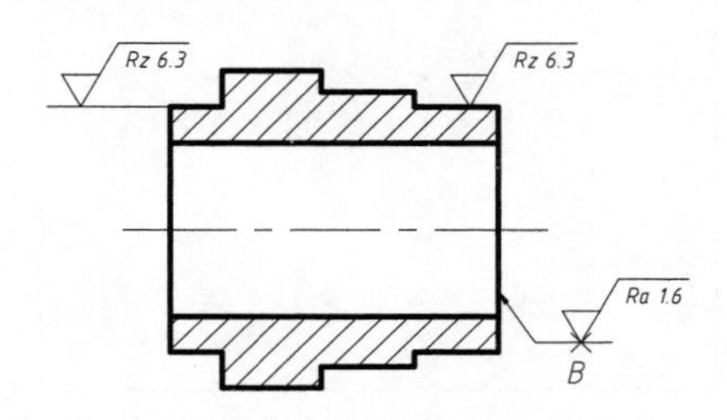

图 3-21　属性块应用举例

（1）绘制图 3-21 中的表面结构符号，如图 3-22（a）所示。

（2）单击工具选项板组中“默认”→“块”→“定义属性”按钮，打开“属性定义”对话框。在“属性定义”对话框的“标记”文本框中输入“BIAOMIANJIEGOUFUHAO”，在“提示”文本框中输入“输入表面结构参数”，在“默认”文本框中输入“Rz 6.3”；在“插入点”选项组勾选“在屏幕上指定”复选框；在“文字设置”选项组的“文字高度”文本框中输入适当高度值，其他选项采用默认设置，单击“确定”按钮，返回绘图窗口。

（3）在表面结构符号适当位置拾取一点，确定属性的插入点位置，此时，图中属性的定义位置显示该属性的标记，如图 3-22（b）所示。

（4）单击工具选项板组中“默认”→“块”→“创建块”按钮。打开“块定义”对话框。在“名称”文本框中输入块的名称为“表面结构”；在“基点”选项区中单击“拾取点”按钮，在绘图窗口拾取图 3-22（b）中表面结构符号的 A 点，确定基点位置；在“对象”选项区域中选中“删除”单选按钮，再单击“选择对象”按钮，切换到绘图窗口，使用窗口选择方式选择图 3-22（b）中所有对象，按 Enter 键返回“块定义”对话框，单击“确定”按钮。

（a）绘制块图形　　（b）定义属性

图 3-22　定义属性块的作图过程

（5）单击工具选项板组中“默认”→“块”→“插入”按钮，在下拉选项中选择名为“表面结构”的块；或者单击工具栏中“绘图”→“插入块”按钮，在打开的块选项板中选择名为“表面结构”的块。并在块选项板中的“选项”区域做相应设置，如勾选“插入点”按钮、“比例”按钮和“旋转”按钮前的复选框，然后根据提示在绘图窗口中先选择 B

点作为块插入点，再按提示依次设置比例、旋转等参数。按 Enter 键后会弹出“编辑属性”对话框，如图 3-23 所示，根据实际绘图要求填写对话框内容。

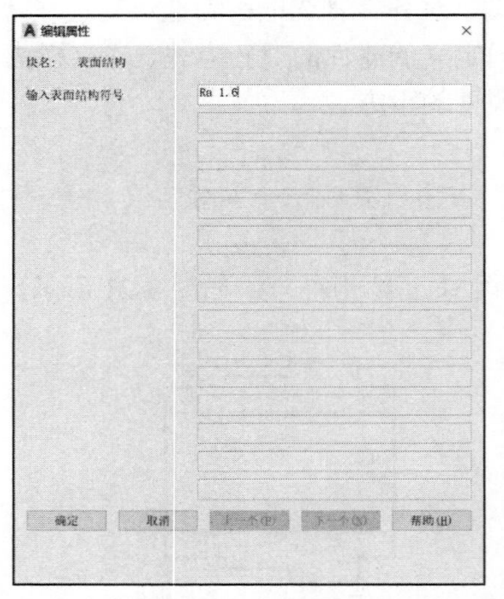

图 3-23　插入块时的“编辑属性”对话框

（6）重复第（5）步的操作，完成其他表面结构符号的标注，如图 3-21 所示。

六、修改和编辑属性

1. 功能

在块定义属性之后，修改属性定义的标记、提示和默认值。该命令可在块未执行“插入块”命令前进行对块属性的相关修改。

2. 命令调用

工具选项板组：“默认”→“块”→“块属性管理器”按钮，或者“插入”→“块定义”→“块属性管理器”按钮。菜单命令：“修改”→“对象”→“属性”→“块属性管理器”命令。工具栏：“修改Ⅱ”→“块属性管理器”按钮。

3. 命令操作

执行“块属性管理器”命令后，弹出“块属性管理器”对话框，如图 3-24 所示，列表区域会出现本文件中所有定义过的块。可单击“选择块”按钮，也可在“块”下拉列表中选择需要修改的块进行对应的编辑。

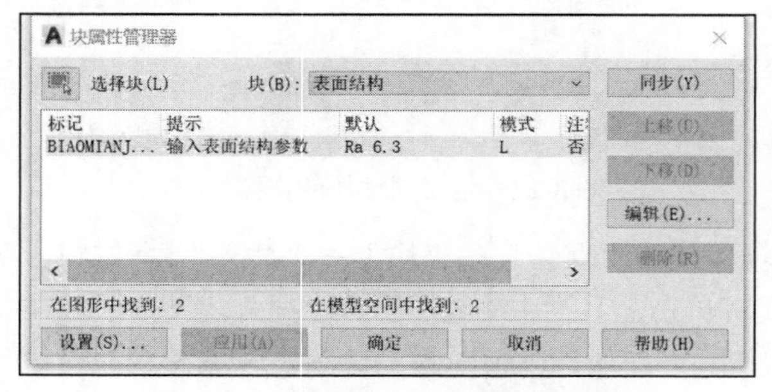

图 3-24　“块属性管理器”对话框

列表区域中会显示出属性块的相关属性信息，在列表区域中双击相应的块信息，会弹出如图 3-25 所示的“编辑属性”对话框。可直接在相应的文本框中修改属性的标记、提示和默认值。

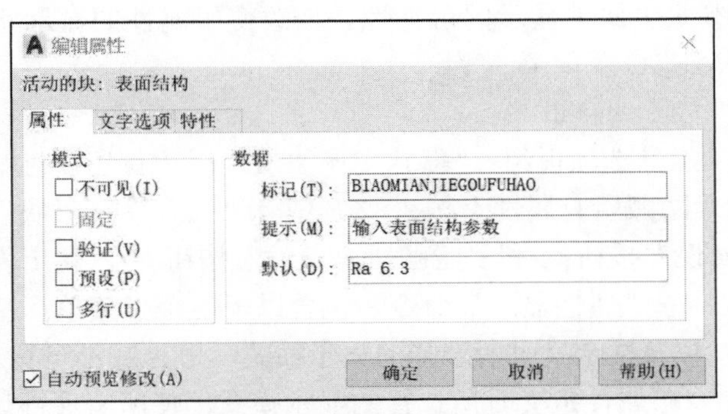

图 3-25　“编辑属性”对话框

该对话框包含三个选项卡，功能如下：

- “属性”选项卡，显示块中每个属性的模式、标记、提示和默认值，如图 3-25 所示。用户可对数据和模式进行相应修改。
- “文字选项”选项卡，用于修改属性文字样式，如图 3-26 所示。

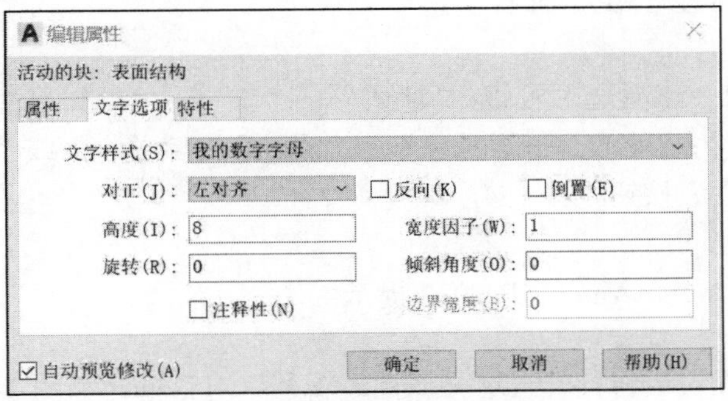

图 3-26　“文字选项”选项卡

- “特性”选项卡，用于修改属性的图层及其线宽、线型、颜色、打印样式等特性参数，如图 3-27 所示。

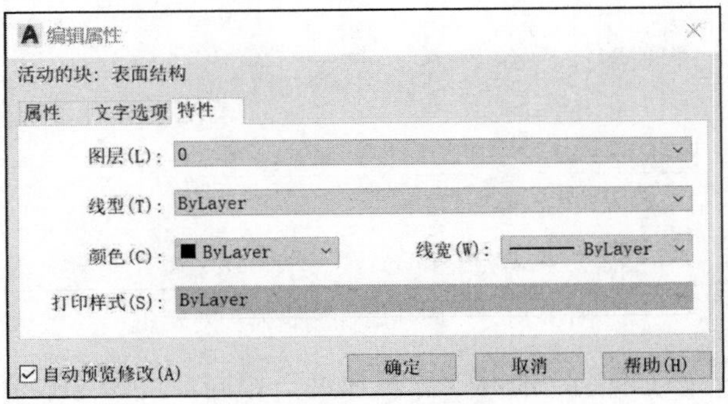

图 3-27　“特性”选项卡

七、属性显示控制

1. 功能

控制当前图形块参照中属性显示的可见性。当改变了属性的显示状态后，图形会自动重新生成（除非 REGENAUTO 关闭）。

2. 命令调用

命令：ATTDISP。工具选项板组：“默认”→“块”→“保留属性显示”按钮、“显示所有属性”按钮和“隐藏所有属性”按钮，或者“插入”→“块”→“保留属性显示”按钮、“显示所有属性”按钮和“隐藏所有属性”按钮，调用属性显示命令。菜单命令：“视图”→“显示”→“属性显示”命令，包含以下三个子菜单：

（1）“普通(N)”：按属性定义时所选择的显示模式（可见或不可见）显示属性。

（2）“开(ON)”：忽略属性定义时所选择的显示模式，使所有属性均可见。

（3）“关(OFF)”：忽略属性定义时所选择的显示模式，使所有属性均不可见。

八、利用对话框编辑属性命令

1. 功能

编辑已插入图中的某个块的属性的默认值、文字样式和特性。该命令可在块未执行“插入块”命令前对块属性进行相关修改。

2. 命令调用

命令：EATTEDIT。工具选项板组：“默认”→“块”→“编辑属性”按钮（单个）或（多个）。菜单命令：“修改”→“对象”→“属性”→“单个”或“全局”命令。工具栏：“修改”→“编辑属性”按钮。

3. 命令操作

执行 EATTEDIT 命令，AutoCAD 2022 提示：

选择块:

在此提示下，选择块后将打开“增强属性编辑器”对话框，如图 3-28 所示。

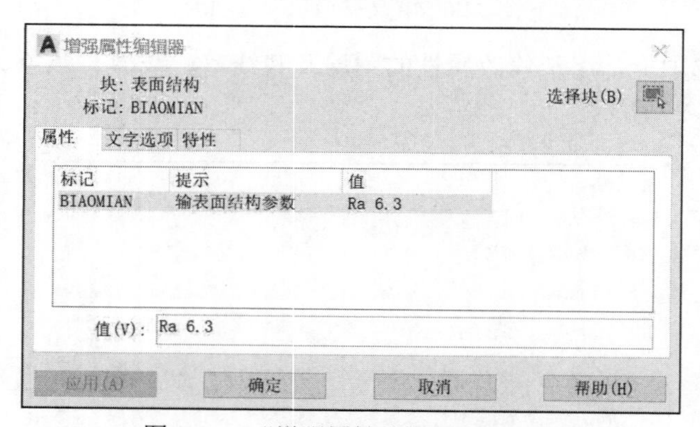

图 3-28 “增强属性编辑器”对话框

该对话框包含的三个选项卡功能与“编辑属性”相同，可参考本节中“修改和编辑属性”部分内容。

第三节 填充与编辑图案

一、填充图案

1. 功能

在指定的封闭区域内填充选定的图案符号。

2. 命令调用

命令：BHATCH。工具选项板组：“默认”→“绘图”→“图案填充”按钮。菜单命令：“绘图”→“图案填充”命令。工具栏：“绘图”→“图案填充”按钮。

3. 命令执行

执行“图案填充”命令，打开“图案填充和渐变色”对话框，如图 3-29 所示。

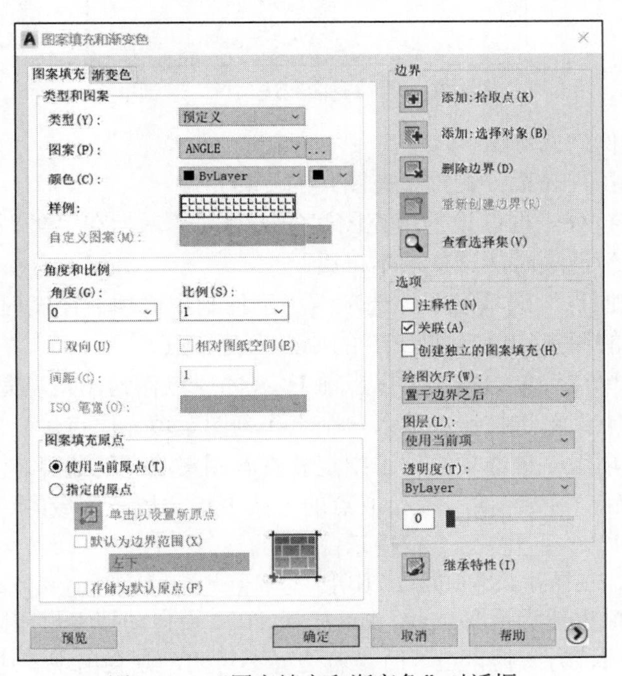

图 3-29 “图案填充和渐变色”对话框

该对话框中有“图案填充”和“渐变色”两个选项卡，以及其他一些选项。下面介绍其中主要选项的含义和功能。

（1）“类型和图案”选项组。

- “类型”下拉列表框：其中有“预定义”“用户定义”“自定义”三个选项。“预定义”图案是 AutoCAD 2022 提供的图案。“用户定义”图案是用户以一组平行线或互相垂直的两组平行线定义的一个简单图案。“自定义”图案是用户自己事先定义好的图案。
- “图案”下拉列表框：在“类型”下拉列表框中选择“预定义”选项，该选项才可用。用户可以直接在下拉列表框中根据图案名称选择图案，也可以单击其右边的按钮，打开“填充图案选项板”对话框（图 3-30）选择图案。

- “样例”预览窗口：显示当前选定图案的预览图像。单击预览图像则打开“填充图案选项板”对话框，如图 3-30 所示。

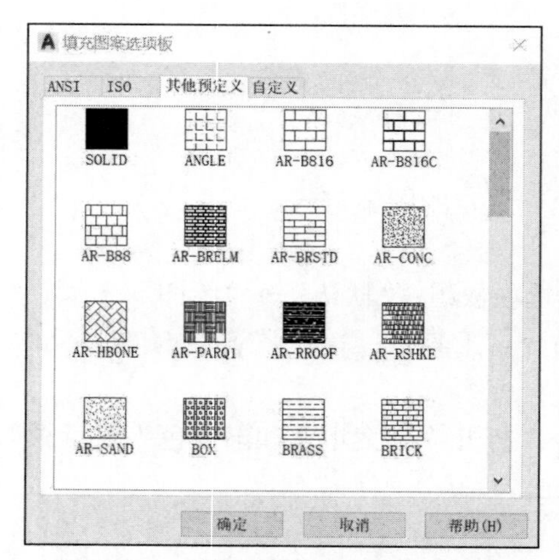

图 3-30　“填充图案选项板”对话框

（2）“角度和比例”选项组。

- “角度”下拉列表框：设置填充图案的旋转角度。
- “比例”下拉列表框：设置填充图案的比例因子。当在“类型”下拉列表框中选择“用户定义”选项时，该选项不可用。

（3）“图案填充原点”选项组。该选项组用于控制生成填充图案时的起始位置。默认状态下，所有填充图案的原点均以当前 UCS 的原点为对齐点。

- “使用当前原点”单选按钮：以当前 UCS 的原点作为图案填充原点。
- “指定的原点”单选按钮：输入一个点作为图案填充原点。

（4）“边界”选项组。该选项组用于指定和查看图案填充的边界。

- “添加:拾取点”按钮：以拾取点的方式来指定填充区域的边界。单击该按钮可切换到绘图窗口，并且在命令行提示：

拾取内部点或 [选择对象(S)/删除边界(B)]: 拾取一点↙或某选项↙

在需要填充的区域内任意拾取一点，AutoCAD 2022 会自动搜索封闭区域的边界，搜索到的边界将以虚线显示。用该方式搜索边界时，若边界不封闭，则会出现“边界定义错误”警告对话框。各选项功能如下：

- “选择对象(S)”选项：选择某些图形对象作为填充边界。
- “删除边界(B)”选项：从已定义的填充边界中删除某些边界对象。
- “添加:选择对象”按钮：以选择对象的方式指定填充边界。单击该按钮切换到绘图窗口，选择要填充的图形对象，但所选图形对象必须构成封闭且独立的区域，否则将不能填充或填充不正确。选中的对象以虚线显示。
- “删除边界”按钮：单击该按钮，从已定义的填充边界中删除某些边界对象（包括孤岛），但不能删除外部边界。
- “重新创建边界”按钮：根据选中图案填充边界外围重新创建一个多段线边界或面域。此按钮在创建图案填充时不可用，只能在编辑图案填充时使用。

- “查看选择集”按钮：单击该按钮，返回绘图窗口，已定义的填充边界虚显。此按钮只能在定义填充边界后使用。

（5）“选项”选项组。

- “关联”复选框：勾选该复选框，填充的图案随填充边界的更改自动更新。
- “创建独立的图案填充”复选框：该复选框用于在一次命令下，用一种图案填充所选择的多个填充区域时，控制各个填充区域中的图案对象是否各自独立。
- “绘图次序”下拉列表框：指定图案填充的绘图次序。有“不指定”“后置”“前置”“置于边界之后”“置于边界之前”五个选项。

（6）“继承特性”按钮：单击该按钮返回绘图窗口，选择图形中已有的填充图案作为当前填充图案，当前填充图案继承所选对象的图案及其角度、比例、关联等所有特性。

（7）“预览”按钮：单击该按钮，返回绘图窗口显示当前的填充结果，单击鼠标左键或按 Esc 键返回对话框；单击鼠标右键或按 Enter 键接受图案填充，结束命令。

4. 其他选项设置

单击“图案填充和渐变色”对话框右下角的按钮，展开对话框的其他选项，如图 3-31 所示。

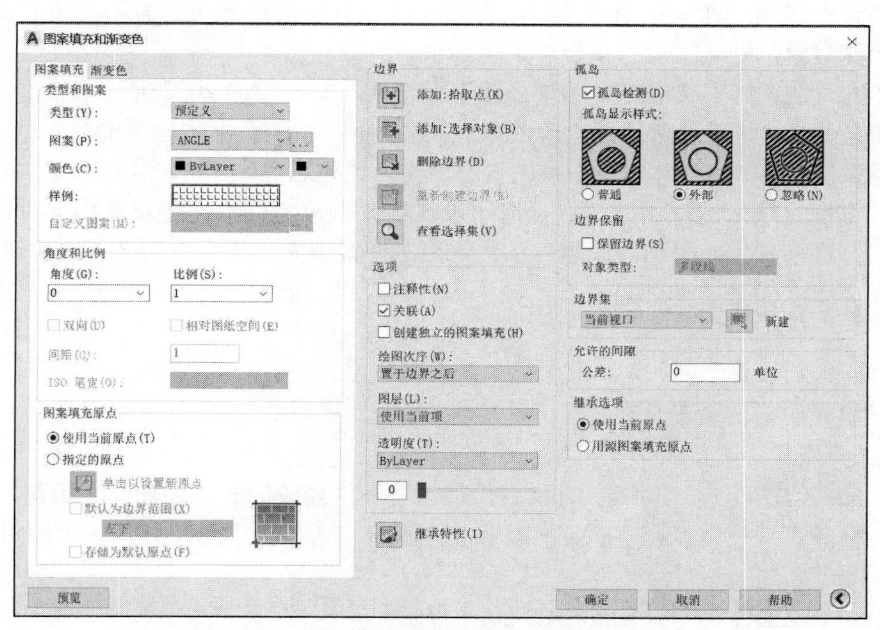

图 3-31　扩展的“图案填充和渐变色”对话框

（1）“孤岛”选项组。该选项组用来确定当用户定义的填充边界内存在孤岛时，图案的填充方式。AutoCAD 2022 将用户定义的填充边界内的封闭区域（封闭图形或字符串外框）称为孤岛。填充图案时，用拾取点的方式定义填充边界后，AutoCAD 2022 会自动确定包围该点的封闭区域，同时自动确定出对应的孤岛。

- “孤岛检测”复选框：勾选此复选框，“孤岛显示样式”中的单选按钮才可用。AutoCAD 2022 对孤岛的填充方式有“普通”“外部”“忽略”三种选择。区域中三个单选按钮对应的图像形象地说明了三种填充效果。

- “普通”单选按钮：从外部边界向内填充，如果遇到孤岛则不填充，直到遇到孤岛中的孤岛再填充，即在交替的区域中填充。
- “外部”单选按钮：也是从外部边界向内填充，遇到孤岛即停止填充，仅填充最外部边界。
- “忽略”单选按钮：忽略孤岛，按外部边界填充整个闭合域。

（2）“边界保留”选项组。该选项组用于指定是否将填充边界保留为对象。默认情况下，图案填充操作完成后，系统自动删除这些临时边界，若勾选“保留边界”复选框则保留这些边界。通过该区域中的“对象类型”下拉列表框可以设置保留边界的对象类型，下拉列表中有“多段线”和“面域”两种选项。

（3）“边界集”选项组。当用拾取点的方式定义填充区域时，此选项组用于定义填充边界的对象集。使用选择对象的方式定义填充区域时，此边界集无效。

- “新建”按钮：单击该按钮进入绘图窗口，选择了边界集对象后按 Enter 键返回对话框，下拉列表框中显示“现有集合”。
- “当前视口”下拉列表框：默认选项即分析当前视窗中的所有可见对象来定义边界。如果用“新建”按钮选择对象重新定义了要分析的边界集，则列表框中出现“现有集合”选项，即采用用户选定的对象作为要分析的边界集。若不曾用“新建”按钮选择对象，则无“现有集合”选项。

（4）“允许的间隙”选项组中的“公差”文本框。AutoCAD 2022 允许将实际并未封闭的边界作为填充边界，可以忽略的不封闭的最大间隙值用“公差”文本框中的允许值（0～5000）来确定。默认值为 0，即不允许将未封闭的边界作为填充边界。

（5）“继承选项”选项组。该选项组用于在用“继承特性”按钮填充图案时，控制填充图案的原点位置，有“使用当前原点”和“使用源图案填充的原点”两个单选按钮供选择。

二、编辑图案填充命令

1. 功能

修改已填充的指定图案及其特性。

2. 命令调用

命令：HATCHEDIT。工具选项板组：“默认”→“修改”→“编辑图案填充”按钮。菜单命令：“修改”→“对象”→“图案填充”命令。工具栏：“修改Ⅱ”→“编辑图案填充”按钮。

执行 HATCHEDIT 命令，AutoCAD 2022 提示：

选择图案填充对象:

选择一个已填充图案，即打开“图案填充和渐变色”对话框，对话框中正常显示的选项才可用，各选项的含义及使用方法与图案填充相同。

例 3-7 为图 3-32（a）所示的机件填充剖面符号。

由于需要填充的区域有 3 处，而且根据制图标准的规定，这 3 处的剖面符号应方向相同、间隔一致，所以最好在一次命令下填充。但是为了便于编辑图案，在“图案填充和渐变色”对话框中勾选“创建独立的图案填充”复选框，使同时填充的 3 处剖面符号是独立的对象。填充后的结果如图 3-32（b）所示。

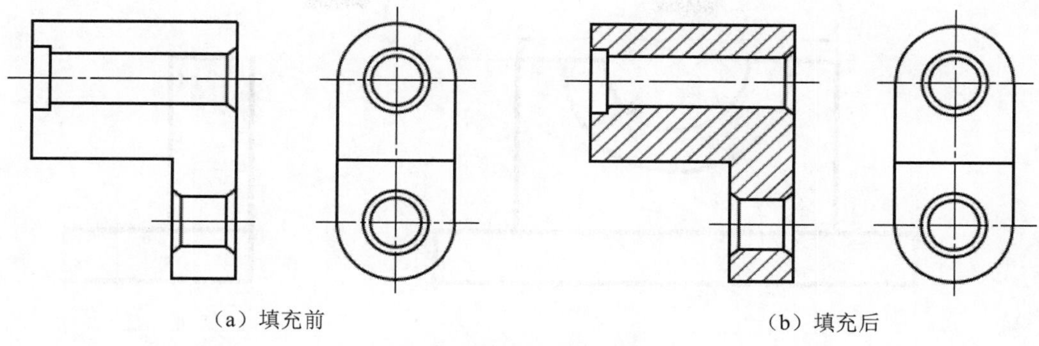

图 3-32　例 3-7 填充剖面符号

例 3-8　为图 3-33（a）所示的机件填充剖面符号。

要求尺寸标注在图形之内，根据制图标准规定，图中的尺寸数字不能被任何图线通过，所以应首先标注尺寸，然后填充图案。填充图案时，采用拾取点方式选择填充边界，AutoCAD 2022 会自动确定包围该点的封闭区域（包括字符串外框），同时自动确定出对应的孤岛。填充效果如图 3-33（b）所示。

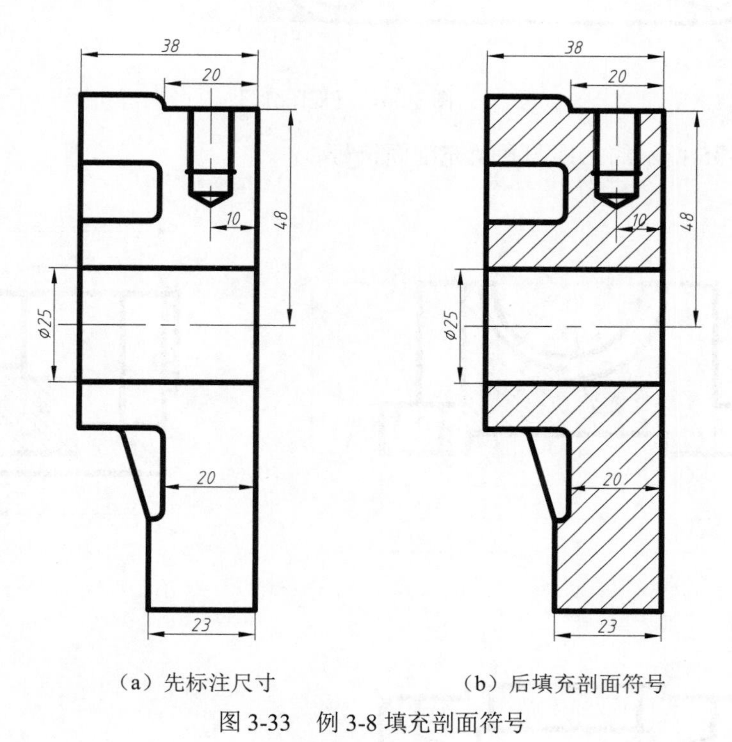

图 3-33　例 3-8 填充剖面符号

思考与练习

1. 如何设置与编辑图层？
2. 绘制图 3-34 所示的三视图。

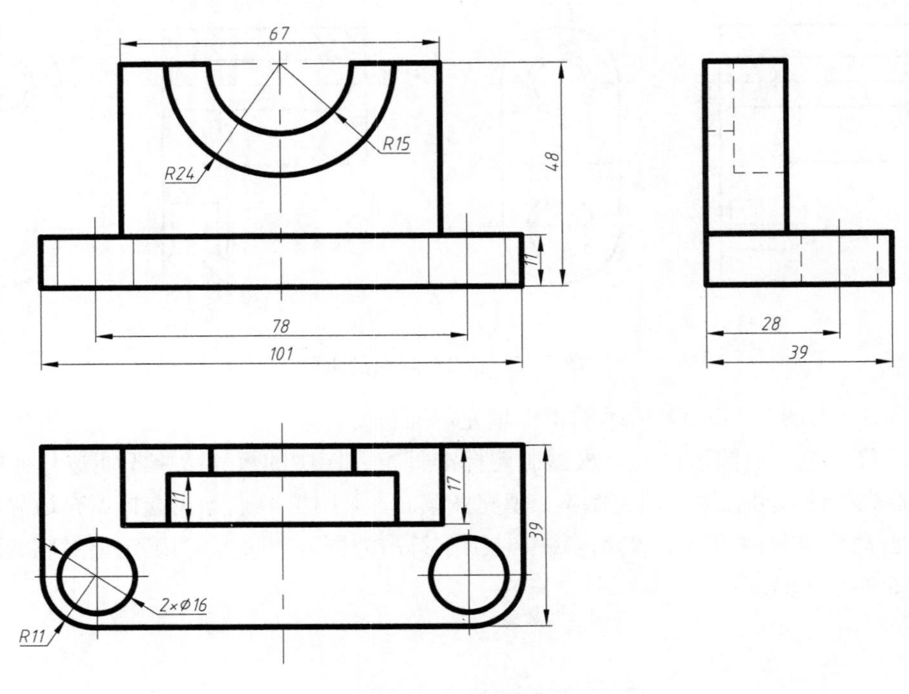

图 3-34 三视图练习

3．绘制图 3-35 所示的三视图并填充剖面符号。

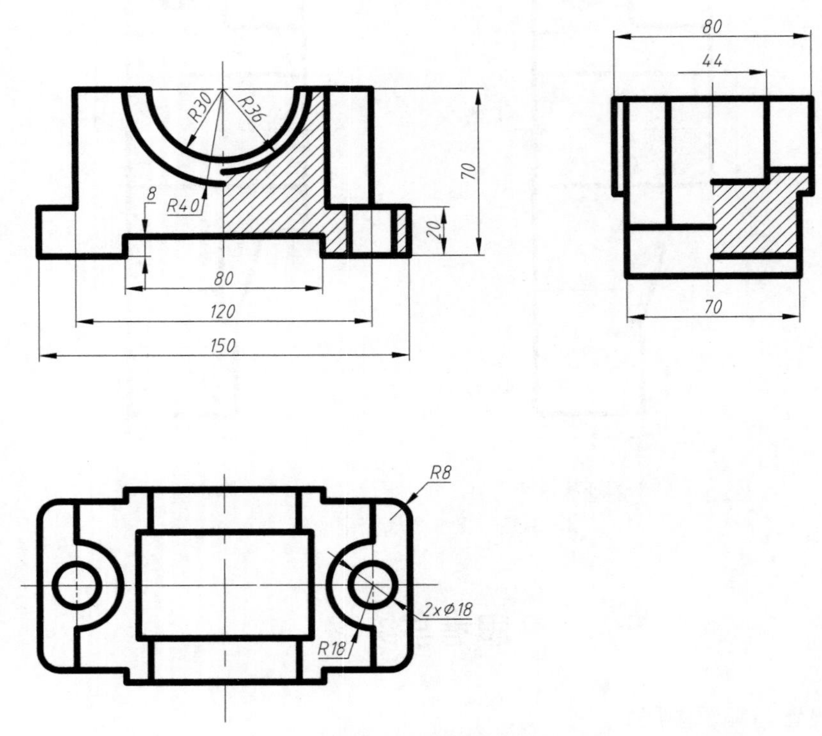

图 3-35 三视图及剖面符号练习

4．绘制图 3-36 所示的零件视图，并将表面结构符号以块的形式进行标注。

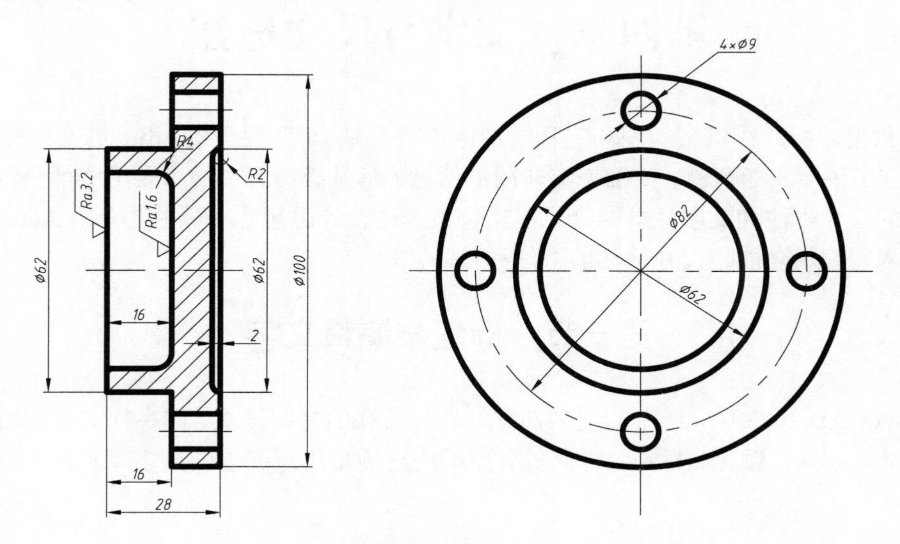

图 3-36　块操作练习

第四章　文字与尺寸标注

文字和尺寸标注在机械制图和工程制图中不可或缺，尺寸标注及相关的文字注释（如技术要求、施工说明、标题栏、明细表等非图形信息）都是必不可少的重要组成部分，准确的图形及正确的尺寸标注和文字注释结合才能完整地表达设计思想。本章主要介绍 AutoCAD 2022 的文字输入和编辑功能、尺寸标注的方法和技巧。

第一节　标注与编辑文字

在 AutoCAD 2022 中，所有的文字都有与之相关联的文字样式。文字样式说明所标注文字采用的字体、字高、颜色、标注、方向等。要标注出满足用户要求的文字，应首先对文字的样式进行定义。

一、文字样式

工具选项板组：“默认”→“注释”→“文字样式”按钮。菜单栏“格式”→“文字样式”命令。工具栏“注释”→“文字样式”按钮。“文字样式”对话框如图 4-1 所示。

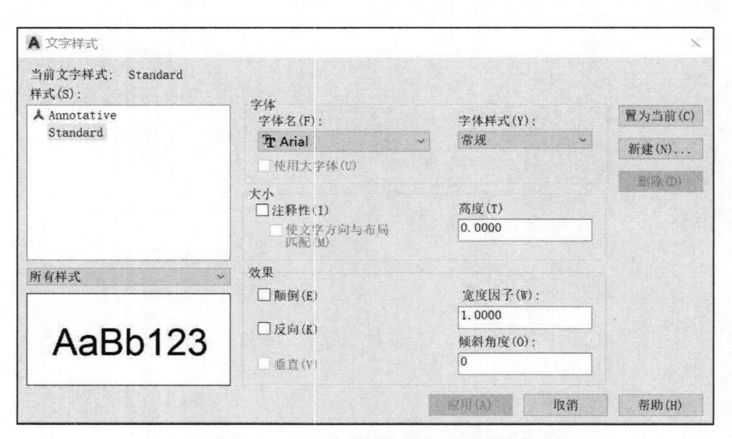

图 4-1　“文字样式”对话框

对话框中各选项的含义如下：

1. “新建”按钮

“新建”按钮用于创建新文字样式。单击该按钮，会弹出“新建文字样式”对话框，如图 4-2 所示。在该对话框的“样式名”文本框中输入新文字样式的名字，单击“确定”按钮，即可建立新的文字样式。新建文字样式名显示在图 4-1 所示对话框的“样式”列表框中，其中 Annotative 和 Standard 是系统默认的文字样式。

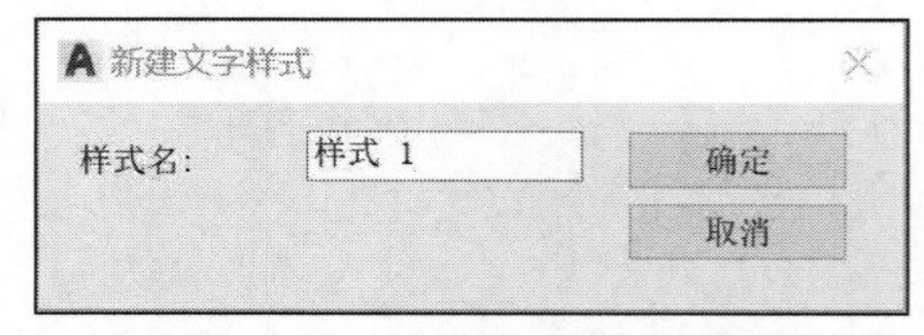

图 4-2　“新建文字样式”对话框

2. “置为当前”按钮与“删除”按钮

“置为当前”按钮用于将“样式”列表框中选中的样式置为当前样式。需要用已有的某一文字样式来标注文字时，选中“样式”列表框中的该文字样式名后，单击“置为当前”按钮，可将选定的文字样式置为当前样式。双击“样式”列表框中的某一文字样式名，可重新命名文字样式。

选中“样式”列表框中的文字样式名后，单击“删除”按钮可删除所选文字样式。

3. “字体”选项组

在 AutoCAD 2022 中，有两大类字体可供用户使用：一类是 Windows 提供的 True type 字体，字体名称前有一个大写的“T”符号；另一类是 AutoCAD 2022 的形文件字体（*.shx），字体名称前有一个大写的“A”符号。

AutoCAD 2022 提供的符合工程制图要求的字体是 gbeitc.shx（书写斜体的数字和字母）和 gbenor.shx（书写直体的数字和字母）。勾选“使用大字体”复选框，在“字体样式”下拉列表框中选择 gbcbig.shx，可以书写长仿宋体汉字。gdt.shx 字体可用来书写机械零件图中“沉孔”“深度”等符号。

取消“使用大字体”复选框的选择，才可在“字体名”下拉列表框中选择“仿宋”选项，书写符合工程制图要求的长仿宋字。

4. “大小”选项组

“大小”选项组用于定义文字样式中字符的高度，可将此处的字符高度值设为零。在用该样式标注文字时，AutoCAD 2022 会在命令行提示用户输入字符高度值。若文字样式中的字符高度值采用非零值，则注写文字时，AutoCAD 2022 直接使用所设高度值，不再提示用户输入字符高度。

5. “效果”选项组

（1）“宽度因子”文本框用于定义字符的宽高比系数，默认为 1，图 4-3（a）和图 4-3（d）为采用不同宽度因子时字符的效果。工程制图常将仿宋字的宽度因子设为 0.7，其效果如图 4-3（d）所示。

（2）“倾斜角度”文本框用于定义字符的倾斜方向，默认为 0，图 4-3（e）和图 4-3（f）为采用不同倾斜角度时字符的效果。

（3）“颠倒”“反向”“垂直”三个复选框用于确定文字的书写方向，效果分别如图 4-3（b）、图 4-3（c）、图 4-3（g）所示。当文字样式中所选字体是 Windows 提供的 True type 字体时，“垂直”复选框无效。使用“垂直”复选框需在设置文字样式时，选择字体名称前有“@”符号的字体，效果如图 4-3（g）所示。

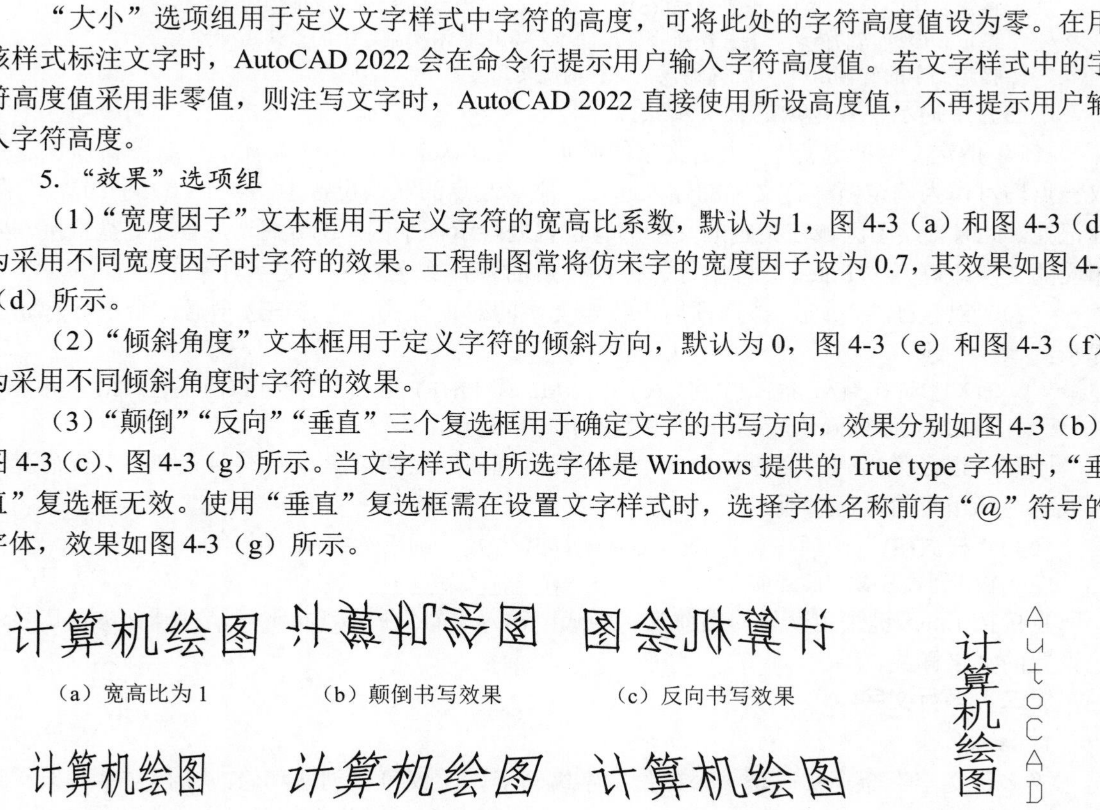

计算机绘图

（a）宽高比为 1　（b）颠倒书写效果　（c）反向书写效果

计算机绘图　计算机绘图　计算机绘图　计算机绘图 AutoCAD

（d）宽高比为 0.7　（e）倾斜角为 15°　（f）倾斜角为-15°　（g）垂直书写效果

图 4-3　文本书写效果

6. “应用”按钮

“应用”按钮用于确认对文字样式的设置，单击“应用”按钮，AutoCAD 2022 将保存已进行的参数设置。通过“文字样式”对话框左下角的预览区可以查看当前文字样式的显示效果。

二、标注文字

AutoCAD 2022 提供了两个标注文字的命令：单行文字和多行文字。下面介绍这两个文字标注命令。

（一）单行文字

1. 功能

“单行文字”命令用于在图形文件中标注文字。用“单行文字”命令标注的文字每一行是一个对象，可标注出多行文本。

2. 命令调用

命令：DTEXT。工具选项板组：“默认”→“注释”→“文字”→“单行文字”按钮。菜单命令：“绘图”→“文字”→“单行文字”命令。工具栏：“文字”→“单行文字”按钮。

3. 操作

执行“单行文字”命令，后续提示：

当前文字样式: “汉字” 文字高度: 2.5000 注释性: 否 对正: 左
指定文字的起点或 [对正(J) 样式(S)]: （拾取一点作为文字输入的起始点）
指定高度 <当前值>:（上一次命令使用的字符高度是本次命令中的默认高度）
指定文字的旋转角度 <0>:（输入文字行的旋转角度）

下面介绍提示中各选项的含义及其操作。

（1）指定文字的起点。“指定文字的起点”是默认选项，移动鼠标，在绘图窗口任意拾取一点均可作为确定新一行文字的输入起点。文字起点的默认位置为图 4-4（b）中的“L”型标记处。此时，绘图区域在指定的文字书写位置处显示一个闪烁的光标，通过键盘直接输入相应的文字即可。按 Enter 键可换行，但换行后的各行文字为多个文字对象。

（2）“对正(J)”选项。该选项用于指定文字的对正方式，选择该选项后，命令行有如下提示：

输入选项[对齐(A) 布满(F) 居中(C) 中间(M) 右对齐(R) 左上(TL) 中上(TC) 右上(TR) 左中(ML) 正中(MC) 右中(MR) 左下(BL) 中下(BC) 右下(BR)]:

同时，也会弹出列有命令行中各个相应提示选项的快捷菜单。可根据文字的布置情况输入或者选择相应的对正选项。

（3）“样式(S)”选项。若选择了文字的样式方式，则后续提示：

输入样式名或 [?] <当前值>: （↙或输入样式名↙或？↙）

直接按 Enter 键采用默认的当前文字样式；输入“？”后按 Enter 键，打开文本窗口显示已设置的文字样式。

（二）多行文字

1. 功能

“多行文字”命令实质是一个在位文字编辑器，不仅可以创建和修改多行文字对象，还可以将其他文本文件中的文字粘贴到 AutoCAD 2022 的图形文件中。另外，AutoCAD 2022 允许将文字框背景设为透明，使得用户在输入文字时可看到新输入的文字是否与原有的其他对象重叠。多行文字在图形文件中所标注的整段文字是一个编辑对象，所以称为多行文字。

2. 命令调用

命令：METEXT。工具选项板组：“默认”→“注释”→“文字”→“多行文字”按钮A。菜单命令：“绘图”→“文字”→“多行文字”命令。工具栏：“文字”→“多行文字”按钮A。

3. 操作

执行“多行文字”命令，后续提示：

当前文字样式: "数字" 文字高度: 10 注释性: 否

指定第一角点: （输入一点↙）

指定对角点或 [高度(H)/对正(J)/行距(L)/旋转(R)/样式(S)/宽度(W)/栏(C)]: 输入一点↙或某选项↙

指定第一角点和对角点确定多行文字的书写范围后，AutoCAD 2022 打开如图 4-4（a）所示的文字编辑器。单击该工具栏中最右侧的按钮☑▾，在下拉菜单中选择“编辑器设置”→“显示工具栏”，则会出现如图 4-4（b）所示的文字编辑器工具栏，其操作与 Word 文字编辑器类似，故不再赘述。

下面介绍提示中各选项的含义及其操作。

（1）指定对角点（默认项）。此点与指定的第一角点在指定的位置处构成一个矩形的文字输入框，矩形的长度决定了弹出的该文字输入框的长度，但多行文字的实际段落长度是系统根据所输字符的多少随机而定的，按 Enter 键可换行，但换行后的各行文字为一个文字对象。

（2）“宽度(W)”选项。该选项用于设置多行文字弹出的文字输入框的具体长度值。

（3）“栏(C)”选项。该选项用于设置多行文字的分栏形式。输入“C”并按 Enter 键后，弹出相应的快捷菜单，命令行也有如下提示：

输入栏类型 [动态(D) 静态(S) 不分栏(N)] <动态(D)>:

根据命令行提示，可设置总栏宽、栏数、栏间距和总栏高。

（4）“高度(H)”“对正(J)”“行距(L)”“旋转(R)”各选项分别用于设置字符高度、字符的对正方式、文字行的行间距和文字行的旋转角度。

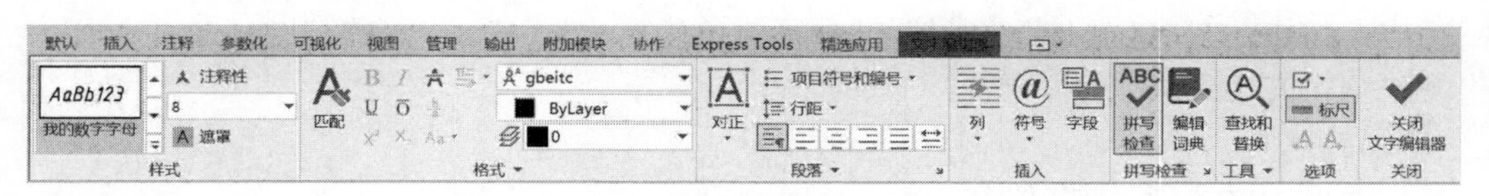

（a）文字编辑器

（b）文字编辑器工具栏

图 4-4 文字编辑器及其工具栏

（三）特殊符号的输入

对于一些不能直接从键盘上输入的特殊字符，当文字样式中设置的字体是 AutoCAD 2022 的形文件字体（*.shx）时，特殊字符可通过输入 ASCII 码生成，其定义见表 4-1。

表 4-1 特殊字符的 ASCII 码

代码	定义	输入举例	输出结果
%%U	文字下划线开关	%%UAutoCAD	$\underline{\text{AutoCAD}}$
%%O	文字上划线开关	%%OAutoCAD	$\overline{\text{AutoCAD}}$
%%C	直径符号ϕ	%%C30	ϕ30
%%D	角度符号°	45%%D	45°
%%P	正负公差符号±	100%%P0.05	100±0.05

当文字样式中设置的字体是 Windows 提供的 True type 字体时，若用“单行文字”命令标注文字，则使用输入法工具条中的软键盘可输入特殊符号。若用“多行文字”命令标注文字，则在图 4-4 所示的文字编辑器中单击“符号”按钮，在弹出的下拉菜单中选择相应的符号选项即可。如果在下拉菜单中选择“其他”选项，会打开“字符映射表”，供用户输入更多种类的特殊符号。

利用图 4-4 所示“文字格式”工具栏中的堆叠按钮可输入分数和字符的上、下标。如先输入“2b^”字符，然后选中“b^”字符，再单击该按钮，字符形式为“2^b”；先输入“2^b”字符，然后选中“^b”字符，再单击该按钮，字符形式为“2_b”；先输入“2/b”字符，然后选中“2/b”字符，再单击该按钮，字符形式为“$\frac{2}{b}$”。

三、文字的编辑和修改

1. 功能

修改已标注的文字。

2. 命令调用

命令：DDEDIT。菜单命令：“修改”→“对象”→“文字”→“编辑”命令。工具栏：“文字”→“编辑文字”按钮。

3. 操作

执行 DDEDIT 命令，后续提示：

选择注释对象或[放弃(U)]:

在此提示下，用户选择需要编辑的文字。标注文字时使用的方式不同，选择文字后，AutoCAD 2022 给出的响应也不同。如果所选择的文字是 DTEXT 命令标注的，选择文字对象后，AutoCAD 2022 将在该文字四周显示出一个方框，进入编辑模式，此时用户可以直接修改对应的文字。如果所选择的文字是 METEXT 命令标注的，AutoCAD 2022 会弹出如图 4-4 的文字编辑器工具栏，并在该对话框中显示所选择的文字，以供用户编辑。

编辑完对应的文字后，后续提示：

选择注释对象或[放弃(U)]:

此时可以继续选择文字进行修改或按 Enter 键结束命令。

双击已标注好的文字，系统会根据不同的标注命令切换到相应的编辑模式。如双击多行文字，会切换到图 4-4 所示的文字编辑器。另外，通过特性面板也可以修改文字的内容和特性。

第二节　尺寸标注样式

AutoCAD 2022 中，一个完整的尺寸由尺寸线、尺寸界线、尺寸数字和尺寸起止符号四部分组成，如图 4-5 所示。在进行尺寸标注以及编辑、修改尺寸标注的操作时，默认情况下，AutoCAD 2022 将尺寸线、尺寸界线、尺寸数字和尺寸起止符号四部分视为一个“块”（称为关联性尺寸）。

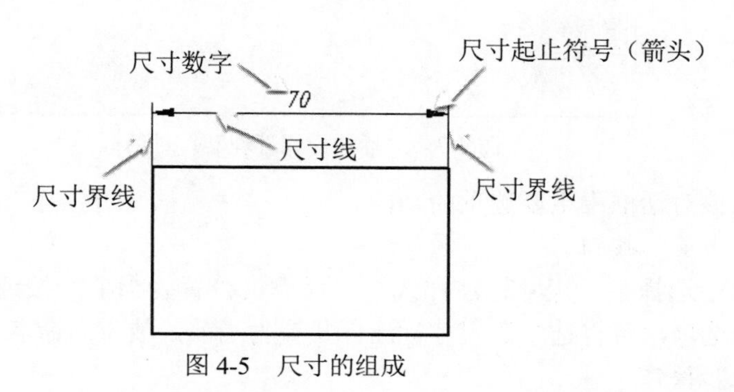

图 4-5　尺寸的组成

AutoCAD 2022 将尺寸分为线性标注、对齐标注、直径标注、半径标注、角度标注、指引型标注、基线型标注和连续型标注等多种类型，如图 4-6 所示。

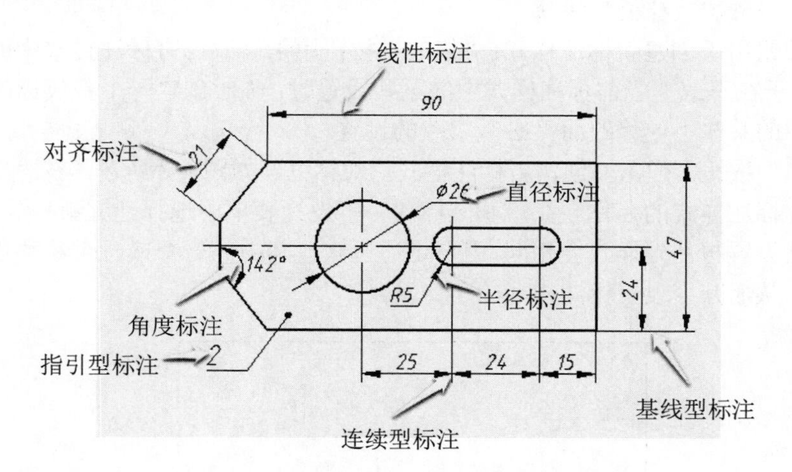

图 4-6　尺寸类型

一、尺寸标注样式的设置

尺寸标注样式用于设置尺寸标注的具体格式。用于定义管理标注样式的命令为 DIMSTYLE，利用工具选项板组中“默认”→“注释”→“标注样式”按钮、“样式”工具栏中的标注样式按钮、“标注”工具栏中的标注样式按钮，或者执行菜单栏“标注”→“标注样式”命令，均可打开“标注样式管理器”对话框，如图 4-7 所示。

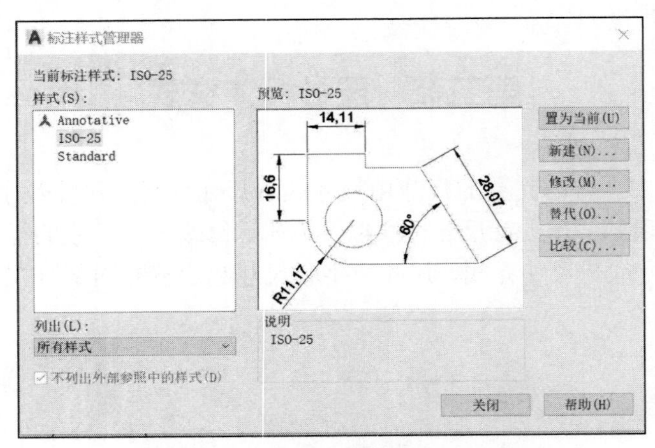

图 4-7 “标注样式管理器”对话框

下面介绍该对话框中主要选项的功能。

1. “置为当前”按钮

在列表框中选择某一尺寸标注样式，然后单击“置为当前”按钮，或右击，通过弹出的快捷菜单中的选项，可将选中的尺寸标注样式置为当前，或重新命名、删除。

2. “比较”按钮

“比较”按钮用于比较两个标注样式，或了解某一样式的全部特性。单击“比较”按钮将打开“比较标注样式”对话框。

3. “新建”“修改”“替换”按钮

“新建”按钮用于创建新标注样式；“修改”按钮用于修改已有标注样式中的相应设置；“替代”按钮用于在不改变当前标注样式中的某些设置时，临时创建一个替代标注样式来替代当前标注样式中的某些不便修改而又必须修改的设置。

单击“新建”按钮，弹出“创建新标注样式”对话框，如图 4-8 所示。在“新样式名”文本框中输入新建标注样式的名称。在“基础样式”下拉列表框中选择建立新样式的基础样式，则新样式的默认设置与基础样式会相同，用户可通过修改其中的一个或几个参数更快速地完成新样式的建立，从而减少设置标注样式的工作量。

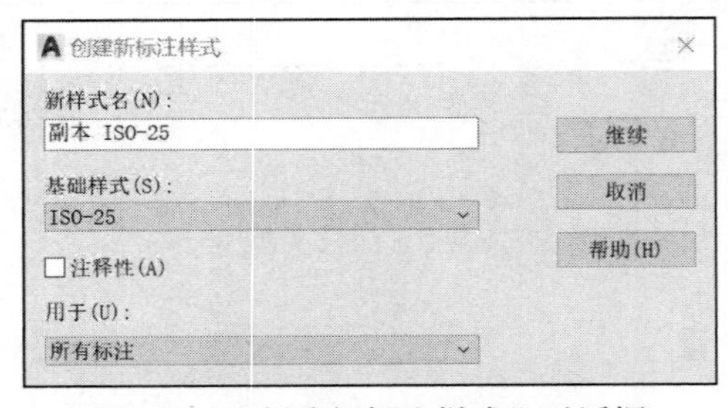

图 4-8 “创建新标注样式”对话框

设置完以上参数后，单击“继续”按钮将弹出“新建标注样式：我的标注样式”设置对话框，如图 4-9 所示。而单击“修改”按钮和“替代”按钮，将分别打开“修改标注样式：我的标注样式”和“替代当前样式：我的标注样式”两个对话框。这两个对话框与图 4-9 所示对话框中的标签和内容完全相同，仅是对话框名称标题不同，故仅以图 4-9 所示“新建标注样式：

我的标注样式”对话框为例说明该标注样式对话框的设置操作。

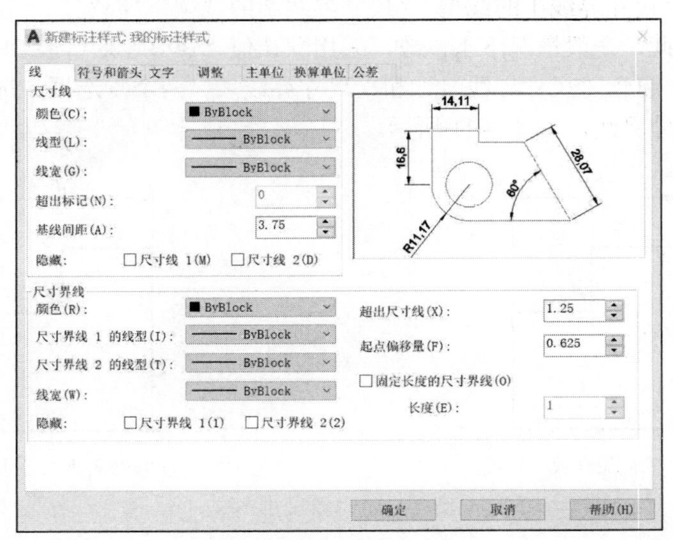

图 4-9　“线”选项卡

对话框中有“线”“符号和箭头”“文字”“调整”“主单位”“换算单位”“公差”七个选项卡，下面分别介绍各选项卡的具体设置内容。

（1）“线”选项卡。“线”选项卡用于设置“尺寸线”和“尺寸界线”的格式和特性。

“尺寸线”选项组中各选项含义如下：

- “颜色”“线型”“线宽”下拉列表框：默认值均为“ByBlock（随块）”，当尺寸标注的特性设为“随层”时，尺寸线、尺寸界线的颜色、线型和线宽与尺寸标注所处的图层保持一致。
- “超出标记”文本框：用于设置当尺寸线的起止符号采用斜线、建筑标记、小点、积分或无标记时，尺寸线超出尺寸界线的长度。
- “基线间距”文本框：用于设置当采用基线标注方式（图 4-6）标注尺寸时，各尺寸线之间的距离。
- “隐藏”：该选项包含“尺寸线 1”和“尺寸线 2”两个复选框，分别控制是否显示第一尺寸线和第二尺寸线。以尺寸数字所在的位置为分界线，将尺寸线分为两部分，靠近第一尺寸界线一侧的尺寸线是第一尺寸线。选中复选框表示隐藏相应的尺寸线，如图 4-10 所示。

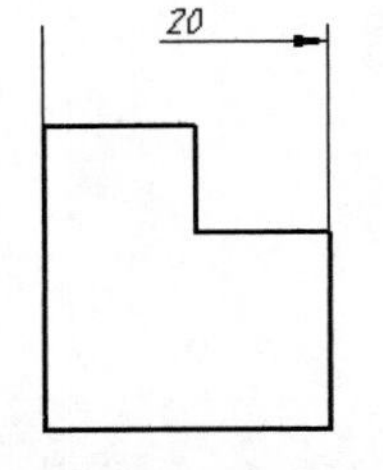

（a）隐藏第一尺寸线

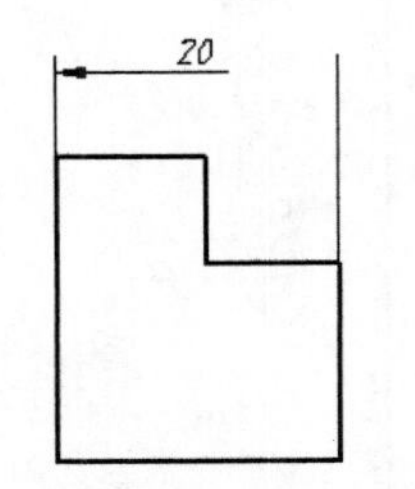

（b）隐藏第二尺寸线

图 4-10　隐藏尺寸线

“尺寸界线”选项组用于设置延伸线的样式，各选项含义如下：

- “颜色”“尺寸界线 1 的线型”“尺寸界线 2 的线型”“线宽”下拉列表框：作用同尺寸线。因此，一般情况下不修改，采用默认值“ByBlock（随块）”。
- “隐藏”：包含“尺寸界线 1”和“尺寸界线 2”两个复选框，选中复选框表示隐藏相应的尺寸界线，如图 4-11 所示。

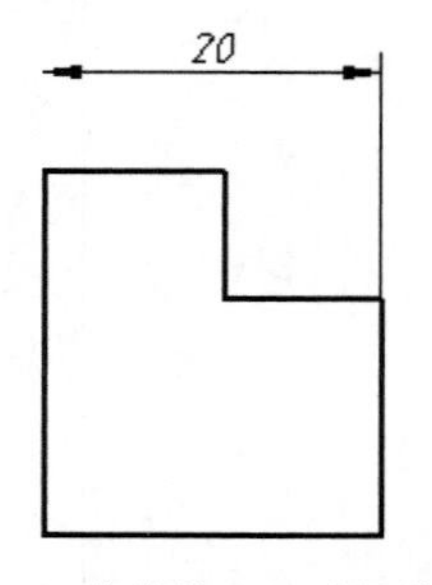

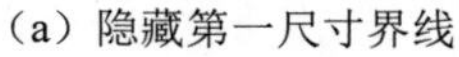

（a）隐藏第一尺寸界线

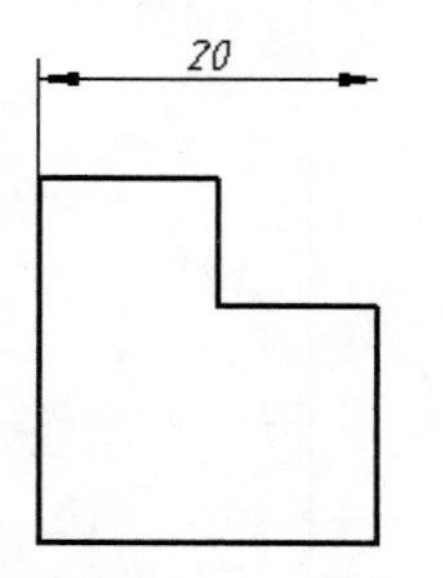

（b）隐藏第二尺寸界线

图 4-11　隐藏尺寸界线

- “超出尺寸线”文本框：设置尺寸界线超出尺寸线的长度。
- “起点偏移量”文本框：设置尺寸界线的起点位置。
- “固定长度的尺寸界线”复选框：勾选该复选框，尺寸界线的长度固定不变，与尺寸线到尺寸界线起点的距离无关；如不勾选该复选框，则可通过在“长度”文本框（图 4-9）中输入数值，设置尺寸界线的长度。选中该复选框，尺寸界线的长度固定不变，与尺寸线到尺寸界线起点的距离无关。

（2）“符号和箭头”选项卡。“符号和箭头”选项卡用于设置尺寸箭头、圆心标记、折断标注、弧长符号、半径折弯标注等方面的格式和特性，如图 4-12 所示。

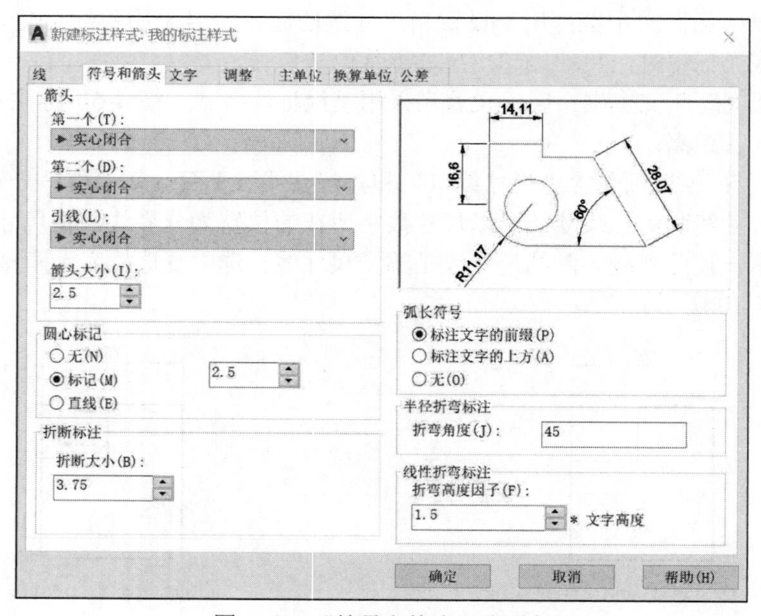

图 4-12　“符号和箭头”选项卡

各选项功能如下：

- “箭头”选项组：用于设置尺寸线起止符号的形状和大小。默认“第一个”和“第二个”尺寸线起止符号的形状相同，也可根据需要设置为不同形状。
- “圆心标记”选项组：用于设置圆或圆弧的中心标记的类型和标记的大小。
- “折断标注”选项组：当尺寸线或尺寸界线与图线相交时，用户可通过“打断标注”命令将交点处的尺寸线或尺寸界线断开，断开的间距值由“折断大小”文本框中的数值确定。
- “弧长符号”选项组：用于确定标注弧长尺寸时，是否标注弧长符号“⌒”及其标注位置。根据我国制图标准，应选“标注文字的上方”单选项。
- “半径折弯标注”选项组：用于在用折弯尺寸线标注圆或圆弧的半径时，确定尺寸线的折弯角度，如图 4-13 所示。

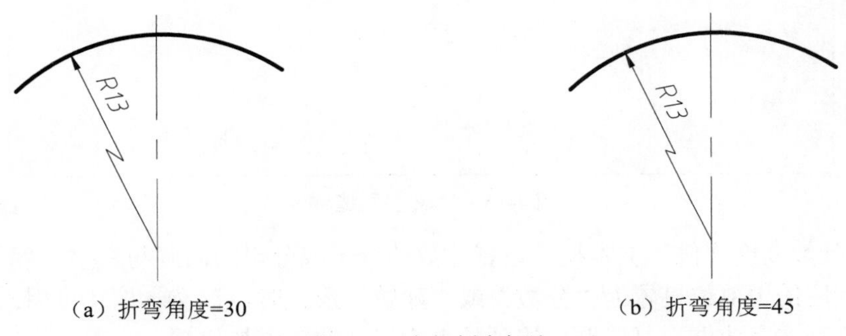

（a）折弯角度=30　　（b）折弯角度=45

图 4-13　半径折弯标注

- “线性折弯标注”选项组：用于在用折弯方式标注线性尺寸时，确定两个折弯角顶点之间的距离。该距离等于折弯高度因子与尺寸文字的高度的乘积，如图 4-14 所示。

（a）折弯高度因子=1　　（b）折弯高度因子=2

图 4-14　线性折弯标注

（3）“文字”选项卡。“文字”选项卡用于设置尺寸数字的外观和位置，如图 4-15 所示。各选项功能如下：

“文字外观”选项组用于设置尺寸文字的样式、颜色及高度等，其中各选项功能如下：

- “文字样式”下拉列表框：单击该下拉列表，在已创建的文字样式中选择一种作为尺寸文本的样式，也可以单击其后的...按钮，打开“文字样式”对话框，建立新的文字样式。
- “文字颜色”和“填充颜色”下拉列表框：用于设置尺寸数字的颜色和填充背景色。
- “文字高度”文本框：用于设置尺寸数字的高度。

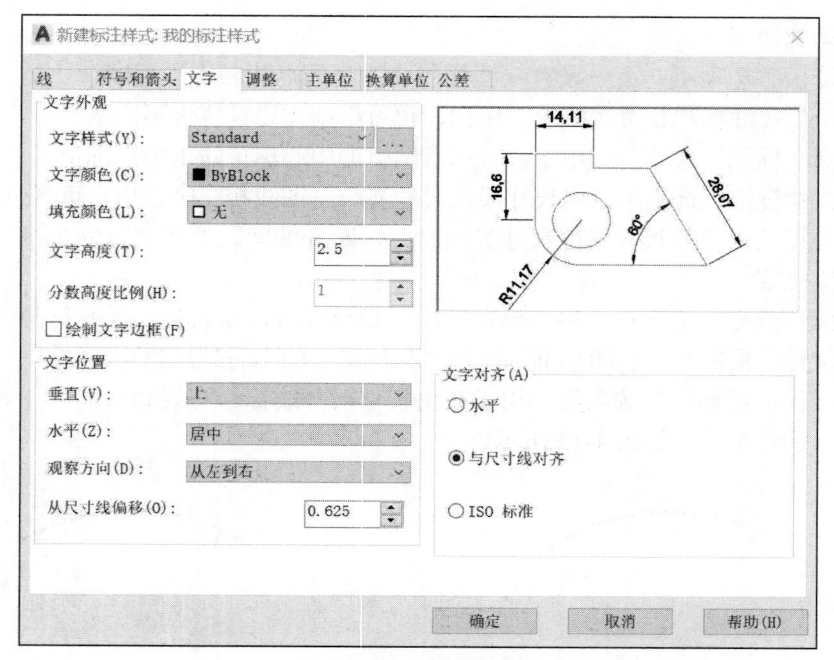

图 4-15 “文字”选项卡

- “分数高度比例”文本框：设置分数的分子或分母的高度与文字高度的比值。当尺寸标注的主单位设置为“分数”或“建筑”形式时，该文本框才可用。
- “绘制文字边框”复选框：控制是否为尺寸数字添加边框。

“文字位置”选项组用于设置尺寸文字的位置，其中各选项功能如下：

- “垂直”下拉列表框：控制尺寸数字在竖直方向上与尺寸线的相对位置。该下拉列表框有“居中”“上”“外部”“JIS（日本工业标准）”四个选项，我国技术制图标准规定采用“居中”和“上”两种方式。其中“居中”是指尺寸数字在垂直方向上处于尺寸线的中部，而尺寸线在尺寸数字处断开；“上”是指尺寸数字位于尺寸线的上方。
- “水平”下拉列表框：控制尺寸数字在水平方向上与尺寸线的相对位置。按我国工程制图的习惯，一般选用“居中”方式，即尺寸数字在水平方向上处于尺寸线的中间位置。该下拉列表框有五种形式，标注效果如图 4-16 所示。

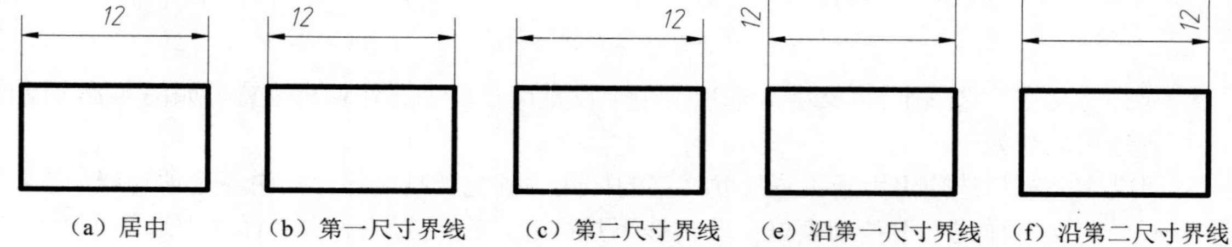

图 4-16 尺寸数字与尺寸线在水平方向的位置关系

- “从尺寸线偏移”文本框：控制尺寸数字与尺寸线之间的距离。

“文字对齐”选项组用于控制尺寸数字的书写方向。选中“水平”单选按钮，尺寸数字总是水平放置。选中“与尺寸线对齐”单选按钮，尺寸数字的书写方向随尺寸线的倾斜方向调整，即尺寸数字的书写方向与尺寸线平行。选中“ISO 标准”单选按钮，当尺寸数字位于尺寸界线内部时，其书写方向与尺寸线平行；当尺寸数字位于尺寸界线之外时，则水平放置。

（4）“调整”选项卡。“调整”选项卡用于控制当尺寸界限之间没有足够的空间同时放置尺寸数字和箭头时，应首先从尺寸界限之间移出尺寸文字和箭头的哪部分。“调整”选项卡如图 4-17 所示。

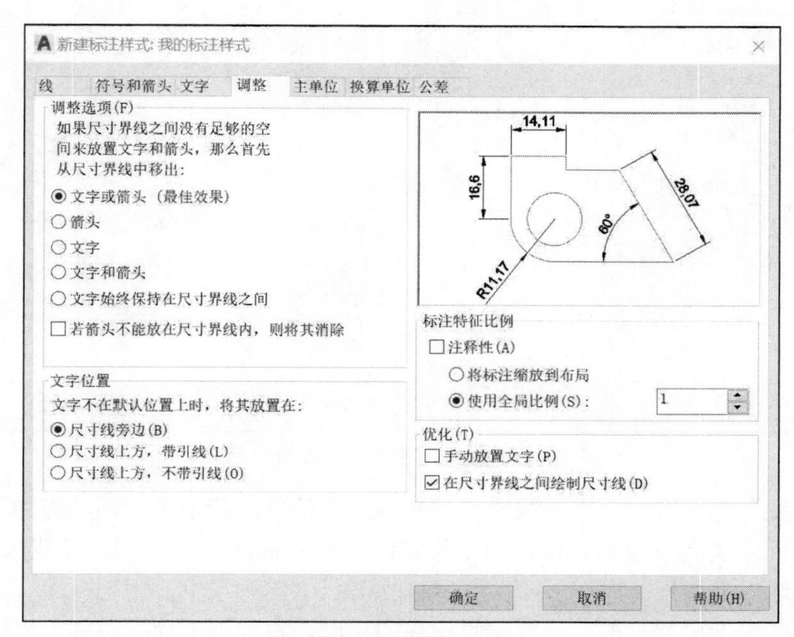

图 4-17　“调整”选项卡

“调整选项”选项组用于确定发生上述情况时移出的具体部分。

“文字位置”选项组用于控制当尺寸数字不在默认位置（调整选项所设置的）时，尺寸数字的放置方式。用户有三种选择：放在尺寸线旁边、放在尺寸线上方并带引线或放在尺寸线上方不带引线。

“标注特征比例”选项组的“注释性”复选框下有两个单选按钮，其功能如下：

- “将标注缩放到布局”单选按钮：根据当前模型空间视窗与图纸空间之间的缩放关系确定比例因子。
- “使用全局比例”单选按钮：为尺寸标注样式设置整体比例因子，对尺寸箭头的大小、尺寸数字的高度、尺寸界线超出尺寸线的距离、尺寸数字与尺寸线之间的间距等几何参数均有影响，但不影响尺寸标注的测量值。

“优化”选项组有两个复选框，其功能如下：

- “手动放置文字”复选框：选中该复选框，尺寸数字在水平方向的位置是由用户在标注尺寸的过程中，移动光标而确定的。
- “在尺寸界线之间绘制尺寸线”复选框：若勾选该复选框，则当尺寸箭头位于尺寸界线之外时，也在两尺寸界线间绘制尺寸线。

（5）“主单位”选项卡。“主单位”选项卡用于设置主单位的格式、精度以及尺寸文字的前缀和后缀，如图 4-18 所示。

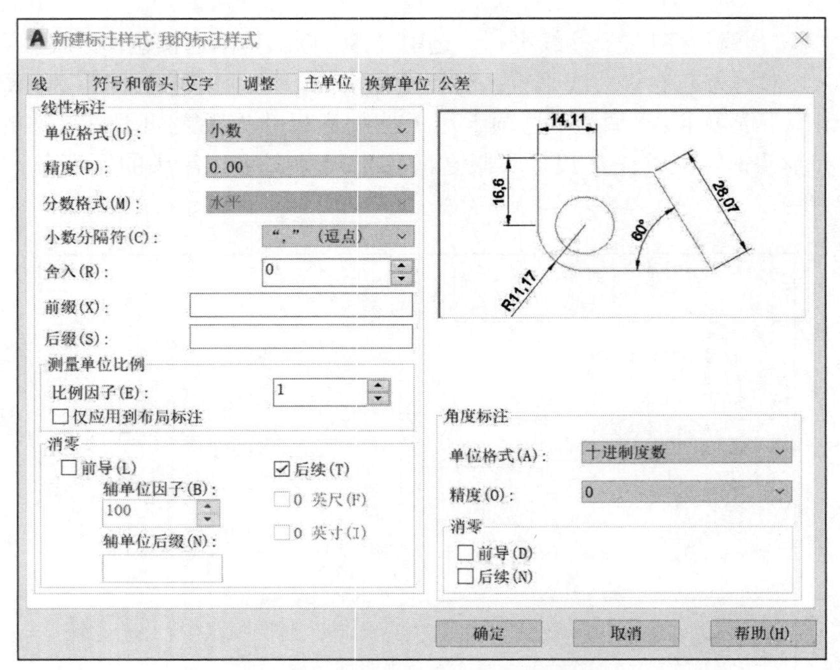

图 4-18 “主单位”选项卡

“线性标注”选项组用于设置线性标注的格式与精度，其中各选项功能如下：

- “单位格式”下拉列表框：用于设置线性尺寸标注的计数制。按我国工程制图的习惯应选“小数”。
- “精度”下拉列表框：设置尺寸标注的精度，按我国工程制图的习惯应取整数。
- “分数格式”下拉列表框：设置分数的表示形式。
- “小数分隔符”下拉列表框：设置小数点的表示形式，默认是逗点“,”，按我国工程制图的习惯应设为句点“.”形式。
- “舍入”文本框：设置除角度标注外，所有尺寸标注测量值的圆整规则。
- “前缀”和“后缀”文本框：用于为尺寸数字添加前缀和后缀。如在前缀文本框中输入“%%C”，则所有尺寸标注的测量值前都有一个前缀符号“ϕ”。

“测量单位比例”选项组：用于确定测量单位的比例，其中“比例因子”文本框用来设置线性尺寸标注测量值与标注值的比例因子。“仅应用到布局标注”复选框用于设置确定的比例因子是否仅影响布局的尺寸标注。

“消零”选项组用于确定是否显示尺寸标注中的前导或后续零。

“角度标注”选项组：用于确定标注角度尺寸时的单位、精度以及消零与否。各选项的含义与“线性标注”选项组类似。

（6）“换算单位”选项卡。AutoCAD 2022 允许在图形中同时标注两种尺寸数值。在“换算单位”选项卡中勾选“显示换算单位”复选框，即可通过换算单位的设置在图形中同时标注两种尺寸数值。

（7）“公差”选项卡。“公差”选项卡用于确定是否标注公差及标注公差的方式，如图 4-19 所示。

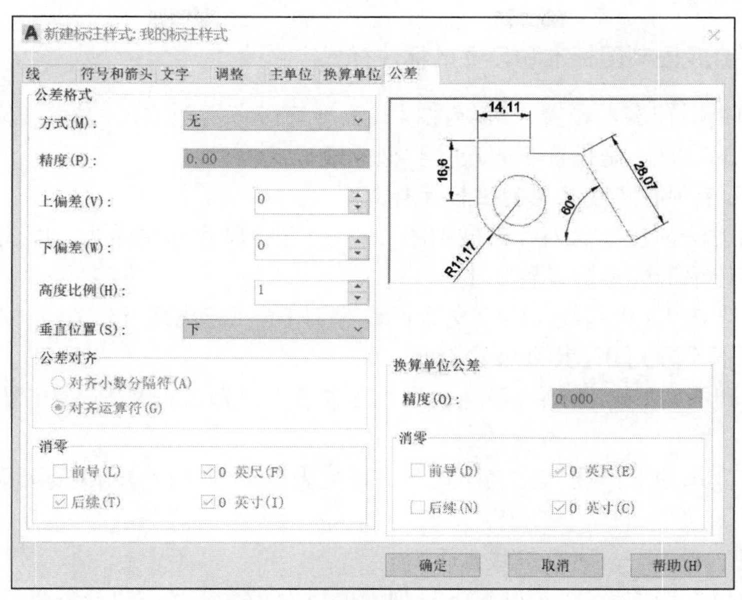

图 4-19　“公差”选项卡

“公差格式”选项组中各选项含义如下：

- “方式”下拉列表框：设置尺寸公差的形式。默认形式为“无”，即不标注尺寸公差。其他尺寸公差的标注形式如图 4-20 所示。
- “精度”下拉列表框：设置尺寸公差值的精度（即小数的位数）。

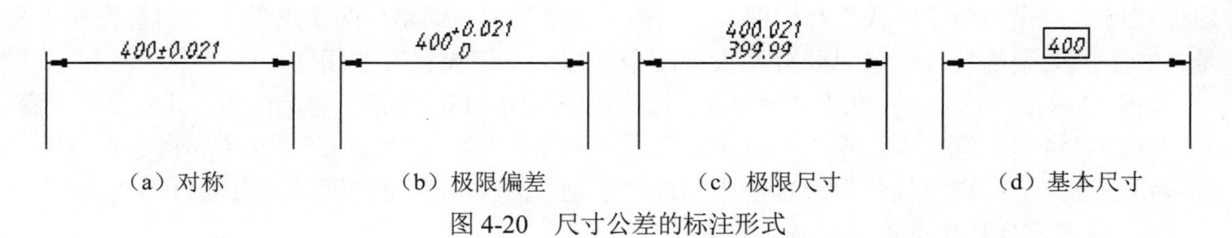

（a）对称　（b）极限偏差　（c）极限尺寸　（d）基本尺寸

图 4-20　尺寸公差的标注形式

- “上偏差”和“下偏差”文本框：设置尺寸公差的上、下偏差值。需要注意的是，上偏差值自动带正号，下偏差值自动带负号。若输入的下偏差为 0.005，那么实际显示的下偏差为-0.005。如果想要使下偏差显示为 0.005，则必须在“下偏差”文本框中输入-0.005。
- “高度比例”文本框：用于设置公差数字的高度与尺寸数字的高度之比。按我国机械制图的习惯，此处数值应设为 0.7。
- “垂直位置”下拉列表框：用于设置公差数字与尺寸数字在竖直方向上的对齐方式。根据我国机械制图标准的规定，应选择“中”对齐方式。

“公差对齐”选项组用于设置上、下偏差在竖直方向上的对齐方式。选中“对齐小数分隔符”单选按钮，是以小数分隔符为基准对齐上、下偏差；选中“对齐运算符”单选按钮，则是以上、下偏差的符号（即正负号）为基准对齐上、下偏差。

“消零”选项组用于控制是否消除尺寸公差值的无效 0。根据我国机械制图标准的规定，“前导”和“后续”复选框均不选择。

二、设置符合我国制图标准和习惯的标注样式

尺寸标注的类型较多，设置一种标注样式很难使所有类型的尺寸标注都符合我国机械制图标准的要求。解决办法是设置不同尺寸类型的子样式。

1. 设置作用于所有尺寸类型的主标注样式

按照前文的方法，建立名为“机械制图 ISO-25”的尺寸标注样式，以此为主样式建立相应的子样式。各选项卡的参数设置如下：

（1）“线”选项卡：“基线间距”文本框设置为10，“超出尺寸线”文本框设置为3，“起点偏移量”文本框设置为0，其余参数不变。

（2）“符号和箭头”选项卡：“箭头大小”文本框设置为2.8，“圆心标记”区域选择“无”，其余参数不变。

（3）“文字”选项卡：在“文字样式”下拉列表框中选择设置用来标注数字的文字样式，其余参数不变。

（4）“调整”选项卡：所有参数都不变。

（5）“主单位”选项卡：“精度”下拉列表框设为0；在“小数分隔符”下拉列表框中选择“句点”选项，其余参数不变。

（6）“换算单位”和“公差”选项卡不作修改。

2. 设置直径和半径尺寸类型的子样式

在“标注样式管理器”对话框（图4-7）中，单击“新建”按钮，在弹出的“创建新标注样式”对话框中的“用于”下拉列表框中选择“直径标注”后，单击“继续”按钮，进入“新建标注样式：我的标注样式”对话框，需调整“文字”和“调整”两个选项卡。因直径和半径是两种不同类型的尺寸，所以要分别设置两个子样式，但设置方法相同。

（1）“文字”选项卡：在“文字对齐”选项组中选中“ISO 标准”单选按钮，其余参数不变。

（2）“调整”选项卡：在“调整选项”选项组中，“文字”“箭头”“文字和箭头”三个单选按钮任选其一；在“优化”选项组中勾选“手动放置文字”复选框，其余参数不变。

3. 设置角度尺寸类型的子标注样式

在“标注样式管理器”对话框中单击“新建”按钮，在弹出的“创建新标注样式”对话框中的“用于”下拉列表框中选择“角度标注”后，单击“继续”按钮，进入“新建标注样式：我的标注样式”对话框，仅调整“文字”选项卡。在“文字”选项卡的“文字位置”选项组的“垂直”中选择“外部”，“文字对齐”选项组选择“水平”单选按钮，其余参数不变。

4. 设置尺寸公差的替代样式

因带有尺寸公差的尺寸在图样中出现得较少，而且标注值也不尽相同，所以常设置临时替代样式。方法是在“标注样式管理器”对话框中单击“替代”按钮，在弹出的“替代当前样式”对话框中仅调整“主单位”和“公差”选项卡。

（1）如果用代号形式标注非圆视图上的尺寸公差，如ϕ40H7，则在“主单位”选项卡中的“前缀”文本框中输入“%%c”，在“后缀”文本框中输入“H7”，其余参数不变。

（2）如果用尺寸偏差的形式标注非圆视图上的尺寸公差，如$\phi 21^{+0.021}_{-0}$，则在“主单位”选项卡中的“前缀”文本框中输入“%%c”；在“公差”选项卡中的“方式”下拉列表框中选择“极限偏差”，在“精度”下拉列表框中选择“0.000”，在“上偏差”文本框中输入“0.021”，

在“下偏差”文本框中输入“0.000”，在“高度比例”文本框中输入“0.7”，在“垂直位置”下拉列表框中选择“中”，在“公差对齐”区域中选中“对齐小数分隔符”单选按钮。

第三节　创建尺寸标注对象

建立了标注样式之后，就可以使用相应的标注命令标注尺寸。为了便于修改，应建立尺寸标注图层，还应充分利用对象捕捉功能，精确确定尺寸界线的起点位置，以获得精准的尺寸测量值。

一、线性尺寸标注命令

1. 功能

标注水平方向和竖直方向的长度尺寸以及根据指定角度旋转的线性尺寸。

2. 命令调用

命令：DIMLINEAR。工具选项板组：“默认”→“注释”→“线性”按钮。菜单命令：“标注”→“线性”命令。工具栏：“标注”→“线性”按钮。

3. 操作

执行 DIMLINEAR 命令，AutoCAD 2022 提示（参照图 4-21）：

指定第一条延伸线原点或 <选择对象>: 拾取 A 点↙或↙　（使用对象捕捉）
指定第二条延伸线原点: 拾取 C 点↙　（使用对象捕捉）
指定尺寸线位置或[多行文字(M) 文字(T) 角度(A) 水平(H) 垂直(V) 旋转(R)]: 拾取 P 点↙或某选项↙

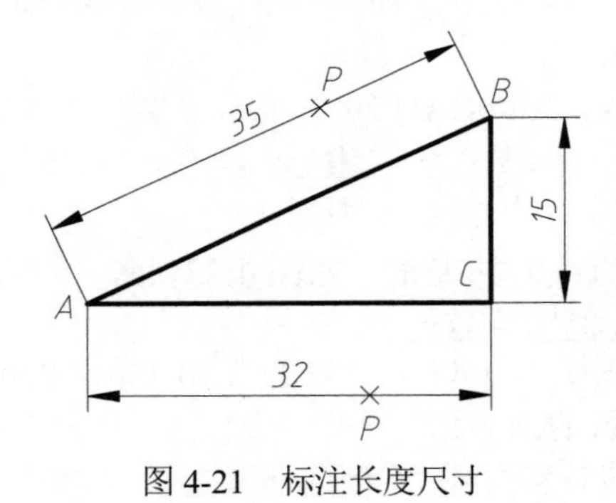

图 4-21　标注长度尺寸

4. 说明

（1）标注尺寸时，AutoCAD 2022 按选择尺寸界线起点的顺序确认第一条和第二条尺寸界线。

（2）在“指定第一条延伸线原点或 <选择对象>:”提示下，也可以直接按 Enter 键，然后根据提示信息选择直线 AC，再指定尺寸线的位置。

（3）“多行文字(M)”和“文字(T)”选项：用来修改尺寸的测量值。

（4）“角度(A)”选项：指定尺寸文字的倾斜角度，即使尺寸文字与尺寸线不平行。

（5）“水平(H)”和“垂直(V)”选项：用来标注水平和垂直尺寸。在实际标注尺寸的过程中，AutoCAD 2022 能根据用户指定的尺寸线的位置，自动判断是标注水平尺寸还是标注垂直尺寸，所以该选项一般不用。

（6）“旋转(R)”选项：使尺寸线按指定的角度旋转。

二、对齐尺寸标注命令

1. 功能

对齐尺寸标注命令标注任意两点间的距离，尺寸线的方向平行于两点连线，如图 4-21 中 AB 两点间的尺寸。该命令与线性尺寸标注命令的提示和操作基本相同。

2. 命令调用

命令：DIMALIGNED。工具选项板组：“默认”→“注释”→“对齐”按钮。菜单命令：“标注”→“对齐”命令。工具栏：“标注”→“对齐”按钮。

3. 操作

执行 DIMALIGNED 命令，AutoCAD 2022 提示（参照图 4-21）：

指定第一条延伸线原点或 <选择对象>: 拾取 A 点↙或↙　（使用对象捕捉）
指定第二条延伸线原点: 拾取 B 点↙　（使用对象捕捉）
指定尺寸线位置或[多行文字(M) 文字(T) 角度(A)]: 拾取 P 点↙或某选项↙

三、角度尺寸标注命令

1. 功能

标注圆弧的圆心角或两条相交直线间的夹角，或圆周上任意两点间圆弧的圆心角。

2. 命令调用

命令：DIMANGLEAR。工具选项板组：“默认”→“注释”→“角度”按钮。菜单命令：“标注”→“角度”命令。工具栏：“标注”→“角度”按钮。

3. 操作

执行 DIMANGLEAR 命令，AutoCAD 2022 提示（参照图 4-22）：

选择圆弧、圆、直线或 <指定顶点>: 选择圆弧↙或圆↙或直线↙或↙

根据所选的标注对象不同，后续提示也不同。

（1）选择直线，标注两直线间的夹角，如图 4-22（a）所示。后续提示：

选择第二条直线: 选取第二条直线↙
指定标注弧线位置或 [多行文字(M) 文字(T) 角度(A) 象限点(Q)]: 拾取点↙或某选项↙

（2）选择圆弧，标注圆弧的圆心角，如图 4-22（b）所示。后续提示：

指定标注弧线位置或 [多行文字(M) 文字(T) 角度(A) 象限点(Q)]: 拾取点↙或某选项↙

（3）选择圆，指定圆周上的两点，标注两点间的圆心角。后续提示：

指定角的第二个端点: 选择圆周上的第二点↙　（该点可不在圆周上）
指定标注弧线位置或 [多行文字(M) 文字(T) 角度(A) 象限点(Q)]: 拾取点↙或某选项↙

（4）空回车（按 Enter 键），根据指定的三个点标注角度。标注形式如图 4-22（a）所示。后续提示：

指定角的顶点: 拾取 B 点↙　（可使用对象捕捉）
指定角的第一个端点: 拾取 A 点↙　（可使用对象捕捉）
指定角的第二个端点: 拾取 C 点↙　（可使用对象捕捉）
指定标注弧线位置或 [多行文字(M) 文字(T) 角度(A) 象限点(Q)]: 拾取点↙或某选项↙

4. 说明

各选项的含义及操作同线性尺寸标注命令的相同选项。其中不同选项“象限点(Q)”的含义：指定标注应锁定的象限。如标注图 4-22（b）所示圆弧的圆心角，选择圆弧后，光标在两尺寸界线上方时标注的角度值是 114°，光标在两尺寸界线下方时标注的角度值是 246°。如果将象限点指定在两尺寸界线的上方，即便光标在两尺寸界线的下方也标注 114°。

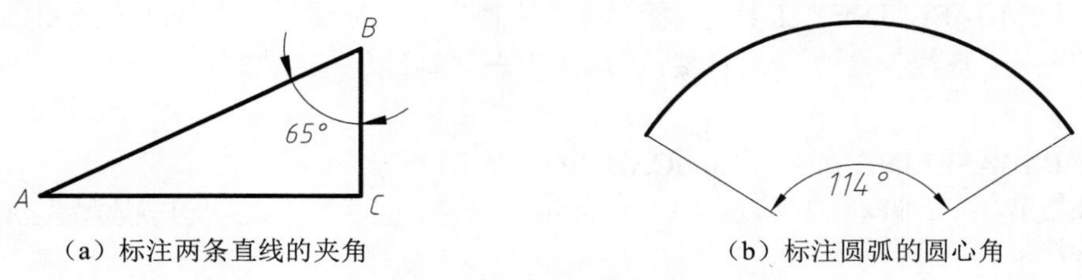

（a）标注两条直线的夹角　　（b）标注圆弧的圆心角

图 4-22　角度尺寸标注

四、直径与半径尺寸标注命令

1. 功能

直径与半径尺寸标注命令的提示与操作相似，只是直径尺寸的尺寸文字前带有直径符号“ϕ”，半径尺寸的尺寸文字前带有半径符号“R”。

2. 命令调用

命令：DIMDIAMETER 与 DIMRADIUS。工具选项板组：“默认”→“注释”→“直径”按钮、“半径”按钮。菜单命令：“标注”→“直径”与“半径”命令。工具栏：“标注”→“直径”按钮、“半径”按钮。

3. 操作

（1）直径尺寸标注。

命令: _dimdiameter
选择圆弧或圆: （在标注对象如圆或圆弧上拾取一点）
标注文字 =〈系统测量值〉
指定尺寸线位置或 [多行文字(M) 文字(T) 角度(A)]: （指定尺寸线的位置）

（2）半径尺寸标注。

命令: _dimradius
选择圆弧或圆: （在标注对象如圆或圆弧上拾取一点）
标注文字 = 〈系统测量值〉
指定尺寸线位置或 [多行文字(M) 文字(T) 角度(A)]: （指定尺寸线的位置）

五、基线型尺寸标注命令

1. 功能

将各尺寸线从同一条尺寸界线处引出，如图 4-23 所示。

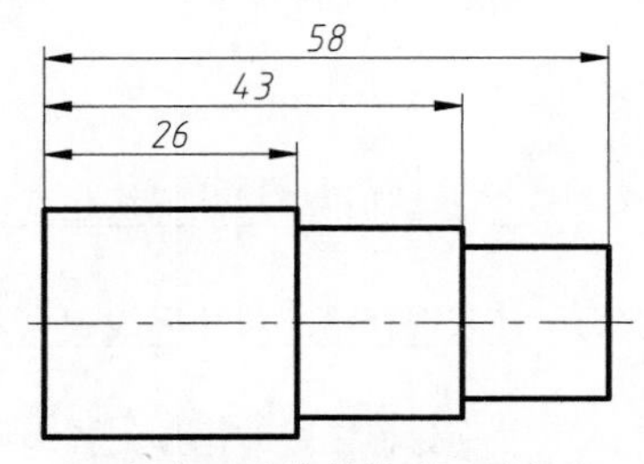

（a）长度尺寸的基线型尺寸标注

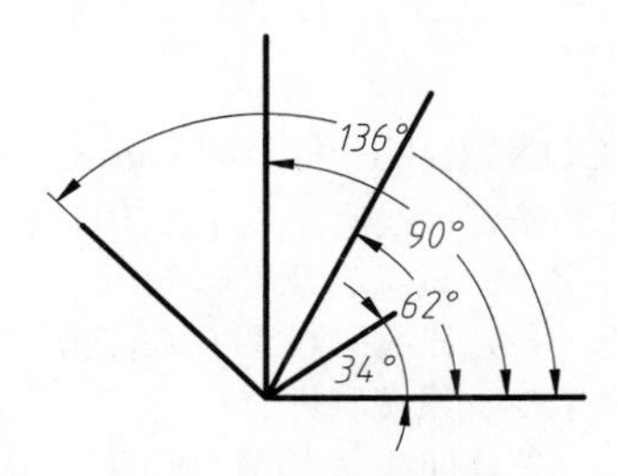

（b）角度尺寸的基线型尺寸标注

图 4-23　基线型尺寸标注

2. 命令调用

命令：DIMBASELINE。工具选项板组：“注释”→“标注”→“基线”按钮。菜单命令：“标注”→“基线”命令。工具栏：“标注”→“基线”按钮。

3. 操作

执行 DIMBASELINE 命令，AutoCAD 2022 提示：

指定第二条延伸线原点或 [放弃(U)/选择(S)] <选择>: ↙或选择第二尺寸界线起点↙或某选项↙
标注文字 =〈系统测量值〉
指定第二条延伸线原点或 [放弃(U)/选择(S)] <选择>: ↙或选择第二尺寸界线起点↙或某选项↙
标注文字 =〈系统测量值〉
指定第二条延伸线原点或 [放弃(U)/选择(S)] <选择>: ↙（该提示反复出现，直至空回车）
选择基准标注: ↙或选择一个尺寸作为基础尺寸↙ （空回车即退出基线标注命令）

4. 说明

（1）“选择(S)”选项：重新指定基线标注需要的基础尺寸。执行“基线”命令时，AutoCAD 2022 自动将执行“基线”命令前所标注的线性、对齐或角度尺寸认定为基础尺寸。使用该选项可以另外选择一个线性、对齐或角度尺寸作为基础尺寸，靠近选择点一侧的尺寸界线为第一尺寸界线。

（2）角度尺寸使用基线型标注时，操作步骤和长度尺寸的基线标注类似。

六、连续型尺寸标注命令

1. 功能

标注尺寸使得相邻两尺寸共用同一条尺寸界限，如图 4-24 所示。

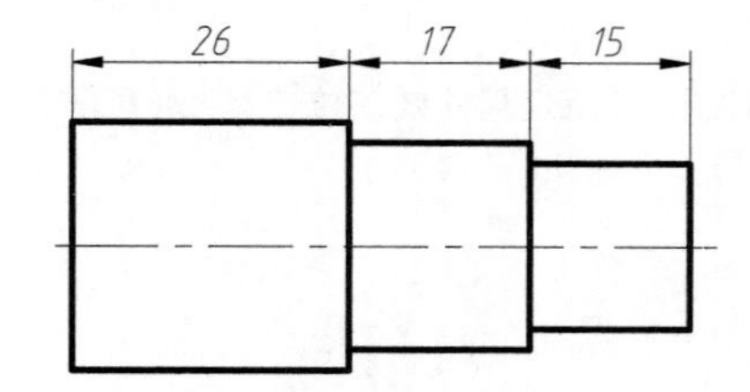

（a）长度尺寸的连续型标注

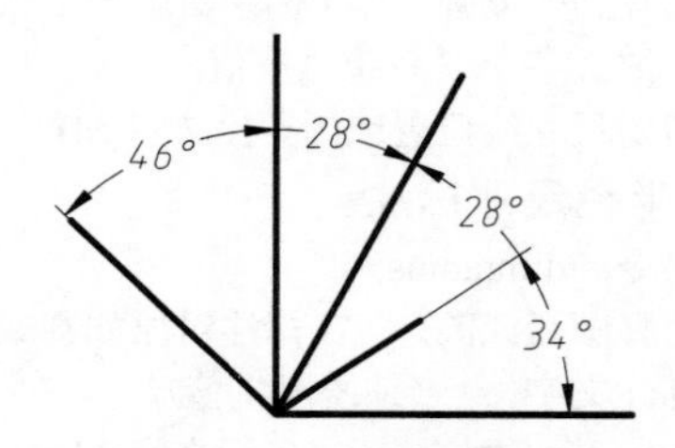

（b）角度尺寸的连续型标注

图 4-24 连续型尺寸标注

2. 命令调用

命令：DIMCONTINUE。工具选项板组：“注释”→“标注”→“连续”按钮。菜单命令：“标注”→“连续”命令。工具栏：“标注”→“连续”按钮。

3. 操作

执行 DIMCONTINUE 命令，AutoCAD 2022 提示：

指定第二条延伸线原点或 [放弃(U) 选择(S)] <选择>: ↙或选择第二尺寸界线起点↙或某选项↙
标注文字 =〈系统测量值〉
指定第二条延伸线原点或 [放弃(U) 选择(S)] <选择>: ↙或选择第二尺寸界线起点↙或某选项↙
标注文字 =〈系统测量值〉
指定第二条延伸线原点或 [放弃(U) 选择(S)] <选择>: ↙（该提示反复出现，直至空回车）
选择连续标注: ↙或选择一个尺寸作为基础尺寸↙ （空回车即退出连续标注命令）

4. 说明

（1）连续型尺寸标注的过程与基线型标注类似，既可用于长度尺寸的标注，也可用于角度尺寸的标注。

（2）当选取了多个标注对象后，单击“快速标注”工具按钮，然后在命令提示行选取相应选项（基线型、连续型）即可标注出多个标注对象间的长度型基线尺寸或连续尺寸。

七、弧长标注命令

1. 功能

标注圆弧或多段线中弧线段的弧长。

2. 命令调用

命令：DIMARC。工具选项板组：“默认”→“注释”→“弧长”按钮。菜单命令：“标注”→“弧长”命令。工具栏：“标注”→“弧长”按钮。

3. 操作

执行 DIMARC 命令，AutoCAD 2022 提示：

选择弧线段或多段线圆弧段：选择一段圆弧↙

指定弧长标注位置或 [多行文字(M) 文字(T) 角度(A) 部分(P) 引线(L)]：输入点↙或某选项↙

第四节　修改尺寸标注对象

对于标注的尺寸，用户可以根据需要进行修改。

一、修改标注文字命令

1. 功能

修改已有尺寸的尺寸文字。

2. 命令调用

命令：DDEDIT。菜单命令：“修改”→“对象”→“文字”→“编辑”命令。工具栏：“文字”→“编辑文字”按钮。

3. 操作

执行 DDEDIT 命令，AutoCAD 2022 提示：

选择注释对象或[放弃(U)]:

在该提示下选择尺寸，AutoCAD 2022 弹出“文字格式”工具栏，并将所选择尺寸的尺寸文字设置为编辑状态。用户可以直接对其进行修改，如修改尺寸、修改或添加公差等。

二、编辑标注命令

1. 功能

用于编辑已有的尺寸，可修改尺寸文字、恢复尺寸文字的定义位置、改变尺寸文字的倾斜角度和使尺寸界线倾斜。

2. 命令调用

命令：DDEDIT。工具栏：“标注”→“编辑标注”按钮。

3. 操作

执行 DDEDIT 命令，AutoCAD 2022 提示：

输入标注编辑类型 [默认(H)/新建(N)/旋转(R)/倾斜(O)] <默认>:

下面介绍提示中各选项的含义及其操作。

- “默认(H)”选项：使已经改变了位置的尺寸文字恢复到尺寸标注样式定义的位置。
- “新建(N)”选项：修改已标注尺寸的尺寸数值。选择该选项后，显示“文字格式”文字编辑器，用来修改尺寸数值，输入新的尺寸数值后，选择需要修改的尺寸对象即可。
- “旋转(R)”选项：使尺寸文字按指定的角度旋转。根据提示先设置旋转角度，再选择要修改的尺寸对象。
- “倾斜(O)”选项：使尺寸界线按指定的角度倾斜。根据提示先选择要倾斜的尺寸对象，再设置倾斜角度。

第五节　标注形位公差

形位公差是机械制图中的一个重要组成部分，它是用来确保零件能正确装配的技术要求。在 AutoCAD 2022 中可以方便地标注出形位公差。

1. 功能

标注机械零件图中的形位公差。

2. 命令调用

命令：TOLERANCE。工具选项板组：“注释”→“标注”→“公差”按钮。菜单命令：“标注”→“公差”命令。工具栏：“标注”→“公差”按钮。

3. 操作

执行 TOLERANCE 命令，AutoCAD 2022 将打开“形位公差”对话框，如图 4-25 所示。

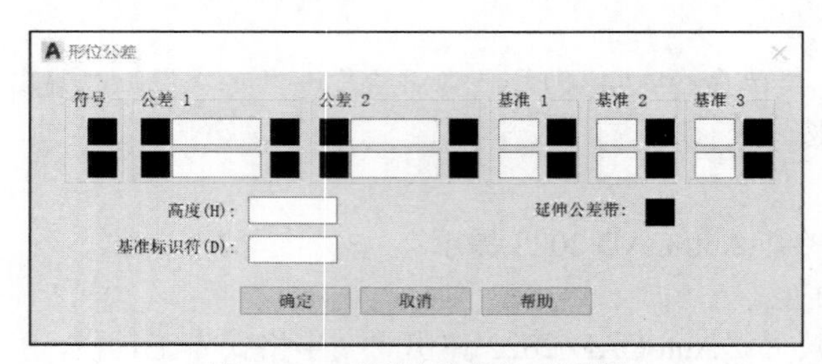

图 4-25　“形位公差”对话框

下面介绍对话框中各选项的功能。

（1）“符号”选项组。“符号”选项组用来确定形位公差的符号。单击其中的黑方块将弹出“特征符号”对话框，如图 4-26 所示。用户可从中选择需要的符号。

（2）公差选项组。公差选项组用于确定公差。用户在相应的文本框中输入公差值。

（3）基准选项组。基准选项组用于确定基准和对应的

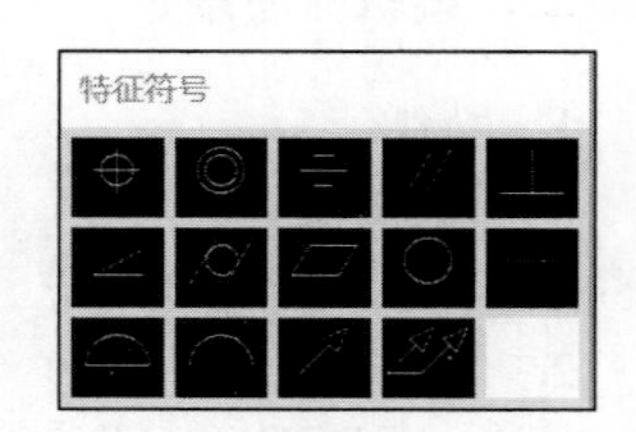

图 4-26　“特征符号”对话框

包容条件。

在“形位公差”对话框中确定好要标注的内容后，单击“确定”按钮，AutoCAD 2022 切换到绘图屏幕，提示输入公差位置，用户确定标注公差位置即可完成相应的标注。

第六节　组合体三视图尺寸标注举例

以图 4-27 所示的三视图为例，说明组合体三视图的尺寸标注过程。为了讲解方便，为每一个尺寸编号。

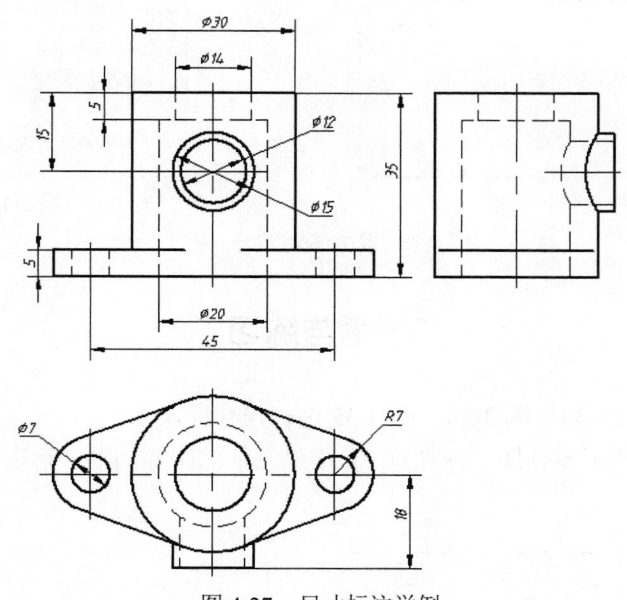

图 4-27　尺寸标注举例

1. 建立尺寸标注样式

参照本章“设置符合我国制图标准和习惯的标注样式”一节的内容，分别建立“机械制图 ISO-25”主标注样式和“直径、半径、角度”三个子标注样式。

2. 标注尺寸

选择工具选项板组“默认”→“注释”→“标注样式”，将“机械制图 ISO-25”标注样式设为当前标注样式。

首先标注图中的所有线性尺寸，再标注直径和半径尺寸。

3. 修改尺寸

主视图中的ϕ30、ϕ14 和ϕ20 均按线性尺寸标注（即尺寸数字前无前缀符号“ϕ”），修改方法如下。

单击应标注为ϕ30 而实则标注为 30 的尺寸，在打开的快捷特性面板中的“文字替代”文本框中输入“%%c30”[图 4-28（a）]，即可将尺寸数值修改为ϕ30；或双击应标注为ϕ30 的尺寸，弹出特性面板，拖动特性面板左侧的滚动条至“主单位”栏，在“标注前缀”文本框中输入“%%c”[图 4-28（b）]，也可将尺寸数值修改为ϕ30。

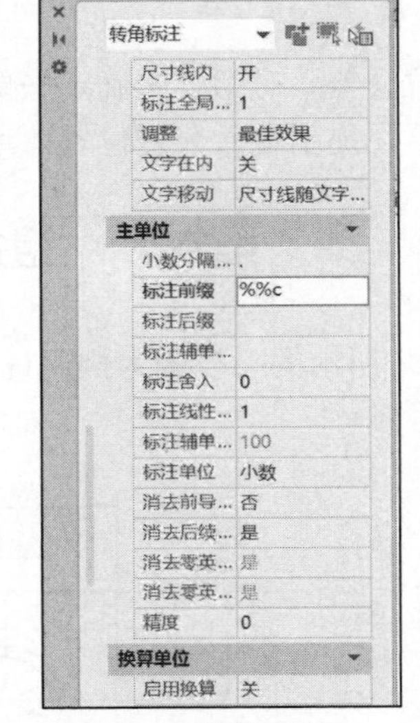

转角标注	
关联	是
标注样式	机械制图ISO-25
注释性	否
测量单位	30
文字替代	%%c30

（a）快捷特性面板　　　　（b）特性面板

图 4-28　添加前缀符号“ϕ”

思考与练习

1．对第三章的图 3-33、图 3-34、图 3-35 进行尺寸标注。

2．抄画图 4-29 所示零件图，并加画 A4 横放图纸的图幅图框和标题栏。

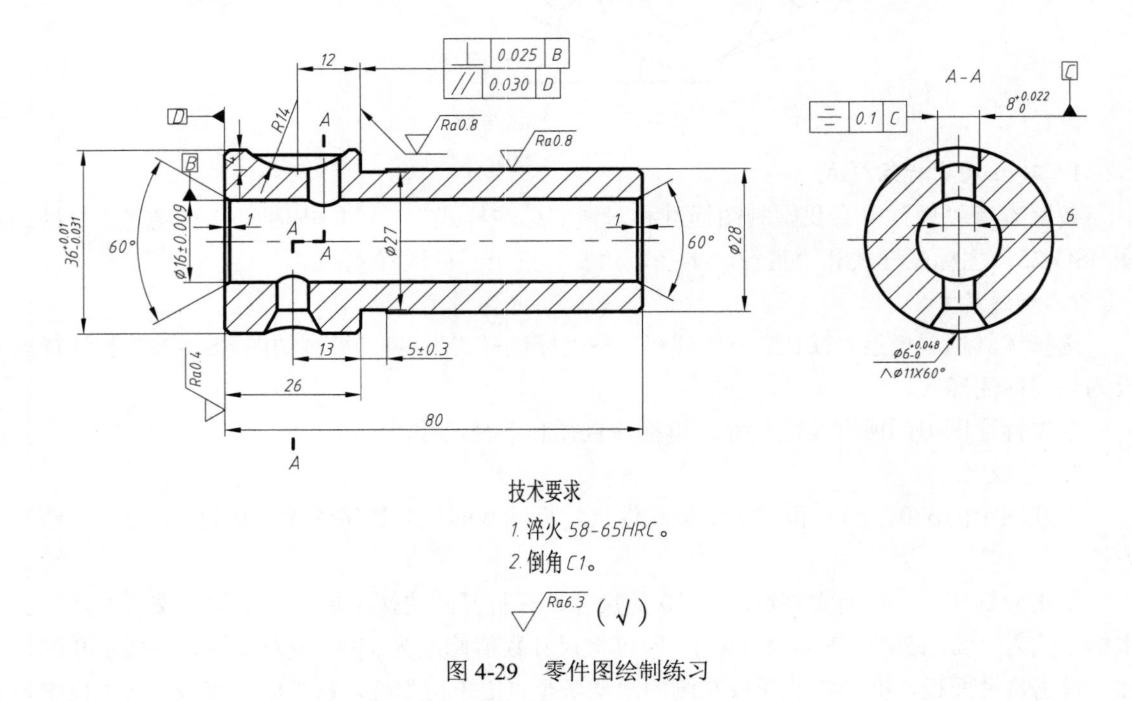

图 4-29　零件图绘制练习

第五章　数据查询及打印图形

第一节　数据查询

AutoCAD 2022 创建的图形对象都具有各自的特征，系统不仅在屏幕上绘出该对象，同时还创建关于该对象的数据信息，其中包含对象的层、颜色、线型以及几何参数，如圆心或直线端点坐标、距离、面积、体积等。利用 AutoCAD 2022 提供的查询功能，可以查询对象的这些数据信息。

一、查询距离

1. 功能

查询两个点之间的距离以及相关信息。

2. 命令调用

命令：DIST。工具选项板组：“默认”→“实用工具”→“测量”→“距离”按钮。菜单命令：“工具”→“查询”→“距离”命令。工具栏：“查询”→“距离”按钮。

3. 操作

执行“距离”命令，AutoCAD 2022 提示：

指定第一点：（输入一点，例如指定点 60, 80↙）

指定第二个点或 [多个点(M)]：（输入另一点，如 100, 200↙）

输入一个选项 [距离(D) 半径(R) 角度(A) 面积(AR) 体积(V) 快速(Q) 模式(M) 退出(X)] <距离>: _distance

AutoCAD 2022 将显示：

距离 = 223.6068, XY 平面中的倾角 = 63, 与 XY 平面的夹角 = 0

X 增量 = 100.0000, Y 增量 = 200.0000, Z 增量 = 0.0000

输入一个选项 [距离(D) 半径(R) 角度(A) 面积(AR) 体积(V) 快速(Q) 模式(M) 退出(X)] <距离>: X↙

上述执行结果表明，点(60, 80)与点(100, 200)之间的距离为 223.6068。

二、查询面积

1. 功能

计算平面多边形或由指定对象所围成区域的面积与边长，还可以进行面积的加、减运算。

2. 命令调用

命令：AREA。工具选项板组：“默认”→“实用工具”→“测量”→“面积”按钮。菜单命令：“工具”→“查询”→“面积”命令。工具栏：“查询”→“面积”按钮。

3. 操作

执行“面积”命令，AutoCAD 2022 提示：

指定第一个角点或 [对象(O) 增加面积(A) 减少面积(S) 退出(X)] <对象(O)>: ↙或点↙或某选项↙

（1）“指定第一个角点”，后续提示：

指定下一个点或 [圆弧(A) 长度(L) 放弃(U)]: 点↙（可以使用对象捕捉）

指定下一个点或 [圆弧(A) 长度(L) 放弃(U)]: 点↙

指定下一个点或 [圆弧(A) 长度(L) 放弃(U) 总计(T)] <总计>: 点↙

该提示反复出现，直到以空回车响应，出现后续提示：

输入一个选项 [距离(D) 半径(R) 角度(A) 面积(AR) 体积(V) 快速(Q) 模式(M) 退出(X)] <距离>: _area

AutoCAD 2022 命令行显示如下：

区域 = 各点组成的图形的面积,圆周长 = 各点组成的图形的周长

（2）“对象(O)”，后续提示：

选择对象: 选对象↙（如多段线、样条曲线、圆、椭圆、矩形、多边形等）

所选对象若是不封闭的多段线或样条曲线，系统将假设多段线或样条曲线的起点与终点相连，以计算其面积和周长。选择某一对象后，命令行显示如下：

输入一个选项 [距离(D) 半径(R) 角度(A) 面积(AR) 体积(V) 快速(Q) 模式(M) 退出(X)] <距离>: _area

区域 = 所选对象的面积,圆周长 = 所选对象的周长

（3）“增加面积(A)”，后续提示：

指定第一个角点或 [对象(O) 减少面积(S) 退出(X)]:

用户以“指定第一个角点”或“对象(O)”方式指定面积区域，(“加”模式下)“指定下一个点”或“选择对象”提示反复出现，每次以空回车响应，都会进行一次计算，并加到总面积中。依次计算用户指定的每个区域的面积，命令行显示如下内容：

(“加”模式) 指定第一个角点或 [对象(O)/减少面积(S)/退出(X)]: （提示反复出现供指定面积）

区域 = 所选单个对象的面积,周长 = 所选单个对象的周长

总面积 = 所选对象的面积

(“加”模式) 选择对象:

区域 = 所选单个对象的面积,周长 = 所选单个对象的周长

总面积 = 所选所有对象的面积之和

（4）“减少面积(S)”，后续提示：

指定第一个角点或 [对象(O)/增加面积(A)/退出(X)]:

用户以“指定第一个角点”或“对象(O)”方式指定面积区域，“指定下一个点”或“选择对象”提示反复出现，每次以空回车响应，都会进行一次计算，并加到总面积中，但要在总面积值前加负号。依次计算用户指定的每个区域的面积，命令行显示如下内容：

(“减”模式) 指定第一个角点或 [对象(O) 减少面积(S) 退出(X)]: （提示反复出现供指定面积）

区域 = 所选单个对象的面积,周长 = 所选单个对象的周长

总面积 = 所选对象的面积值前加负号

(“减”模式) 选择对象:

区域 = 所选单个对象的面积,周长 = 所选单个对象的周长

总面积 = 所选所有对象的总面积值前加负号

第二节 打印图纸

用户完成图形的绘制后，可以直接在模型空间打印完成的图形，也可以通过创建布局在图纸空间打印完成的图形。但是在多视窗下，模型空间只能打印当前视窗中的图形。而使用布局在图纸空间可打印所有视窗中的图形，从而实现在同一绘图页面上打印多个视图的目的。

一、页面设置管理器

1. 功能

设置图纸尺寸及打印设备。

2. 命令调用

命令：PAGESETUP。工具选项板组："输出"→"页面设置管理器"按钮。菜单命令："文件"→"页面设置管理器"命令。

3. 操作

执行 PAGESETUP 命令，将打开"页面设置管理器"对话框，如图 5-1 所示。

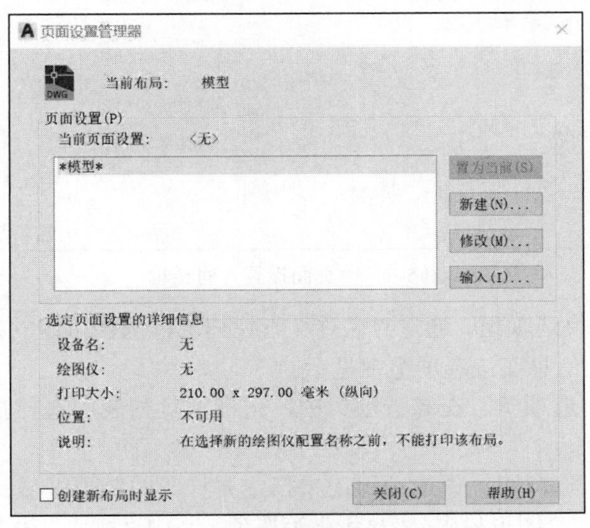

图 5-1　"页面设置管理器"对话框

在"页面设置"选项组中显示当前所有的页面设置，并在"选定页面设置的详细信息"框中显示所选定页面设置的信息。右侧有"置为当前""新建""修改""输入"四个按钮。下面介绍新建页面设置的方法。

单击"新建"按钮，打开"新建页面设置"对话框，如图 5-2 所示。在该对话框中输入新页面设置名称，并选择基础样式，单击"确定"按钮，打开"页面设置"对话框，如图 5-3 所示。

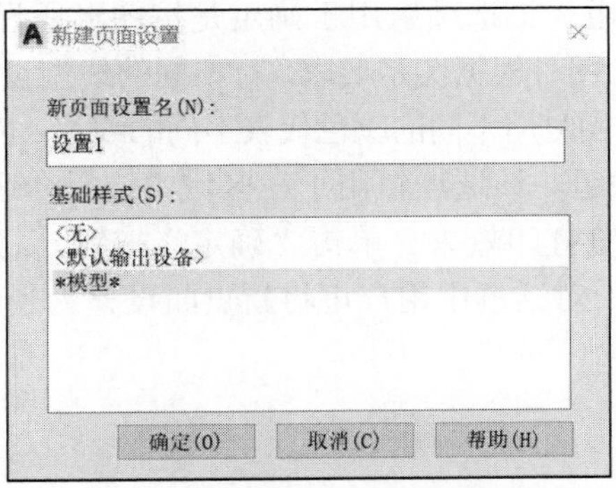

图 5-2　"新建页面设置"对话框

下面简单介绍该对话框中主要选项的功能。

（1）“页面设置”选项组。该选项组用于显示当前页面设置的名称。

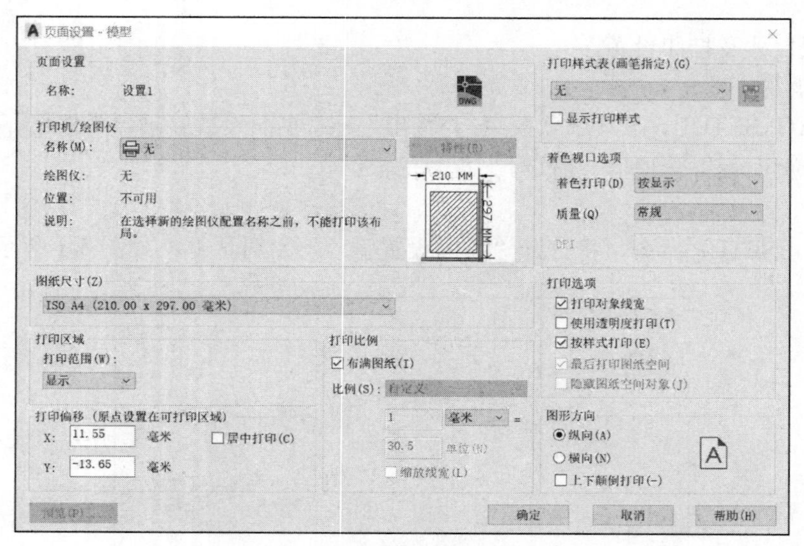

图 5-3 “页面设置”对话框

（2）打印机/绘图仪选项组。通过“名称”下拉列表框选择可用的打印设备，指定打印设备后，与该设备相关的信息在该选项组中显示。

（3）“图纸尺寸”选项组。在该选项组中，可在下拉列表中选择打印设备可用的标准图纸尺寸。

（4）“打印区域”选项组。该选项组用来指定要打印的图形区域。在“打印范围”下拉列表框中可选择“窗口”“图形界限”“显示”等选项。其中“窗口”表示打印指定矩形窗口中的图形；“显示”表示打印当前显示的图形。

（5）“打印偏移”选项组。该选项组用于确定打印区域相对于图纸左下角点的偏移量。

（6）“打印比例”选项组。该选项组用于设置图形的打印比例。

（7）“打印样式表”选项组。该选项组用于选择、新建、修改打印样式表。选择下拉列表中的“新建”选项，可建立新的打印样式表。

（8）“着色视口选项”选项组。该选项组用于控制打印三维图形时的打印模式。

（9）“打印选项”选项组。该选项组用于确定是按图形所设定的线宽打印图形，还是根据打印样式打印图形。如果绘图时根据图示要求，对不同的线型设置了不同的线宽，应勾选“打印对象线宽”复选框；如果绘图时用不同的颜色代表不同的线宽，应勾选“按样式打印”复选框。

（10）“图形方向”选项组。该选项组用于在区域中选择合适的打印方向。

单击“预览”按钮可预览打印效果。单击“确定”按钮，将返回“页面设置管理器”对话框，在“页面设置管理器”对话框中用户可将新页面设置为当前页面。

二、打印图形

1. 功能

通过打印机或绘图仪将图形打印输出。

2. 命令调用

命令：PLOT。工具选项板组：“输出”→“打印”按钮。菜单命令：“文件”→“打印”命令。工具栏：“标准”→“打印”按钮。

3. 操作

执行 PLOT 命令，AutoCAD 2022 打开“打印-模型”对话框，如图 5-4 所示。

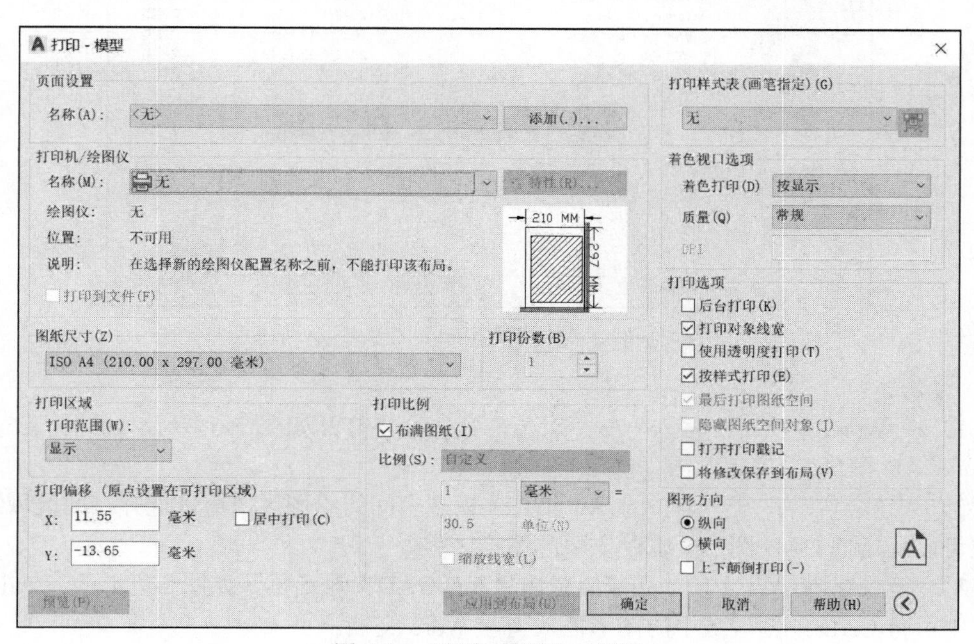

图 5-4　“打印-模型”对话框

通过页面设置区中的“名称”下拉列表框指定某一页面设置，对话框中即显示该页面设置的内容。也可不用已定义的页面设置，而是通过“打印-模型”对话框中的各选项设置重新设置打印参数。

对话框中的“预览”按钮用于预览打印效果。如果预览图形满足打印要求，单击“确定”按钮将打印出图形。

第三节　在 Word 中引用 AutoCAD 图形

Word 是我们日常使用较为普遍的一款软件，主要用于字表处理。但 Word 软件本身只能制作一些简单的、较为规则的图形，且编辑也不方便。本节介绍如何在 Word 中引用 AutoCAD 图形的几种方法。

1. 方法一

（1）在 AutoCAD 2022 中，执行“文件”→“输出”命令，弹出如图 5-5 所示对话框。给定文件名，在“文件类型”下拉列表框中选择“图元文件(*.wmf)”格式。

（2）单击“保存”按钮，AutoCAD 2022 返回绘图界面，并提示：

Export 选择对象：（选择要输出的图形部分）。

（3）在 Word 中插入保存图元文件，做适当剪裁即可。

图 5-5　AutoCAD 2022 中图形“输出”对话框

2. *方法二*

（1）在 Word 中执行“插入”→“对象”命令，将打开如图 5-6 所示对话框，在其中选择“AutoCAD 图形”，然后单击“确定”按钮。

（2）系统会自动打开一个新的 AutoCAD 模型空间的绘图区，可以选择在此区域绘制图形，也可以从其他 CAD 图形中复制需要的图形内容。

（3）关闭 AutoCAD 文件，系统会弹出“AutoCAD”对话框，如图 5-7 所示，单击“是”按钮，则可将 CAD 绘图区域中的图形插入当前 Word 文档。

图 5-6　Word 中“对象”对话框

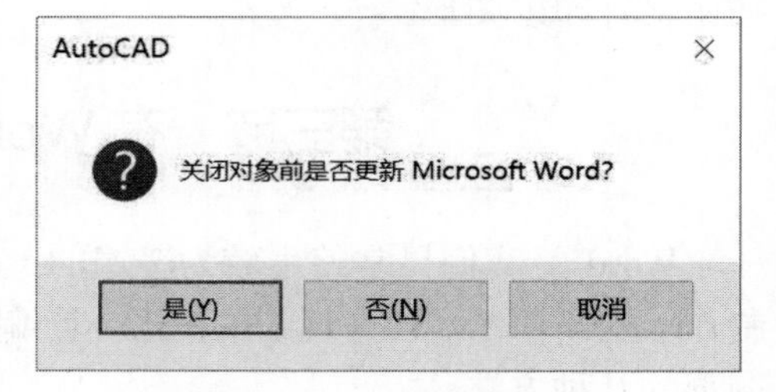

图 5-7　AutoCAD 对话框

（4）通过 Word 中的图片工具对对象进行适当剪裁。

（5）如果需要修改图片内容，双击该图片，系统会自动打开 AutoCAD 2022，可对图形进行修改。

3. *方法三*

（1）在 AutoCAD 2022 绘图区域中选中需要插入的图形对象，使用组合键 Ctrl+C 复制图形对象。

（2）在 Word 中执行“编辑”→“选择性粘贴”命令，将打开如图 5-8 所示的对话框，可在其中选择“AutoCAD Drawing 对象”“图片(Windows 图元文件)”“位图”选项。若选中“AutoCAD Drawing 对象”，则插入的结果同方法二；若选中“图片(Windows 图元文件)”，则可以通过取消组合将其转化为 Word 图元；若选中“位图”，则图形将以图片形式插入 Word 文档。

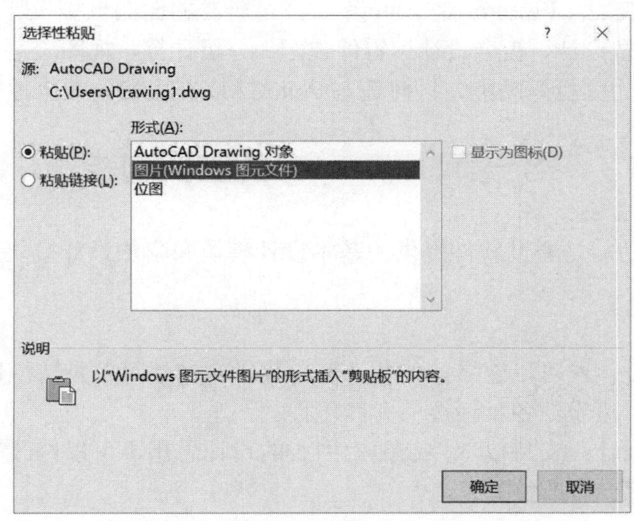

图 5-8 Word 中“选择性粘贴”对话框

4. *方法四*

直接使用 PrtScr 键，将屏幕复制粘贴到 Word 中，再对图片进行裁剪缩放。

思考与练习

1. 将上一章练习题（图 4-29）绘制的零件图打印为 PDF 文件。
2. 试述将 AutoCAD 图形插入 Word 的方法。

第六章　Autodesk Inventor 2020 简介

本章基于 Autodesk 公司发布的软件 Autodesk Inventor Professional 2020 中文版，介绍三维产品基本设计思想和方法。Inventor 是 Autodesk 公司研发的面向机械设计的三维设计软件，具有草图设计、零件造型设计、钣金设计、零件装配、分析计算、视图表达、模具设计、工程图设计、运动仿真、应力分析等功能，同时还与 AutoCAD 有很好的兼容性。

第一节　Inventor 的主要功能

Inventor 的各种功能是通过软件提供的基本设计模块和附加设计模块来实现的。

一、基本设计模块

（1）零件造型设计：可以建立拉伸体、旋转体、扫掠体等各种特征以及复杂曲面设计。

（2）钣金设计：可设计各种钣金件和冲压件。

（3）部件装配设计：支持以部件装配为中心的设计思想，可以修改装配体中的零件，动态演示机构运动和产品装配过程。

（4）表达视图：对装配体进行分解，用来表示各个零部件的装配顺序与装配关系，部件拆装过程可以输出为 AVI、WMV 等格式的动画文件。

（5）工程图：由三维实体模型自动投影转换为符合标准的各类二维工程图。

二、附加设计模块

（1）设计加速器：为工程师在设计过程中提供决策支持和设计计算，使设计者不用花大量的时间在模型的建立和繁琐的计算上，从而达到设计加速的效果。（例如：螺栓的设计，通过选择正确的零件和孔，可以立即插入螺栓连结。）

（2）结构件：金属结构件是以型材和焊接连结方法为主的一种结构。在结构件生成器环境中，有型材库，可以直接调入零件，其长度由原始框架确定，并随原始框架的改变而自动更新。

（3）管路设计：可进行空间管路设计，添加各种标准的管路和管件。

（4）运动仿真：可以进行装配下的零部件运动和载荷条件下的动态仿真。

（5）有限元分析：对模型进行应力分析、估算安全系数和频率特性等。

（6）Inventor Studio：可进行产品的设计表达，生成高质量的渲染图片和动画。

第二节　Inventor 2020 基本使用环境

一、设计环境

启动 Inventor 2020 后，出现如图 6-1 所示的界面。已打开的主页对话框中包含“新建”“项目”“最近使用的文档”等选项区。在“新建”选项区有“零件”“部件”“工程图”“表达视图”四个按钮，单击按钮将进入相应的工作界面。

单击“快速入门”选项卡中的“新建”按钮，出现“新建文件”对话框，如图 6-2 所示。左侧浏览器中所列为模板种类，右侧为相应的文件类型。

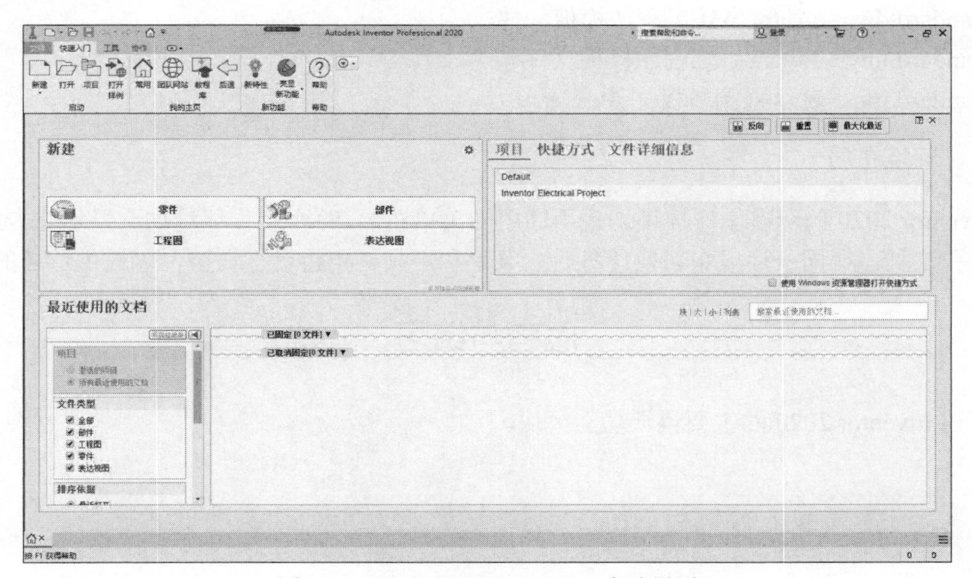

图 6-1　Autodesk Inventor 2020 启动界面

二、模板中文件类型

图 6-2 的“新建文件”对话框中显示了可以使用 Autodesk Inventor 2020 创建的几种文件类型，具体如下：

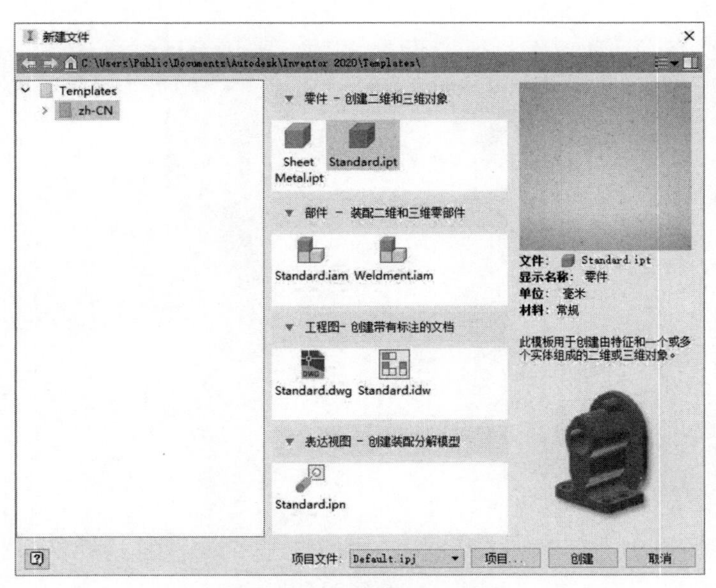

图 6-2　“新建文件”对话框

Sheet Metal.ipt：钣金零件模板文件。
Standard.ipt：零件模板文件。
Standard.iam：装配模板文件。
Weldment.iam：焊接装配模板文件。
Standard.dwg：AutoCAD 工程图模板文件。
Standard.idw：Inventor 工程图模板文件。
Standard.ipn：表达视图模板文件。

三、环境布局

Inventor 2020 的所有工作环境均采用通用的菜单布局，每个工作环境均会显示它专用的菜单选项和工具。在同一环境中切换任务时，菜单和工具栏也将进行调整，以提供适当的工具。

思考与练习

试述 Inventor 2020 的主要设计功能模块。

第七章　创建二维草图

第一节　Inventor 2020 草图环境

一、草图环境界面介绍

创建或编辑草图时，所处的工作环境就是草图环境，如图 7-1 所示。创建新的零件文件时，单击“三维模型”标签栏中“草图”面板上的“开始创建二维草图”按钮，并选择相应的草图坐标面后，草图环境界面被激活，草图工具及要在其上绘制草图的草图平面将可用。可以单击“工具”标签栏中“选项”面板上的“应用程序选项”，在弹出对话框的“草图”选项卡中设置控制初始草图环境。

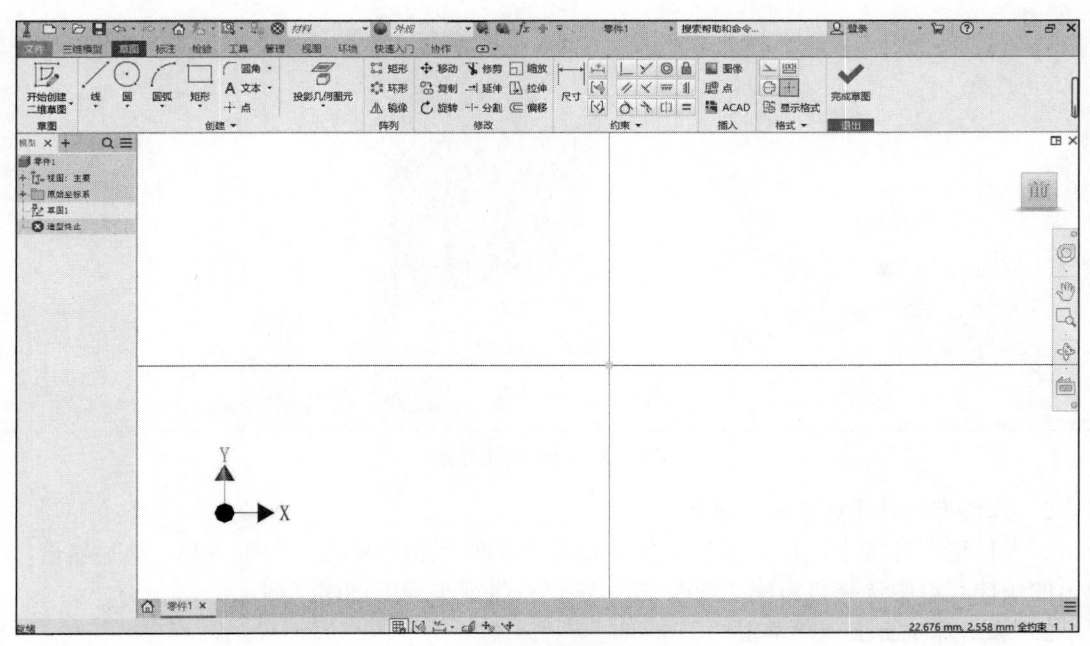

图 7-1　草图环境

创建或编辑草图时，草图图标显示在浏览器中。完成草图后，由草图创建特征时，浏览器中会显示特征图标，其下嵌套有关联的草图图标。在建模环境下，在浏览器中双击某个草图图标（或单击选中某个草图图标，然后右击，在弹出的快捷菜单中选择“编辑草图”），系统会重新回到草图环境界面，并在绘图窗口显示该草图，以便进行修改。

在现有的零件文件中，双击浏览器中某个草图图标，激活该草图，可以对草图进行修改编辑，修改后单击“完成草图”按钮，修改后的草图将反映在特征或模型中。

二、新建草图

在创建零件时往往需要创建多个草图以完成零件中多个特征的创建，如何新建草图是建模的核心问题之一。最简单的方式是单击左上角“开始创建二维草图”图标，即可开始一个新草图的创建，但在实际操作时通常有特殊的要求，具体如下。

1. 在坐标面上创建草图

在零件文件中首次新建草图时会出现如图 7-2 所示的界面，选择草图所在坐标面，单击绘图区中三个坐标面中的任何一个作为草图平面，将进入草图环境。也可以单击浏览器中“原始坐标”左面的“+”，展开坐标元素，选择“XY 平面”“XZ 平面”“YZ 平面”其中的任意一个，也将进入草图环境。

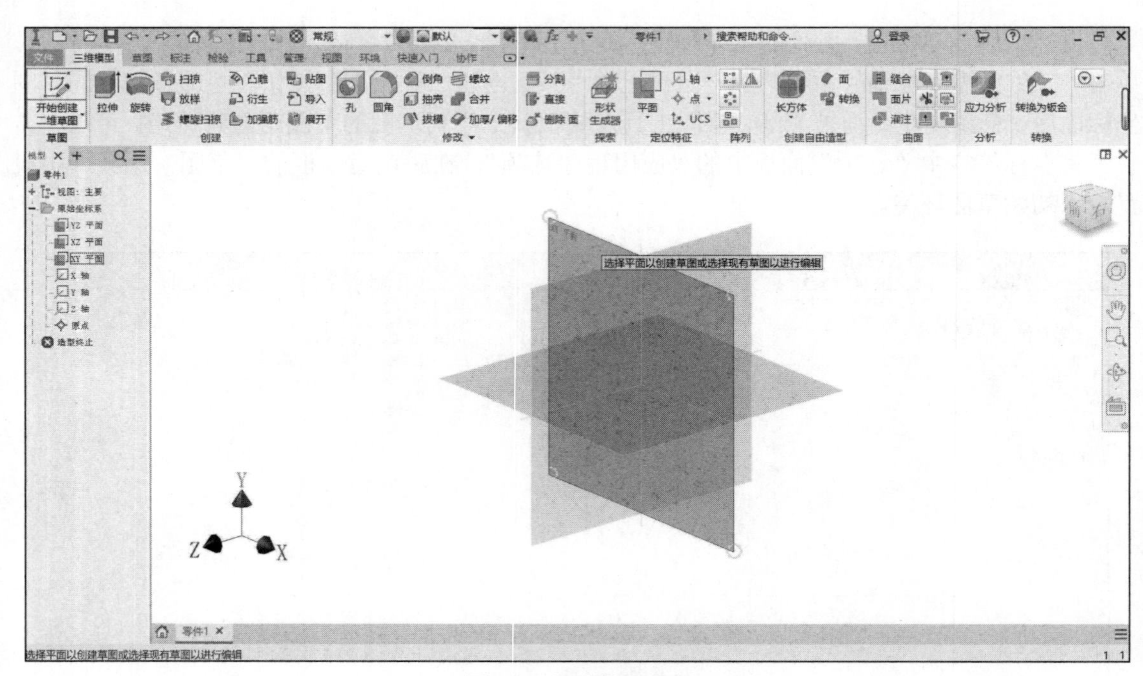

图 7-2　新建草图界面

2. 在已有特征平面上创建草图

在零件造型环境中，把光标放在特征或模型表面上激活该表面（图 7-3），然后右击，在弹出的快捷菜单中选择“新建草图”，即可在已有特征平面上创建草图。

3. 在工作平面上创建草图

在零件造型环境中，首先需要创建工作平面，然后单击该工作平面，使其亮显，如图 7-4 所示。在所选工作平面范围内右击，在弹出的快捷菜单中执行“新建草图”命令，即可创建一个新的草图。也可在浏览器中选中某工作平面并右击，在弹出的快捷菜中执行“新建草图”命令。创建工作平面的方法将在后续的章节中详细介绍。

确定草图平面后进入草图环境，系统自动为草图命名“草图 1”，在浏览器中显示其图标。每个草图系统都会被自动命名，可以在浏览器中单击选中某个草图图标，然后再次单击可修改草图名。

图 7-3　在模型表面新建草图

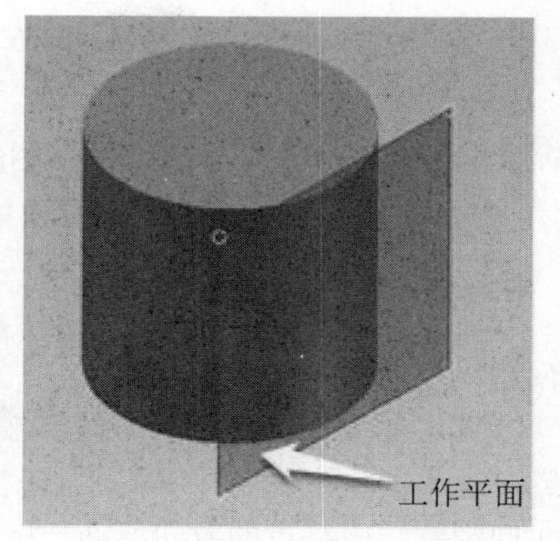

图 7-4　在工作平面新建草图

第二节　草图绘制工具

在草图环境中，二维草图面板上显示可使用的绘图工具的图标按钮，如图 7-5 所示。单击相应按钮下方小三角，将弹出隐藏绘图工具图标，图 7-6（a）～（f）分别为“线”“圆”“圆弧”“矩形”“圆角”“文本”按钮对应的隐藏图标。本节讲述常用的草图绘图工具，如直线、样条曲线、圆、椭圆、圆弧、矩形、多边形、倒角和圆角和点等。

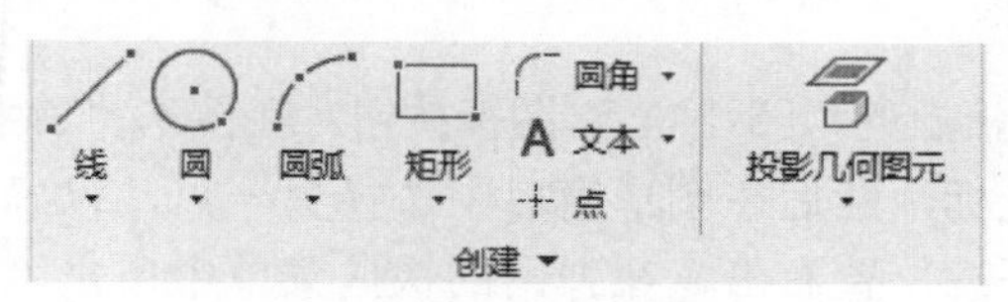

图 7-5　“绘图”功能区

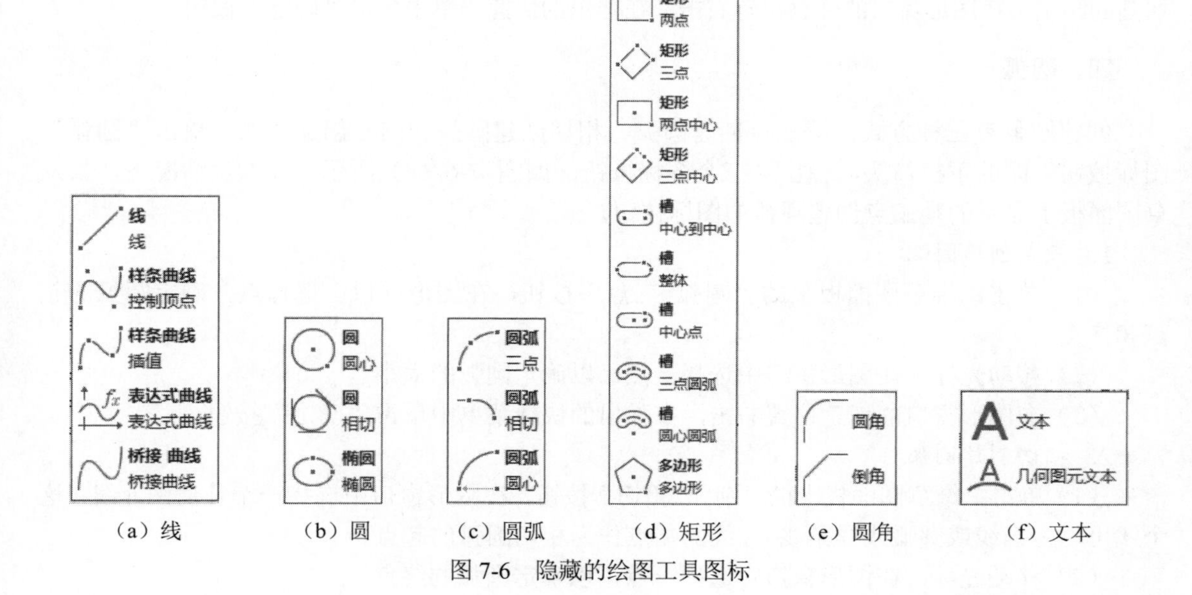

（a）线　（b）圆　（c）圆弧　（d）矩形　（e）圆角　（f）文本

图 7-6　隐藏的绘图工具图标

一、点

在草图中创建点时，先单击二维草图面板上的“点”按钮，移动光标，在图形窗口中选择某一点；然后右击，在弹出的快捷菜单中单击“确定”按钮，便可在绘图区完成点的创建。

二、直线

在草图中创建直线的步骤如下：

（1）单击二维草图面板上“直线”按钮，移动光标，在图形窗口中选择一点，以确定直线的起点。

（2）向创建线段终点的方向移动光标，然后在图形窗口中选择一点，以确定线段的终点。

（3）根据需要可以继续重复步骤（2），创建相连的若干条直线段，直到双击最后一点结束相连直线的绘制，或回到第一点并单击完成闭合多边形的绘制。

（4）继续在图形窗口中拾取一点，重复步骤（2）、步骤（3），创建其他直线。

（5）在图形窗口的任意位置右击，在弹出的快捷菜单中单击“确定”按钮。

注意：绘制草图时，系统会自动应用约束，并在光标附近显示约束的类型。

三、圆

创建圆有两种方式，即圆心创建圆和相切创建圆。

1. 圆心创建圆

（1）单击二维草图面板上的“圆 圆心”图标按钮，在图形窗口中选择一点，以确定圆心。

（2）向圆周外移动光标，然后在图形窗口中选择另一点，以确定圆的半径。

（3）在图形窗口的任意位置右击，在弹出的快捷菜单中单击“确定”按钮。

2. 相切创建圆

单击二维草图面板上的“圆 相切”图标按钮，然后在图形窗口中选择三条直线，即可完成切圆的绘制。在图形窗口的任意位置右击，在弹出的快捷菜单中单击“确定”按钮。

四、圆弧

创建圆弧有三种方式，即三点创建圆弧、相切创建圆弧和圆心创建圆弧。单击“圆弧”图标按钮下面的下拉箭头，弹出这三个图标按钮，如图 7-6（c）所示。在默认情况下，二维草图面板上显示的是三点创建圆弧的图标按钮。

1. 三点创建圆弧

（1）单击二维草图面板上的“圆弧 三点”按钮，在图形窗口中选择点，确定圆弧的起点和终点。

（2）移动光标，在图形窗口中选择一点，以确定圆弧的大小。

（3）在图形窗口的任意位置右击，在弹出的快捷菜单中单击“确定”按钮。

2. 相切创建圆弧

（1）单击二维草图面板上的“圆弧 相切”按钮，在图形窗口中选择一个几何图元线（这个线可以是直线或圆弧或样条线），线的端点作为相切圆弧的起点。

（2）移动光标，在图形窗口中选择一点，以确定圆弧的终点。

（3）在图形窗口的任意位置右击，在弹出的快捷菜单中单击“确定”按钮。

3. 圆心创建圆弧

（1）单击二维草图面板上的“圆弧 圆心”按钮，在图形窗口中选择一点，以确定圆弧的中心点，即圆心。

（2）移动光标，在图形窗口中选择点，确定圆弧的起点和终点。

（3）在图形窗口的任意位置右击，在弹出的快捷菜单中单击“确定”按钮。

五、矩形

创建矩形有四种方式，即两点、三点、两点中心和三点中心创建矩形。

1. 根据两点创建矩形

（1）单击二维草图面板上的“矩形 两点”按钮，在图形窗口中选择一点，以确定矩形的第一个对角点，然后沿着对角线方向移动光标，并再次选择一点确定矩形的第二个对角点。

（2）在图形窗口的任意位置右击，在弹出的快捷菜单中单击“确定”按钮。

2. 根据三点创建矩形

（1）单击二维草图面板上的“矩形 三点”按钮，在图形窗口中选择第一点，以确定矩形的一个顶点。

（2）移动光标，在图形窗口中选择第二点，以确定矩形的一条边的长度。

（3）移动光标，确定矩形另一条边的长度。

（4）在图形窗口的任意位置右击，在弹出的快捷菜单中单击“确定”按钮。

3. 根据两点中心创建矩形

（1）单击二维草图面板上的“矩形 两点中心”按钮，在图形窗口中选择第一点，以确定矩形的中心。

（2）移动光标，在图形窗口中选择第二点，以确定矩形的一个顶点，矩形边将与坐标轴平行生成矩形。

（3）在图形窗口的任意位置右击，在弹出的快捷菜单中单击“确定”按钮。

4. 根据三点中心创建矩形

（1）单击二维草图面板上的“矩形 三点中心”按钮，在图形窗口中选择第一点，以确定矩形的中心。

（2）移动光标，在图形窗口中选择第二点，以确定矩形一条边的中点。

（3）移动光标，确定矩形的另一条边的长度。

（4）在图形窗口的任意位置右击，在弹出的快捷菜单中单击“确定”按钮。

六、椭圆

在草图中创建椭圆的步骤如下：

（1）单击二维草图面板上的“椭圆”按钮，然后在图形窗口中选择第一点，以确定椭圆的中心点。

（2）移动光标，在图形窗口中选择第二点，以确定椭圆的一根轴的位置及长度。

（3）移动光标，在图形窗口中通过椭圆的一个经过点确定椭圆。

（4）在图形窗口的任意位置右击，在弹出的快捷菜单中单击“确定”按钮。

七、样条曲线

在草图中创建样条曲线有控制顶点和插值两种方式。

1. 根据控制顶点创建样条曲线

（1）单击二维草图面板上的“样条曲线 控制顶点”按钮，在图形窗口中选择第一点，以确定曲线的起点。

（2）移动光标，在图形窗口中适当位置依次给定曲线中间控制点及终点。

（3）单击按钮，完成样条曲线绘制，如图 7-7（a）所示。

2. 根据插值点创建样条曲线

（1）单击二维草图面板上的“样条曲线 插值”按钮，在图形窗口中选择第一点，以确定曲线的起点。

（2）移动光标，在图形窗口中适当位置依次给定曲线中间通过点及终点。

（3）单击按钮，完成样条曲线绘制，如图 7-7（b）所示。

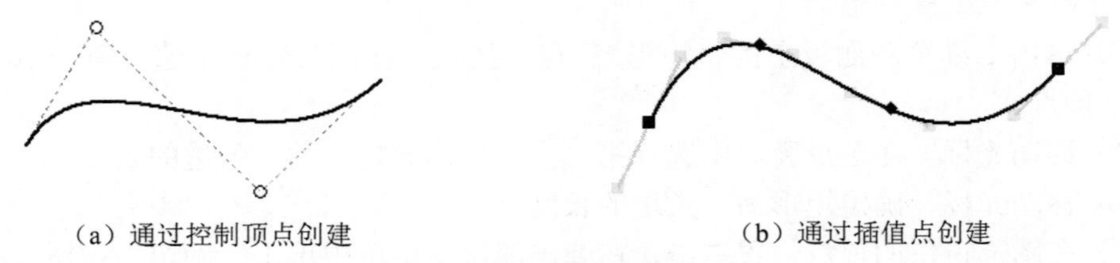

（a）通过控制顶点创建　　（b）通过插值点创建

图 7-7　样条曲线的创建

八、圆角和倒角

二维草图工具面板中有“圆角”和“倒角”绘图工具。在默认情况下，二维草图面板上显示的是“圆角”图标按钮。单击“圆角”图标按钮右边的下拉箭头，弹出两个图标按钮，如图 7-6（e）所示。

1. 创建圆角

在直线拐角或两条直线相交处放置指定半径的圆弧，并且可以仅使用一次命令创建多个圆角。操作步骤如下：

（1）单击二维草图面板上的“圆角”按钮，弹出“二维圆角”对话框，如图 7-8 所示。在对话框内可以修改圆角半径，还可使用对话框中的按钮为使用当前命令所创建的圆角设置相同的半径。

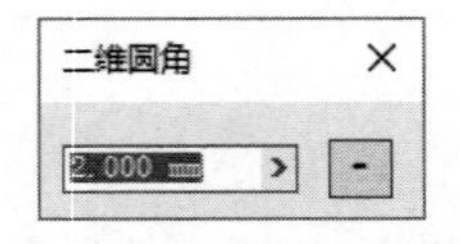

图 7-8 “二维圆角”对话框

（2）移动光标，在图形窗口中选择要创建成为圆角的几何图元的拐角（顶点）或两条相交的直线。

（3）继续重复步骤（2），创建多个圆角图元。

（4）在图形窗口的任意位置右击，在弹出的快捷菜单中单击“确定”按钮。

2. 创建倒角

在直线拐角或两条直线相交处添加倒角的步骤如下。单击二维草图面板上的“倒角”按钮，弹出“二维倒角”对话框，如图 7-9 所示。在对话框内若激活按钮，则倒角的两个距离是等距的，如图 7-9（a）所示，只需输入一个倒角边长；若激活按钮，则倒角的两个距离是不等的，如图 7-9（b）所示，需要输入两个倒角边长；激活按钮，需要输入一个边长和一个角度来确定倒角的大小，如图 7-9（c）所示。还可使用对话框中的等长按钮为使用当前命令所创建的倒角设置相同大小的尺寸。

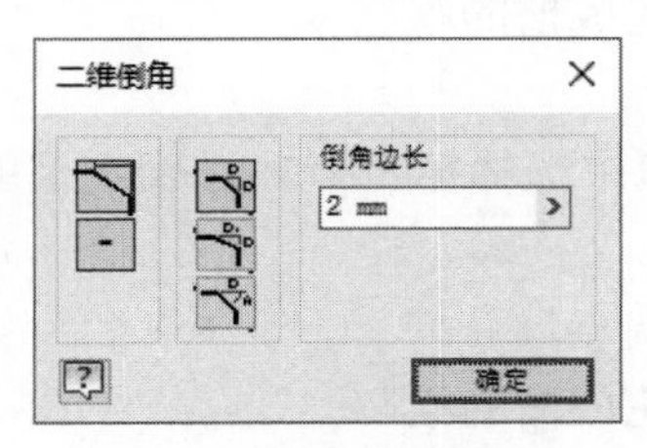

（a）倒角的两个距离相等

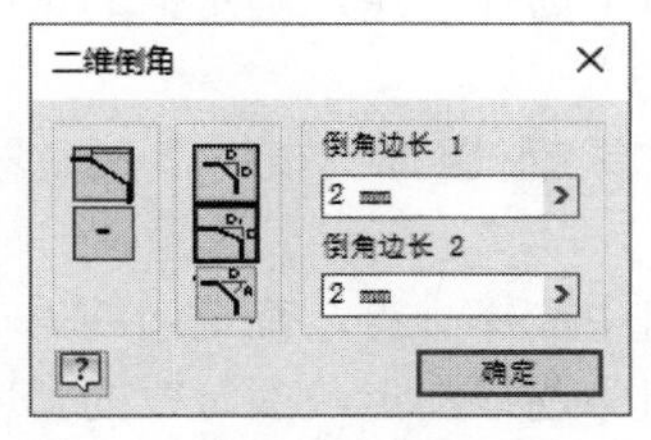

（b）输入两个倒角边长

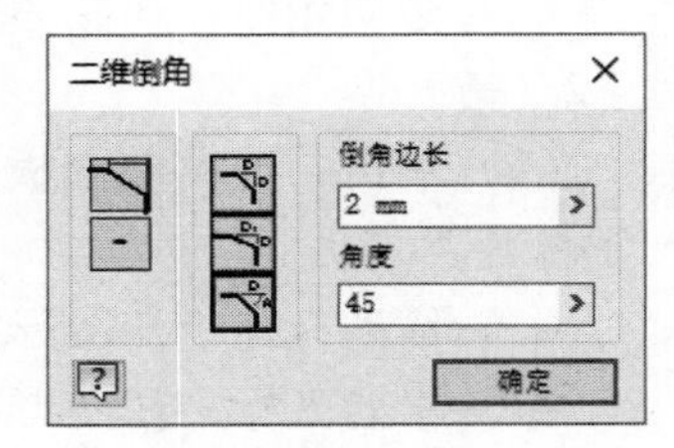

（c）输入边长和角度

图 7-9　“二维倒角”对话框

创建倒角的操作步骤如下：

（1）单击二维草图面板上的“倒角”按钮，弹出“二维倒角”对话框，如图 7-9 所示。在对话框内根据需要输入倒角参数。

（2）移动光标，在图形窗口中选择要创建成为倒角的几何图元的拐角（顶点）或两条相交的直线。

（3）继续重复步骤（2），创建多个倒角图元。

（4）单击“二维倒角”对话框的“确定”按钮，完成倒角操作。

九、多边形

在草图中创建多边形的步骤如下：

（1）单击二维草图面板上的“多边形”按钮，弹出“多边形”对话框，如图 7-10 所示。在对话框内选择或图标，并在输入框中输入边数。

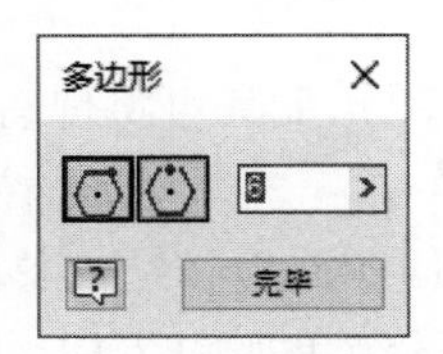

图 7-10　“多边形”对话框

（2）移动光标，在图形窗口中选择一点，以确定多边形的中心。

（3）移动光标，在图形窗口中选择另一点（若选择图标，则该点为多边形的顶点；若选择图标，则该点为多边形边的中点）。

（4）单击“完毕”按钮完成多边形的绘制。

注意：输入的边数要在 3 ~ 120 之间。

十、槽

槽的创建有五种方式：槽中心到中心、槽整体、槽三点圆弧、槽中心点和槽圆心圆弧，此处介绍前三种方式，如图 7-11 所示。

1. 槽中心到中心

（1）单击二维草图面板上的“槽 中心到中心”按钮，在图形窗口中选择第一点，以确定槽的第一个中心点。

（2）移动光标，在图形窗口中选择一点，确定槽的第二个中心点。

（3）移动光标，在图形窗口中选择一点，确定槽的宽度，完成槽的绘制。

2. 槽整体

（1）单击二维草图面板上的“槽 整体”按钮，在图形窗口中选择第一点，以确定槽的一个端点。

（2）移动光标，在图形窗口中选择一点，确定槽的另一个端点。

（3）移动光标，在图形窗口中选择一点，确定槽的宽度，完成槽的绘制。

3. 槽三点圆弧

（1）单击二维草图面板上的“槽 三点圆弧”按钮，在图形窗口中选择第一点，以确定弧形槽的一个中心点。

（2）移动光标，在图形窗口中选择一点，确定弧形槽的另一个中心点。

（3）移动光标，在图形窗口中选择一点，确定槽圆弧的大小。

（4）移动光标，在图形窗口中选择一点，确定槽的宽度，完成槽的绘制。

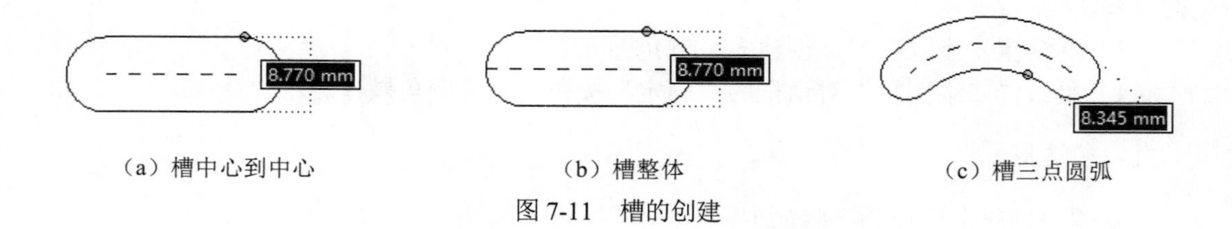

（a）槽中心到中心　　（b）槽整体　　（c）槽三点圆弧

图 7-11　槽的创建

十一、投影几何图元和投影切割边

1. 投影几何图元

二维草图工具面板中的投影几何图元工具可将现有对象中的边、顶点、定位特征、回路和曲线投影到当前草图平面上。

单击二维草图面板上的“投影几何图元”按钮，移动光标选择图 7-12（a）中的圆柱面，则该曲面就会投影到当前草图平面上，结果如图 7-12（b）所示。

2. 投影切割边

二维草图工具面板中的投影切割边工具可将当前草图平面与模型相交的交线边投影到草图平面上。

在如图 7-12（c）所示的草图环境中，单击二维草图面板上的“投影切割边”图标按钮，当前草图平面与模型的交线就会投影在当前草图平面上，结果如图 7-12（d）所示。

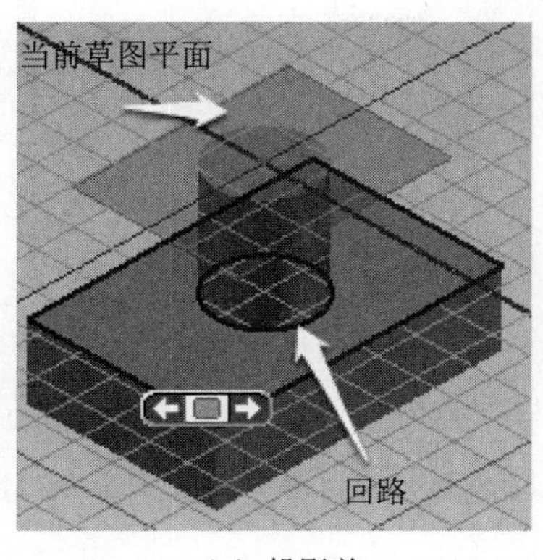

（a）投影前

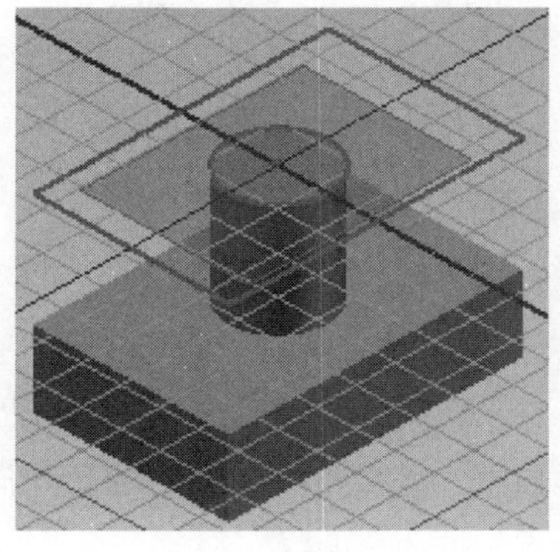

（b）投影后

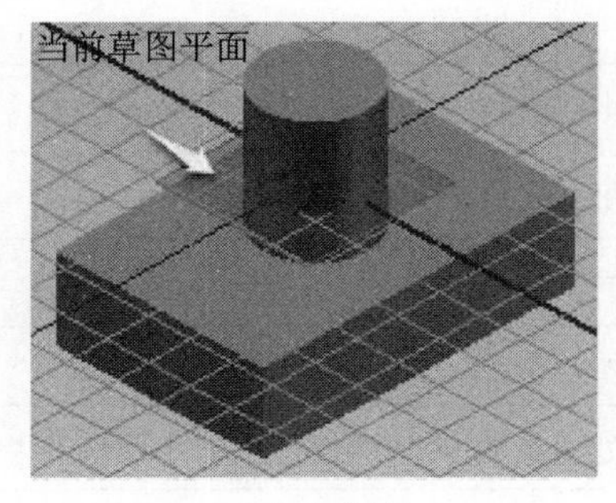

（c）切割前

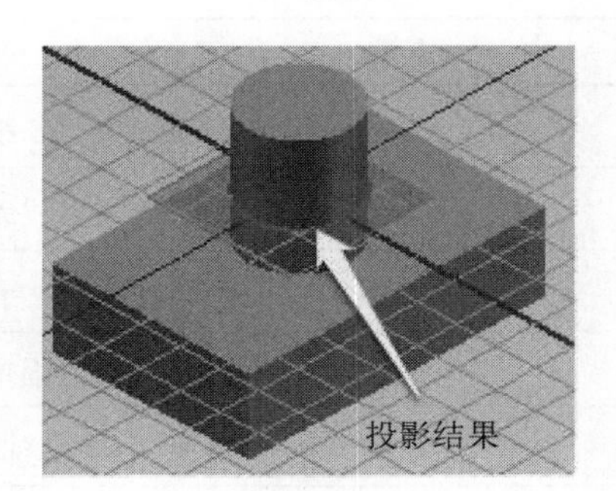

（d）切割后

图 7-12　“投影几何图元”与“投影切割边”工具应用举例

第三节　草图约束工具

由于 Inventor 2020 是参数化和变量化的实体建模软件，所以 Inventor 2020 将参数化技术中的全尺寸约束细分为尺寸约束和几何约束，而工程关系（装配约束等）就可以直接与几何约束耦合处理，实现基于装配关系的关联设计。

在草图环境中，二维草图面板上显示可使用的草图约束工具按钮，如图 7-13 所示。约束工具有几何约束和尺寸约束两类。

图 7-13　草图约束工具

一、几何约束

从人的设计思维习惯和几何构成上说，对于任何几何图形，几何约束总是第一个要添加的约束条件。所以，在草图创建中，也同样应先使用几何约束以确定图线关系、控制草图几何图元的形状。图 7-14 中显示了添加几何约束前后草图几何图元形状的对比效果。图 7-14（a）是使用系统自动添加的一些约束随意绘制的；图 7-14（b）是人为添加了一些平行和等长约束的结果。

在绘制草图的过程中，系统会自动感应推理图线之间的几何关系，然后自动添加一些几何约束关系，并在线条的附近显示出相关的几何约束标记（若在按住 Ctrl 键的条件下绘制草图，系统就不会自动添加几何约束，但是“点重合”约束是依然会被添加的，其他约束将不会被添加）。当然也可以在草图绘制完成后添加几何约束。

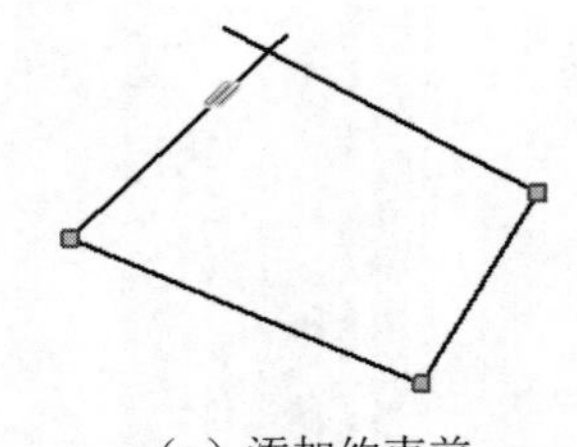

（a）添加约束前

（b）添加约束后

图 7-14 草图约束前后对比

表 7-1 是二维草图面板中的各类几何约束工具及其说明。

表 7-1 二维草图面板中的各类几何约束工具

图标	名称	说明
	重合	将点约束到二维和三维草图中的其他几何图元
	平行	使选定的直线或椭圆轴相互平行
	共线	使选定的直线或椭圆轴位于同一条直线上
	固定	将点和曲线固定在相对于草图坐标系的某个位置
	垂直	使所选直线、曲线或椭圆轴处于互成 90°角的位置
	水平	使直线、椭圆轴或成对的点平行于草图坐标系的 X 轴
	竖直	使直线、椭圆轴或点对平行于坐标系的 Y 轴
	同心	使两个圆弧、圆或椭圆具有同一中心点
	相切	使曲线（包括样条曲线的端点）与其他曲线相切
	平滑	创建样条曲线与其他曲线之间的曲率连续（G2）条件
	对称	使选定的直线或曲线相对于选定直线对称
	等长	使选定圆和圆弧的半径相同，选定直线的长度相同

下面讲述几种常用几何约束的应用。

1. 添加水平约束和竖直约束

（1）单击二维草图面板上的或图标按钮。

（2）选择要添加水平或竖直约束的几何图元［直线或成对的点，如选择图 7-15（a）中的直线］。

（3）继续选择要添加水平或竖直约束的几何图元，如选择图 7-15（a）中的两个圆心。

（4）在图形窗口的任意位置右击，在弹出的快捷菜单中单击“确定”按钮。结果如图 7-15（b）或图 7-15（c）所示。

2. 添加重合约束

（1）单击二维草图面板上的图标按钮。

（2）选择要添加重合约束的几何图元，如图 7-16（a）中的点 1 和点 2。

（3）继续选择要添加重合约束的几何图元，如图 7-16（a）中的点 3 和点 4。

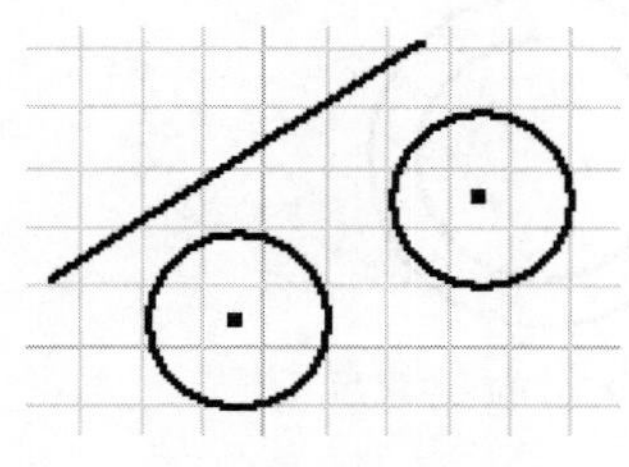

（a）添加约束前

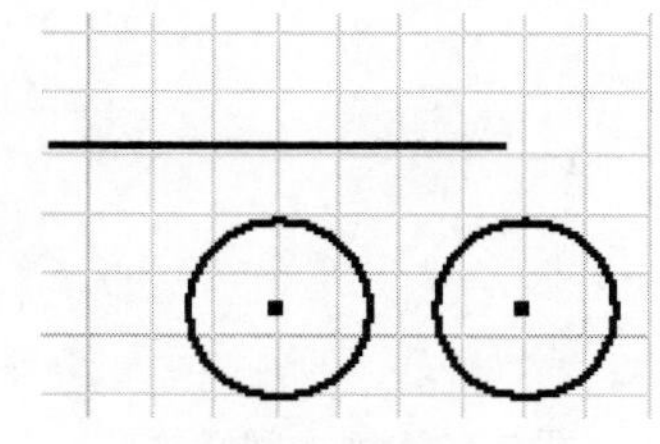

（b）添加水平约束

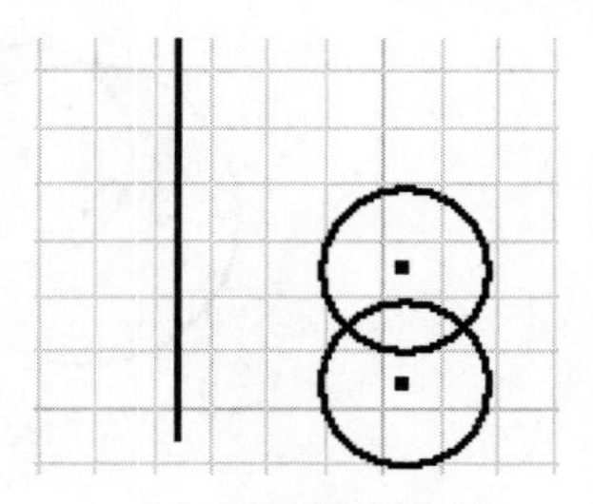

（c）添加竖直约束

图 7-15 添加水平约束和竖直约束

（4）在图形窗口的任意位置右击，在弹出的快捷菜单中单击“确定”按钮。结果如图 7-16（b）所示。

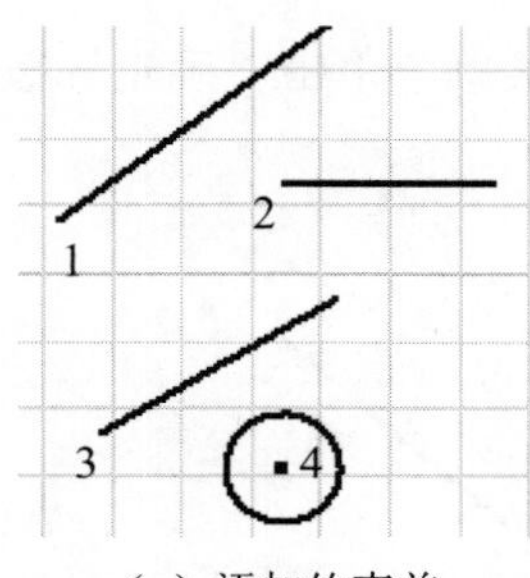

（a）添加约束前

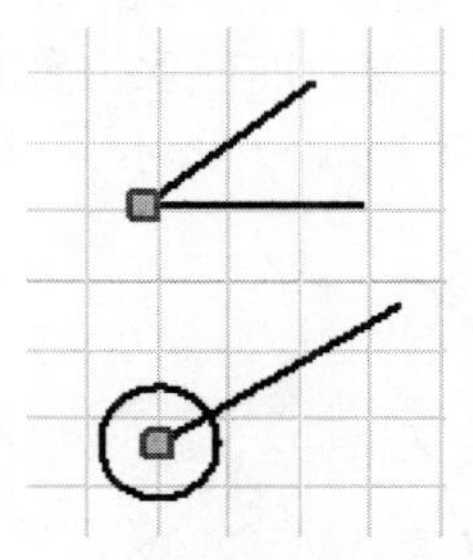

（b）添加重合约束后

图 7-16 添加重合约束

3. 添加共线约束

（1）单击二维草图面板上的图标按钮。

（2）选择要添加的几何图元，如图 7-17（a）中的两直线。

（3）可以重复步骤（2），继续为别的图元添加约束。

（4）在图形窗口的任意位置右击，单击快捷菜单中的“确定”按钮。结果如图 7-17（b）所示。

（a）添加约束前　　（b）添加共线约束后

图 7-17 添加共线约束

4. 添加同心约束

（1）单击二维草图面板上的图标按钮。

（2）选择要添加约束的几何图元，如图 7-18（a）中的两圆。

（3）可以重复步骤（2），继续为别的图元添加约束。

（4）在图形窗口的任意位置右击，在弹出的快捷菜单中单击“确定”按钮。结果如图 7-18（b）所示。

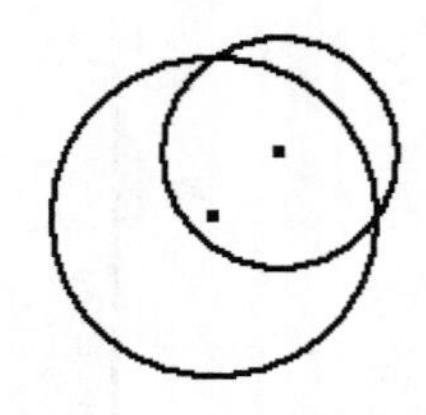

（a）添加约束前

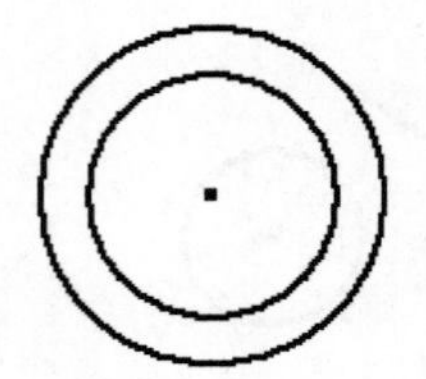

（b）添加同心约束后

图 7-18　添加同心约束

5. 添加平行约束和垂直约束

（1）单击二维草图面板上的⫽或✓图标按钮。

（2）选择要添加平行或垂直约束的几何图元，如图 7-19（a）中的两直线。

（3）可以重复步骤（2），继续为别的图元添加约束。

（4）在图形窗口的任意位置右击，右击弹出的快捷菜单中单击“确定”按钮。结果如图 7-19（b）或图 7-19（c）所示。

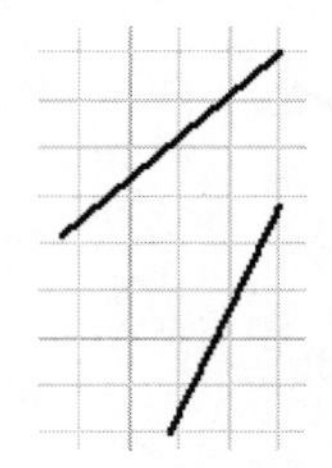

（a）添加约束前

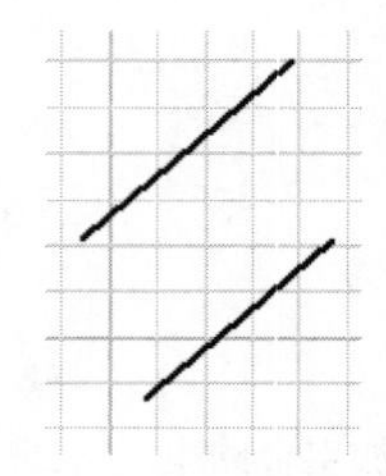

（b）添加平行约束后

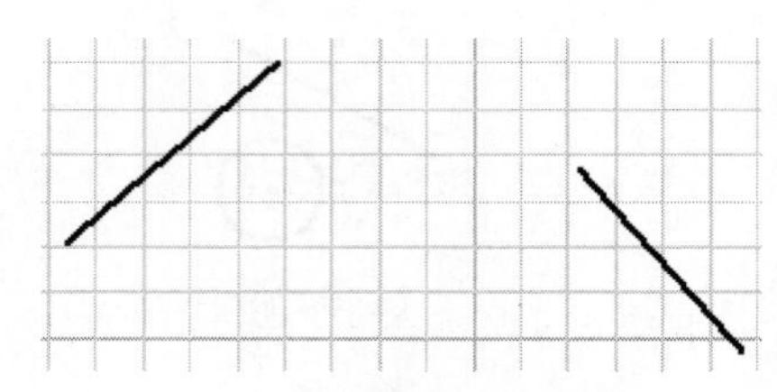

（c）添加垂直约束后

图 7-19　添加平行约束和垂直约束

6. 添加相切约束

（1）单击二维草图面板上的图标按钮。

（2）选择要添加相切约束的几何图元，如图 7-20（a）上面的直线和圆。

（3）继续选择要添加相切约束的几何图元，如图 7-20（a）下面的两个圆。

（4）在图形窗口的任意位置右击，在弹出的快捷菜单中单击“确定”按钮。结果如图 7-20（b）所示。

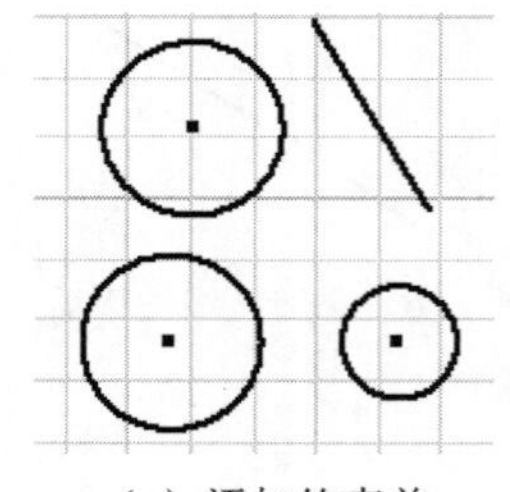

（a）添加约束前

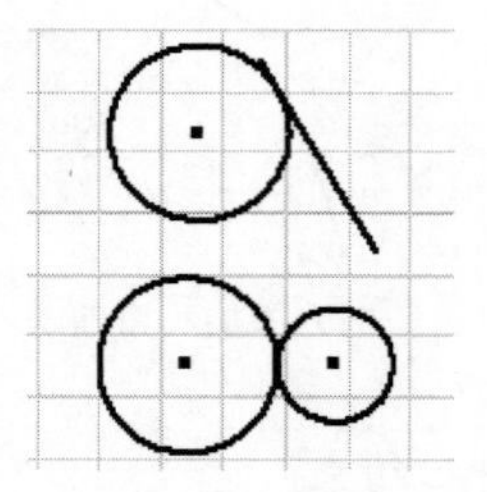

（b）添加相切约束后

图 7-20　添加相切约束

7. 添加对称约束

（1）单击二维草图面板上的[¦]图标按钮。

（2）选择要添加对称约束的两个几何图元和对称中心线，如图 7-21（a）中的直线 1 和直线 2 以及直线 3（对称线）。

（3）继续选择要添加对称约束的两个几何图元和对称中心线，如图 7-21（a）中的圆 1 和圆 2 以及直线 3（对称线）。

（4）在图形窗口的任意位置右击，在弹出的快捷菜单中单击“确定”按钮。结果如图 7-21（b）所示。

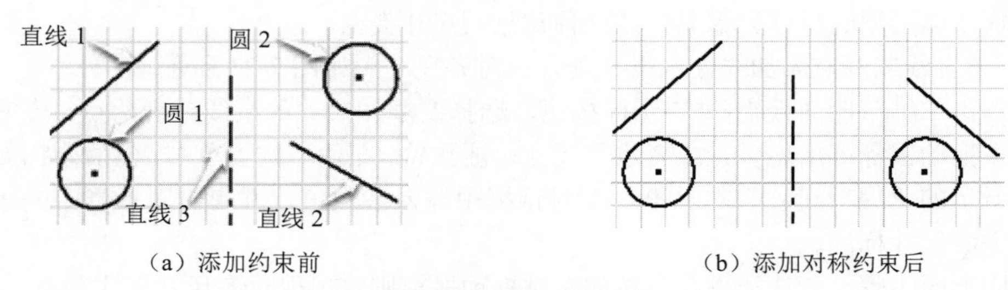

（a）添加约束前　　（b）添加对称约束后

图 7-21　添加对称约束

8. 添加相等约束

（1）单击二维草图面板上的 = 图标按钮。

（2）选择要添加相等约束的两个几何图元。

（3）可以重复步骤（2），继续为别的图元添加约束。

（4）在图形窗口的任意位置右击，在弹出的快捷菜单中单击“确定”按钮。

提示：如果新添加的约束已经存在或者与其他约束矛盾，此时系统会自动检查到这种“过约束”，并弹出如图 7-22 所示的对话框提出相关提示。

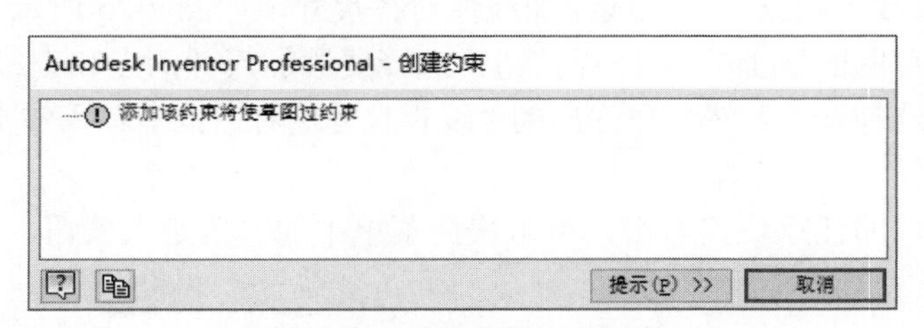

图 7-22　过约束提示对话框

9. 显示约束

显示约束工具是用来查看和删除几何约束的工具。当我们完成草图的几何约束设置之后，若想查看设置的几何约束，用以下两种方法可以实现。

（1）单击工具面板上的图标按钮，选择几何图元后，将在该图元附近显示出所有的几何约束，然后在图形窗口的任意位置右击，在弹出的快捷菜单中单击“确定”按钮。

（2）在绘图空白区域右击，在快捷菜单中选择“显示所有约束”选项，所有图元上的约束都将被显示出来。

10. 隐藏约束

如果有约束被显示出来，在绘图空白区域右击，在弹出的块捷菜单中选择“隐藏所有约束”选项，则所有约束都将被隐藏起来。

11. 删除约束

当约束被显示出来时，把光标停在某个约束图标上，则该图标以红色背景亮显，相关图线以白色显示。此时如果想删除此约束，则右击，在弹出的快捷菜单中选择“删除”选项即可。

二、尺寸约束

1. 通用尺寸

单击二维草图工具面板上的按钮，可以添加不同类型的尺寸。系统根据用户选择图元的特征添加相应类型的尺寸。下面介绍几种常见的尺寸类型。

（1）为直线或两点添加线性水平、垂直、对齐尺寸，如图 7-23 所示。

- 单击二维草图面板上的图标按钮，选择要添加尺寸的直线或者两点，左右或者上下拖动鼠标可出现垂直或者水平尺寸标注预览，在适当位置单击，然后弹出如图 7-24 所示的“编辑尺寸”对话框，在对话框中输入参数值，并单击对话框中的按钮，完成尺寸标注。
- 同上面步骤，若选择直线后按住左键拖动鼠标则将出现对齐尺寸标注预览。

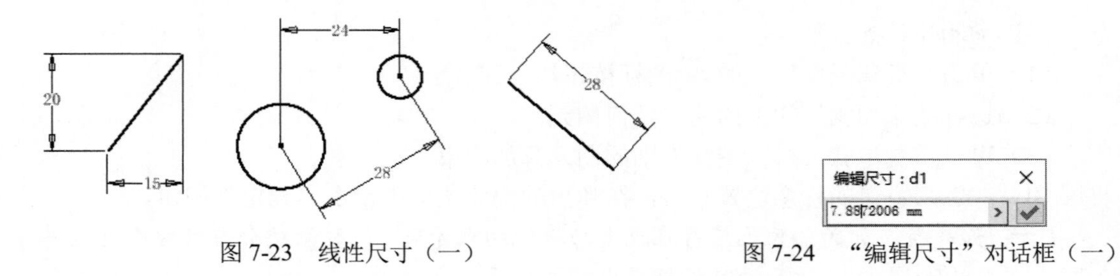

图 7-23　线性尺寸（一）　　图 7-24　“编辑尺寸”对话框（一）

（2）为点和直线或两条平行直线添加线性对齐尺寸，如图 7-25 所示。

- 单击二维草图面板上的图标按钮，选择要添加尺寸的点和直线或两条直线。
- 移动光标选择一点，然后在弹出的“编辑尺寸”对话框中输入参数值，并单击对话框中的按钮。
- 在图形窗口的任意位置右击，单击快捷菜单中的“确定”按钮。

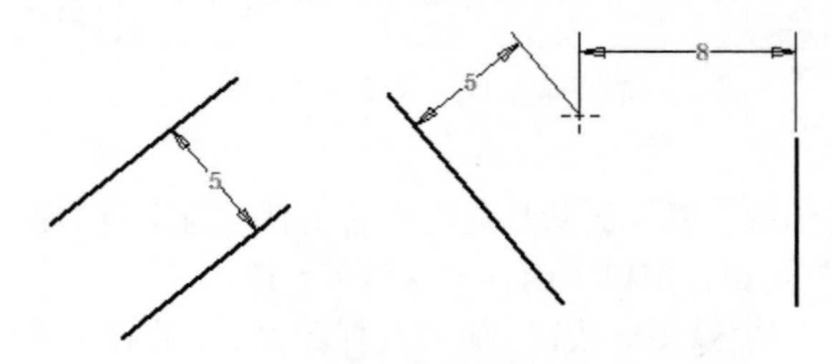

图 7-25　线性尺寸（二）

（3）为圆、圆弧添加半径或直径，如图 7-26 所示。

- 单击二维草图面板上的图标按钮，选择要添加尺寸的圆或圆弧。
- 移动光标选择一点，然后在弹出的“编辑尺寸”对话框中输入参数值，并单击对话框中的按钮。系统自动根据选择的圆或圆弧添加直径或半径，如图 7-26（a）所示。
- 选择了圆或圆弧后，也可以通过右击弹出的快捷菜单，选择其中的“尺寸类型”二级菜单包含的“直径”“半径”“弧长”选项，改变预览的“直径”或“半径”标注类型，添加如图 7-26（b）所示的尺寸。

（a）尺寸一　　（b）尺寸二

图 7-26 直径和半径尺寸

- 在图形窗口的任意位置右击，单击快捷菜单中的“确定”按钮。

（4）为两相交直线添加角度尺寸，如图 7-27 所示。单击二维草图面板上的图标按钮，选择要添加尺寸的两条相交直线，移动光标选择一点，然后在弹出的“编辑尺寸”对话框中输入参数值，并单击对话框中的按钮。

2. 自动标注尺寸

在二维草图工具面板上单击图标按钮，会弹出“自动标注尺寸”对话框，如图 7-28 所示。对话框中的内容及选项含义如下：

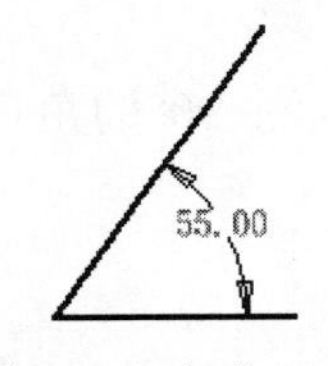

图 7-27 角度尺寸

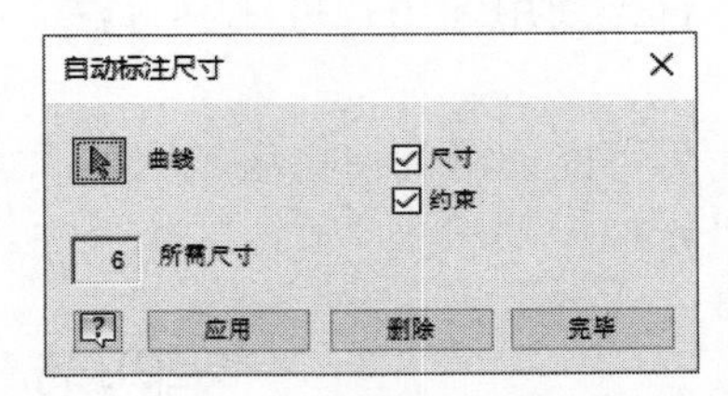

图 7-28 “自动标注尺寸”对话框

（1）“曲线”按钮：选定要标注驱动尺寸的图线。

（2）“尺寸”和“约束”复选框：控制是否对所选图线自动添加相关尺寸和几何约束。

（3）“所需尺寸”文本框：计算并显示出目前草图中还欠缺的几何约束和尺寸约束数量。

（4）“应用”按钮：对所选图线添加尺寸和几何约束。若没有选择图线，则是对当前草图中所有图线添加尺寸和几何约束。

（5）“删除”按钮：删除这个功能添加的约束尺寸和几何约束。

（6）“完毕”按钮：完成操作。

自动标注尺寸效果如图 7-29 所示。

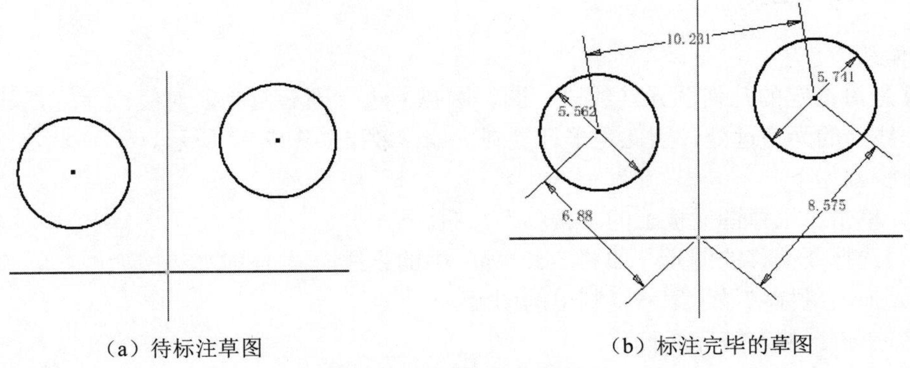

（a）待标注草图　　（b）标注完毕的草图

图 7-29 自动标注尺寸效果

3. 编辑尺寸

应用通用尺寸工具添加尺寸或双击修改某一尺寸时，会弹出“编辑尺寸”对话框，如图 7-24 所示。在对话框中可以直接输入尺寸参数，也可以单击现有的某尺寸，将直接使用它的参数名作为这个尺寸的值，如图 7-30 所示。

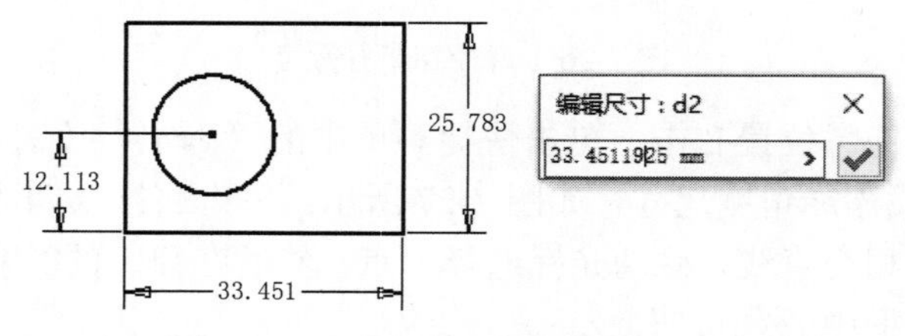

图 7-30 “编辑尺寸”对话框（二）

4. 草图标注尺寸的原则

在草图中标注尺寸时应考虑以下原则：

（1）首先使用通用尺寸工具标注主要的尺寸，然后再使用自动标注尺寸工具标注其他尺寸。

（2）尽可能使用几何约束，比如添加垂直约束，而不要标注 90°的角。

（3）先添加大尺寸，后添加小尺寸。

第四节 草图修改工具

在草图环境中，二维草图界面上显示可使用的草图“修改”工具和“阵列”工具面板，如图 7-31 所示。

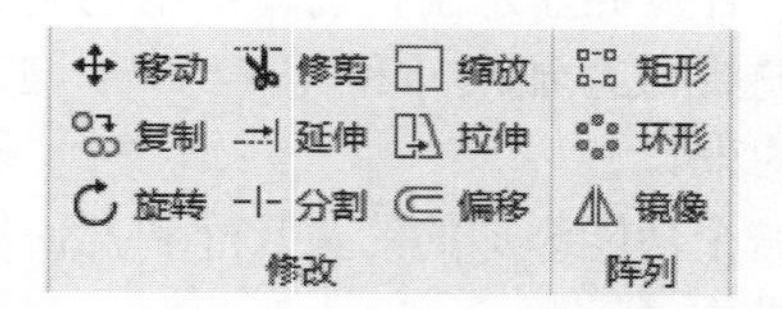

图 7-31 “修改”工具和“阵列”工具面板

一、“修改”工具

1. 偏移

偏移是对选定的几何图元（线段、圆、圆弧）进行同心复制，对线段而言，其同心点在线段中垂线上的无穷远处，因此是平行复制。偏移效果如图 7-32 所示。

操作步骤如下：

（1）单击二维草图面板上的“偏移”按钮。

（2）选择要偏移的图元，如图 7-32（a）中的直线。

（3）拖动鼠标将显示偏移复制出的图元。

（4）单击鼠标左键完成偏移。

（5）重复步骤（2）、(3)、(4）继续偏移其他图元，如图 7-30（a）中的圆。

（6）在图形窗口的任意位置右击，在弹出的快捷菜单中单击“确定”按钮。

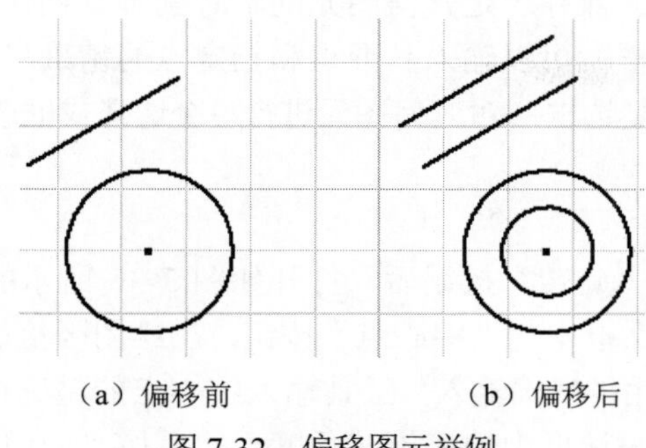

（a）偏移前　　（b）偏移后

图 7-32　偏移图元举例

2. 移动

单击二维草图面板上的“移动”按钮，打开如图 7-33 所示的“移动”对话框。先选择要移动的图线，之后单击对话框中的“基准点”按钮，在图形中选择基准点，移动光标并选择指定的点，即可移动图线到指定的点位置。还可以使用“精确输入”工具输入基准点和指定点的精确位置。

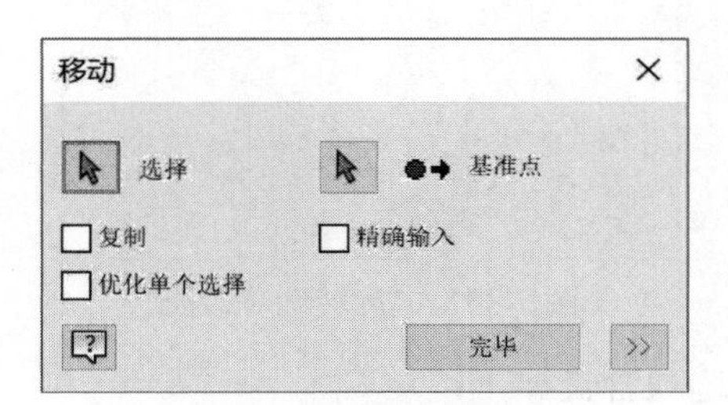

图 7-33　“移动”对话框

“移动”对话框中选项含义如下：

（1）“复制”复选框：复制所选几何图元并放置在指定的位置，原几何图元保持不变。

（2）“精确输入”复选框：可以输入基准点和指定点的精确坐标。

（3）“优化单个选择”复选框：对几何图元进行单个选择或框选后，将自动进入“基准点”选择。

3. 复制

在草图修改功能区中单击“复制”按钮后，将打开如图 7-34 所示的“复制”对话框。先选择要复制的图线，之后单击对话框中的“基准点”按钮，选定基准点。移动光标并选择指定点即可复制图线，还可以使用“精确输入”工具输入基准点和指定点的精确位置。

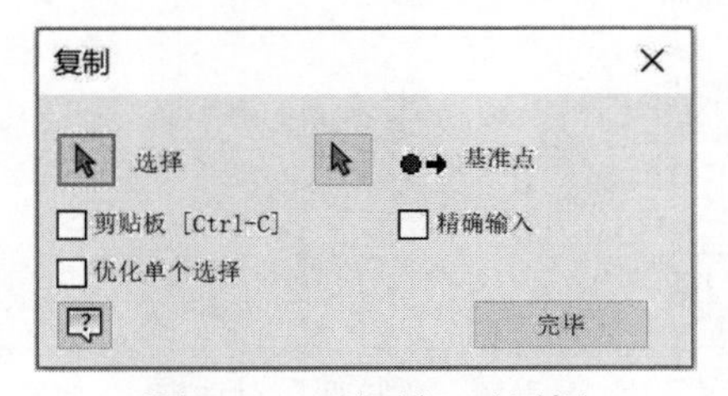

图 7-34　“复制”对话框

“复制”对话框中选项含义如下：

（1）“剪切板”复选框：保存选定几何图元的临时副本以粘贴到草图中。

（2）“精确输入”复选框：可以输入基准点和指定点的精确坐标。

（3）“优化单个选择”复选框：对几何图元进行单个选择或框选后，将自动进入“基准点”选择。

4. 旋转

在草图工具面板中单击“旋转”按钮后，打开如图 7-35 所示的“旋转”对话框。先选择要旋转的图线，之后单击对话框中的“中心点”按钮，在绘图区拾取中心点。移动光标并选择点即可旋转图线，还可以使用“精确输入”工具输入中心点的精确位置。如果想按照一定角度进行旋转，可以在“旋转”对话框中输入旋转角度，然后按“应用”按钮确定。

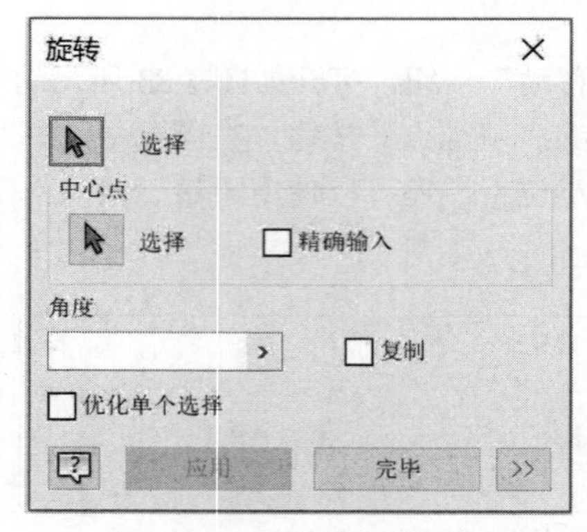

图 7-35 “旋转”对话框

“旋转”对话框中的各选项含义如下：

（1）“精确输入”复选框：输入中心点的精确坐标。

（2）“角度”文本框：指定旋转角度。

（3）“优化单个选择”复选框：对几何图元进行单个选择或框选后，将自动进入“中心点”选择。

（4）“复制”复选框：复制所选几何图元并按指定的角度放置，原几何图元保持不变。

5. 拉伸

在草图工具面板中单击“拉伸”按钮后，打开如图 7-36 所示的“拉伸”对话框。先选择要拉伸的图线，之后单击对话框中的“基准点”按钮，选定基准点。移动光标即可拉伸图线，还可以使用“精确输入”工具输入基准点的精确位置。

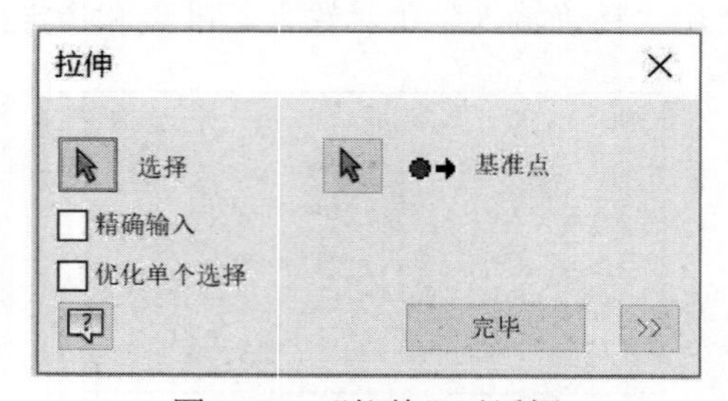

图 7-36 “拉伸”对话框

6. 缩放

在草图工具面板中单击“缩放”按钮后，打开如图 7-37 所示的“缩放”对话框。先选择要缩放的图线，可多选；之后单击对话框中的“基准点”按钮，选定缩放参考基准点。移动光标即可缩放图线，还可以使用“精确输入”工具输入基准点的精确位置。如果想按照一定比例进行缩放，则可以在“比例系数”文本框中输入比例系数，然后单击“完毕”按钮完成缩放。

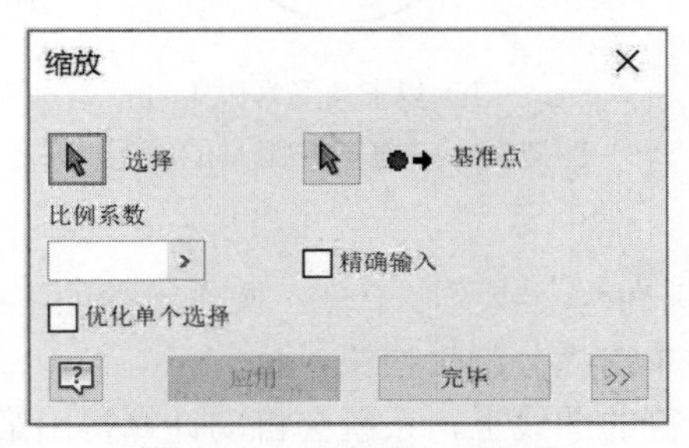

图 7-37　“缩放”对话框

7. 延伸

“延伸”工具是将线延伸到最近的相交线或选定的几何图元。操作步骤如下：

（1）在草图工具面板中单击“延伸”按钮。

（2）将光标停放在要延伸的图线上和接近延伸方向的位置上，系统会自动感应并计算出最近的可能结果，并用实线显示出结果，如图 7-38 所示。

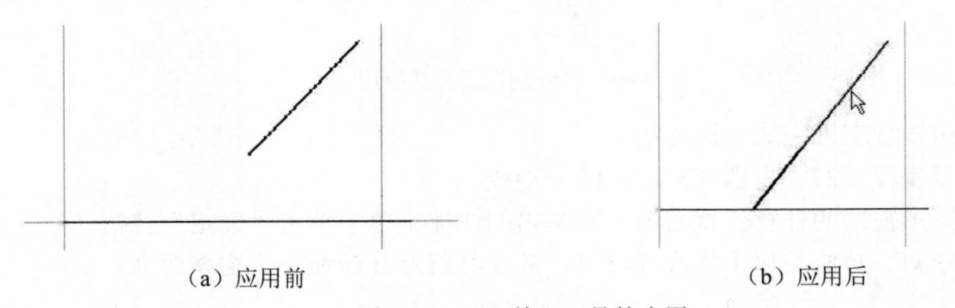

（a）应用前　　（b）应用后

图 7-38　“延伸”工具的应用

（3）单击鼠标左键完成延伸。

（4）重复步骤（2）、步骤（3），继续延伸其他线。

（5）在图形窗口的任意位置右击，在弹出的快捷菜单中单击“确定”按钮。

8. 修剪

“修剪”工具是将线修剪到最近的相交线或选定的几何图元。操作步骤如下：

（1）在草图工具面板中单击“修剪”按钮。

（2）将光标停放在要修剪掉的图线上，系统会自动计算出最近的可能结果，并用虚线显示出结果，如图 7-39 所示。

（3）单击鼠标左键完成修剪线。

（4）重复步骤（2）、步骤（3），继续修剪其他线。

（5）在图形窗口的任意位置右击，在弹出的快捷菜单中单击“确定”按钮。

提示：按住 Shift 键或右击弹出快捷菜单，在“修剪”和“延伸”之间切换。

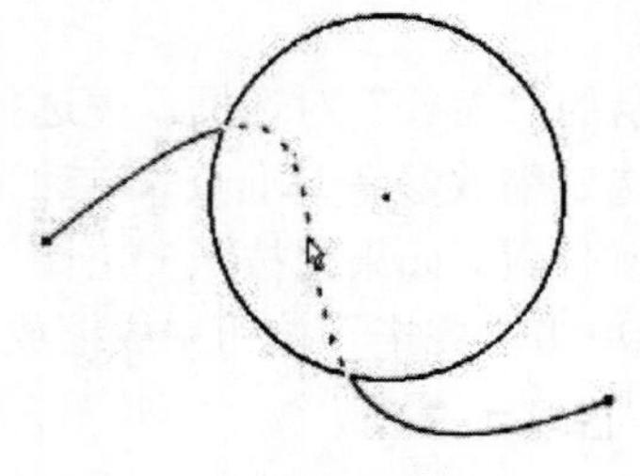
（a）以圆为边界

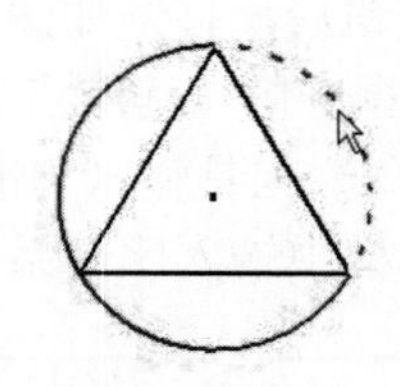
（b）以三角形为边界

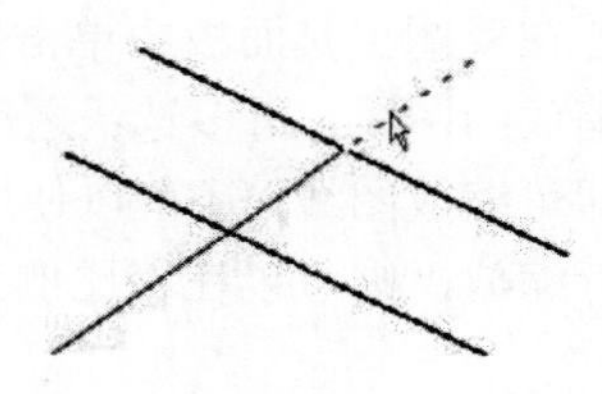
（c）以直线为边界

图 7-39 “修剪”工具的应用

9. 分割

“分割”工具是将线分割为两个或更多部分。操作步骤如下：

（1）在草图工具面板中单击“分割”按钮。

（2）将光标停放在要分割的图线上，系统会自动计算得出最近的相交线的可能结果，并用红叉显示出结果，如图 7-40 所示。

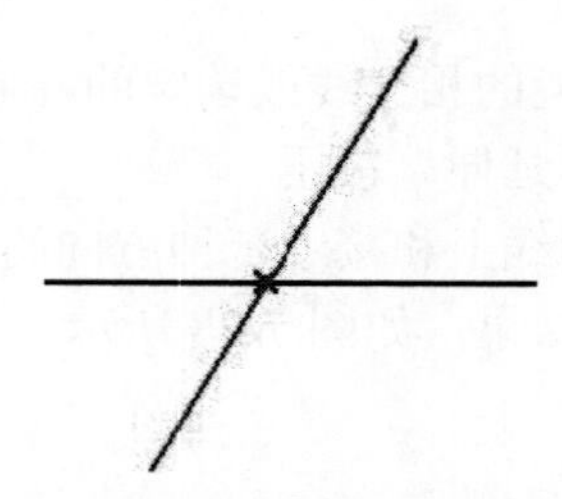
图 7-40 “分割”工具的应用

（3）单击鼠标左键完成一次分割。

（4）重复步骤（2）、步骤（3），继续分割线。

（5）在图形窗口的任意位置右击，在弹出的快捷菜单中单击“确定”按钮。

提示：“分割”功能类似于将线段打断，且在打断处自动加上了重合约束。

二、“阵列”工具

1. 镜像

“镜像”工具用于创建轴对称的图形，如图 7-41 所示。使用该工具必须要有绘制好的草图图元和一根充当对称轴的直线。

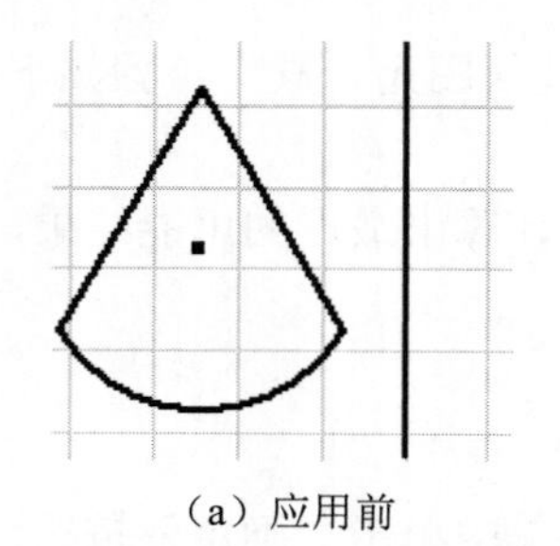
（a）应用前

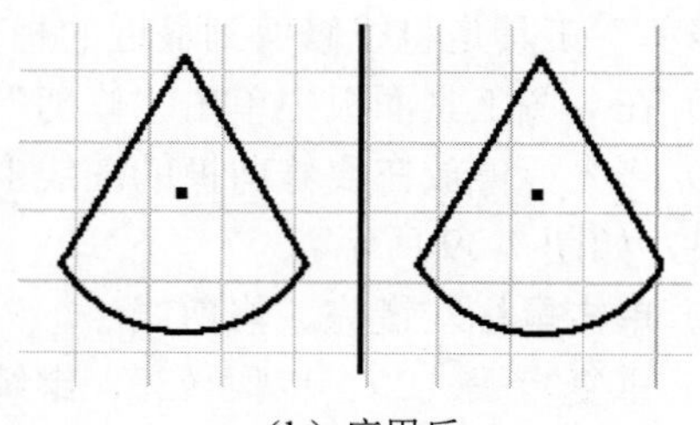
（b）应用后

图 7-41 “镜像”工具的应用

操作步骤如下：

（1）在草图工具面板中单击“镜像”按钮，弹出图 7-42 所示的“镜像”对话框。

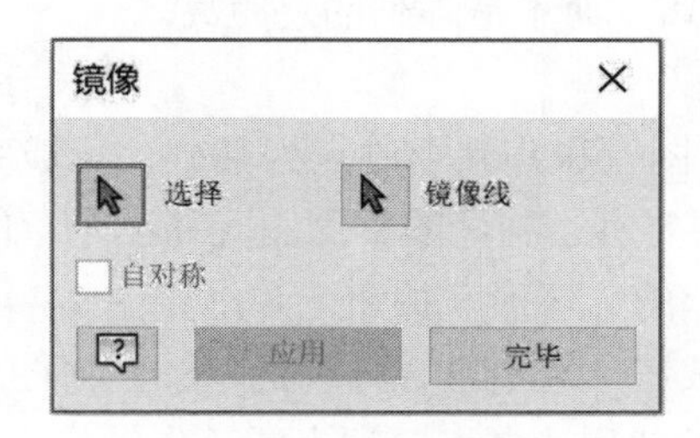

图 7-42　“镜像”对话框

（2）单击“选择”按钮，选定所有要镜像的草图图元。

（3）单击“镜像线”按钮，选定单根直线作为对称轴。

（4）单击“应用”按钮，将创建对称图形的另一半。

（5）单击“完毕”按钮完成操作。

2. 矩形

“矩形”工具用于以草图图元和阵列方向草图线为基础，形成矩形或菱形阵列，如图 7-43 所示。使用该工具必须要有绘制好的草图图元和一根或两根充当阵列方向的直线。

操作步骤如下：

（1）单击草图工具面板上的“矩形”按钮，弹出如图 7-43 所示的“矩形阵列”对话框。

（2）单击“几何图元”按钮，选择进行阵列的草图几何图元，如图 7-43 中的六边形。

（3）单击“方向 1”选项组的按钮，然后选择直线定义阵列的第一个方向，如图 7-43 中的横向直线。沿此方向阵列有两个走向，单击按钮可以改变阵列的走向；在下面的数量输入框中输入阵列数量；在间距输入框中输入阵列元素之间的间距。

（4）单击“方向 2”选项组的按钮，选择另一直线定义阵列的第二个方向，如图 7-43 中的纵向直线，然后输入阵列数量和阵列元素之间的间距。

（5）单击“确定”按钮创建阵列。

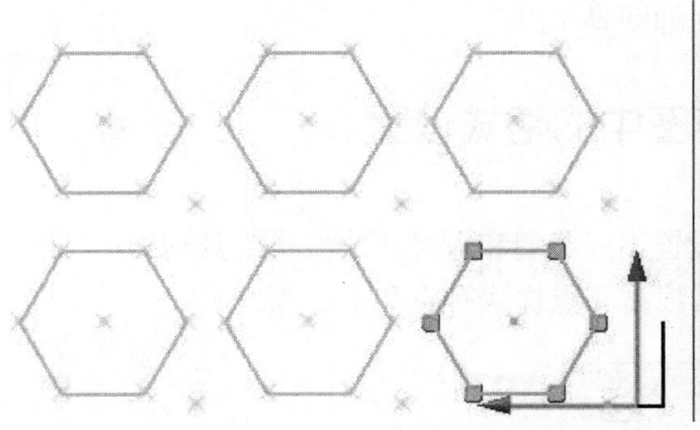

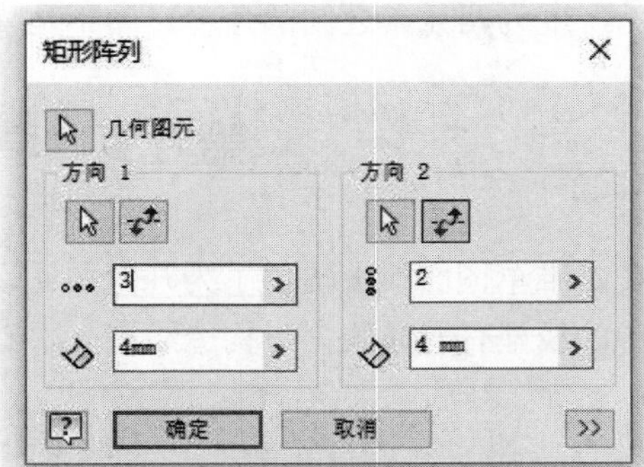

图 7-43　“矩形”工具的应用及其对话框

“矩形阵列”对话框中的（更多）按钮下的选项说明：

- 抑制：选择各个阵列元素，将其从阵列中删除。该几何图元将被抑制。

- 关联：指定更改图元时是否更新阵列。
- 范围：指定阵列元素是否均匀分布在指定距离范围内。如果未选中此选项，则阵列间距为两元素之间的距离，而不是阵列的总距离。

3. 环形

“环形”工具用于以几何图元和阵列中心点为基础，形成完整的或包角的环形阵列，如图 7-44 所示。使用该工具必须要有绘制好的草图图元和一个草图点或现有图元上的点。

（1）单击草图工具面板上的“环形”按钮，弹出如图 7-44 所示的“环形阵列”对话框。

（2）单击“几何图元”按钮，选定进行阵列的草图几何图元，如图 7-44 中的三边形。

（3）单击“轴”按钮，然后选择点、顶点或工作轴作为阵列轴，如图 7-44 中的圆心。单击按钮可以改变环形阵列的旋转方向。

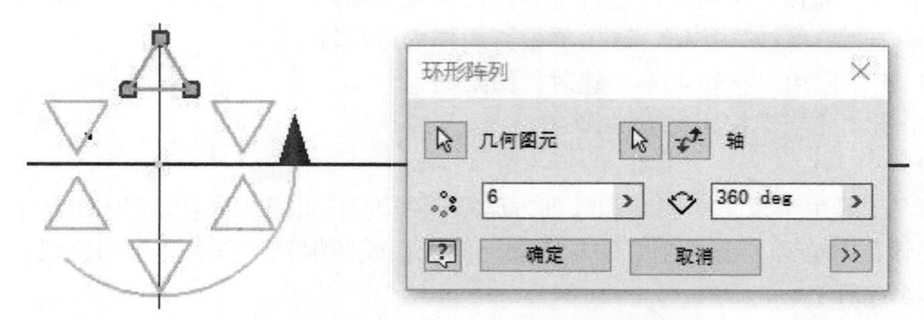

图 7-44 “环形”工具的应用及其对话框

（4）在数量输入框中输入阵列数量。

（5）在角度输入框中输入阵列角度。

（6）单击“确定”按钮创建阵列。

“环形阵列”对话框中 >>（更多）按钮下的选项说明：

- 抑制：选择各个阵列元素，将其从阵列中删除。该几何图元将被抑制。
- 关联：指定更改图元时是否更新阵列。
- 范围：指定阵列元素是否均匀分布在指定角度范围内。如果未选中此选项，则阵列角度为两元素之间的角度，而不是阵列的总角度。

第五节 草图中的格式设置

在二维草图面板上提供了为几何图元设置不同线型和点样式的格式工具，如图 7-45 所示。草图中的线型有普通线型、构造线型、中心线型；点样式有点和中心点。

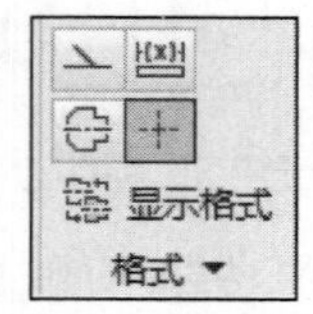

图 7-45 格式功能区

一、线型设置

1. 构造线

构造线在绘图区域显示的是虚线。构造线不是轮廓线，其在绘图中起辅助线的作用，我们可以为它添加尺寸约束和几何约束，来辅助草图绘制。如图 7-46 所示的草图，我们不妨用构造线画出定位圆，绘制完成后结束草图。由于在特征造型中是识别不到构造线的，这样可以方便地利用图 7-46 所示的草图完成一个直径为 50 的圆板上有一个直径为 8 的圆孔的零件造型。

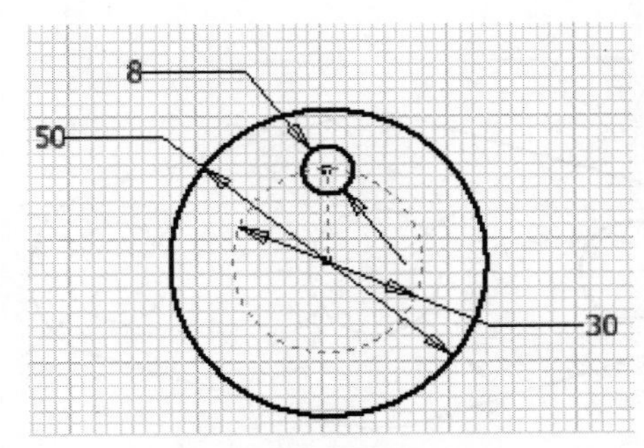

图 7-46　构造线示例

若激活“构造”图标按钮，则绘制的所有草图几何图元的线型都是构造线型。若要使现有的几何图元线型转换为构造线型，应先选中要修改线型的几何图元，然后单击草图面板上的“构造”图标即可。

2. 中心线

中心线的作用是在绘制草图时定义中心线或者轴线，并且在添加尺寸约束时起到辅助作用。如图 7-47 所示，绘制两个矩形，并把其中一个矩形的一条边改为中心线，然后分别标注两对边之间的距离，标注尺寸的结果不同说明中心线在草图中所起的作用，且在特征造型中是识别不到中心线的。

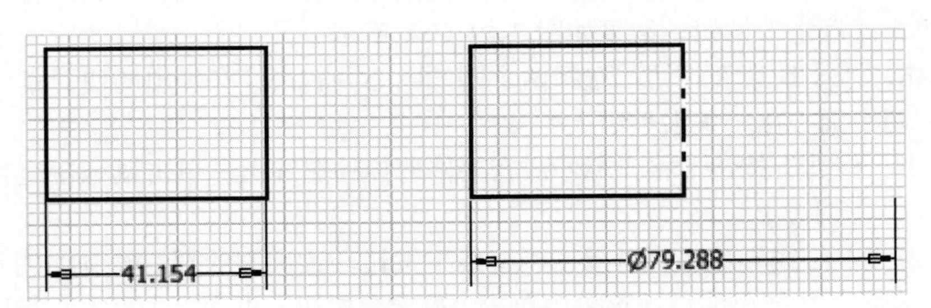

图 7-47　中心线应用示例

激活“中心线”图标按钮，绘制的所有草图几何图元的线型都是中心线型。若要使现有的几何图元线型转换为中心线型，应先选中要修改线型的几何图元，然后单击草图面板上的“中心线”图标即可。

提示： 在没有激活“构造”工具和“中心线”工具的情况下，绘制的几何图元的线型都是普通线型。普通线型是特征造型的轮廓。

二、点样式设置

点的样式有点和中心点两种。几何图元点用于定位孔特征。若要创建中心点，应单击二维草图面板上的“中心点”工具，然后拾取“点”工具创建中心点。

第六节 草图绘制举例

例 7-1 绘制如图 7-48 所示的草图。

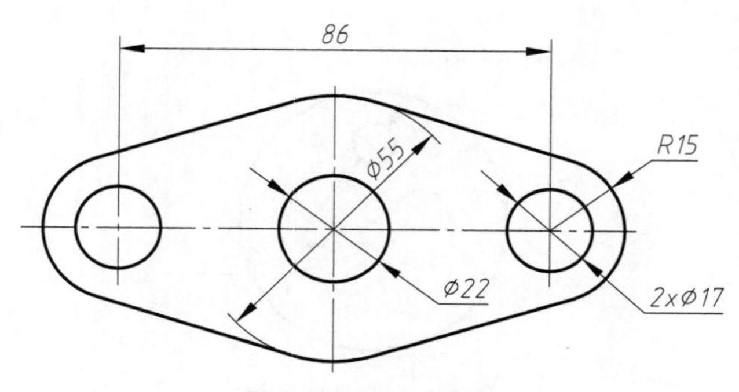

图 7-48 例 7-1 草图

绘图步骤如下：

（1）打开 Inventor 2020 应用程序，单击“新建”按钮，在“新建文件”对话框中选择 Standard.ipt（创建零件）并单击“创建”按钮。

（2）单击“开始创建二维草图”按钮，并在绘图区域选择 XY 平面，进入草图环境。单击“圆”按钮，在绘图区选择系统坐标原点，移动光标输入圆的直径为 55，然后按 Enter 键。继续在左边画直径为 30 的圆（位置可大概估计）。

（3）单击“直线”按钮，绘制如图 7-49（a）所示的直线。

（4）单击“相切约束”按钮，选择直线和大圆；继续选择直线和小圆。右击，在弹出的快捷菜单中单击“确定”按钮。结果如图 7-49（b）所示。

（5）单击“水平约束”按钮，选择两个圆的圆心并右击，在弹出的快捷菜单中单击“确定”按钮，使两个圆心在一条水平线上。

（6）单击“修剪”按钮，将光标停放在要修剪掉的图线上，单击鼠标左键完成修剪。结果如图 7-49（c）所示。

（7）单击“中心线”按钮，再单击“直线”按钮，过大圆的圆心绘制如图 7-49（c）所示的中心线，右击，在弹出的快捷菜单中单击“确定”按钮。再次单击“中心线”按钮（取消绘制中心线）。

（8）单击“镜像”按钮，弹出“镜像”对话框，选择直线图元。单击对话框中“镜像线”按钮，选择水平的中心线作为对称轴，单击“应用”按钮，创建对称图形的另一半。继续选择小圆和两条切线，单击对话框中“镜像线”按钮，选择竖直的中心线作为对称轴，单击“应用”按钮，创建对称图形的另一半；单击“完毕”按钮完成镜像操作。结果如图 7-49（d）所示。

（9）单击“尺寸”按钮，选择对称的两个圆的圆心，移动光标选择一点，在弹出的“编辑尺寸”对话框中输入参数值 86，单击对话框中的✔按钮。结果如图 7-49（e）所示。

（10）修剪多余的线段，并绘制其他的圆，如图 7-49（f）所示。

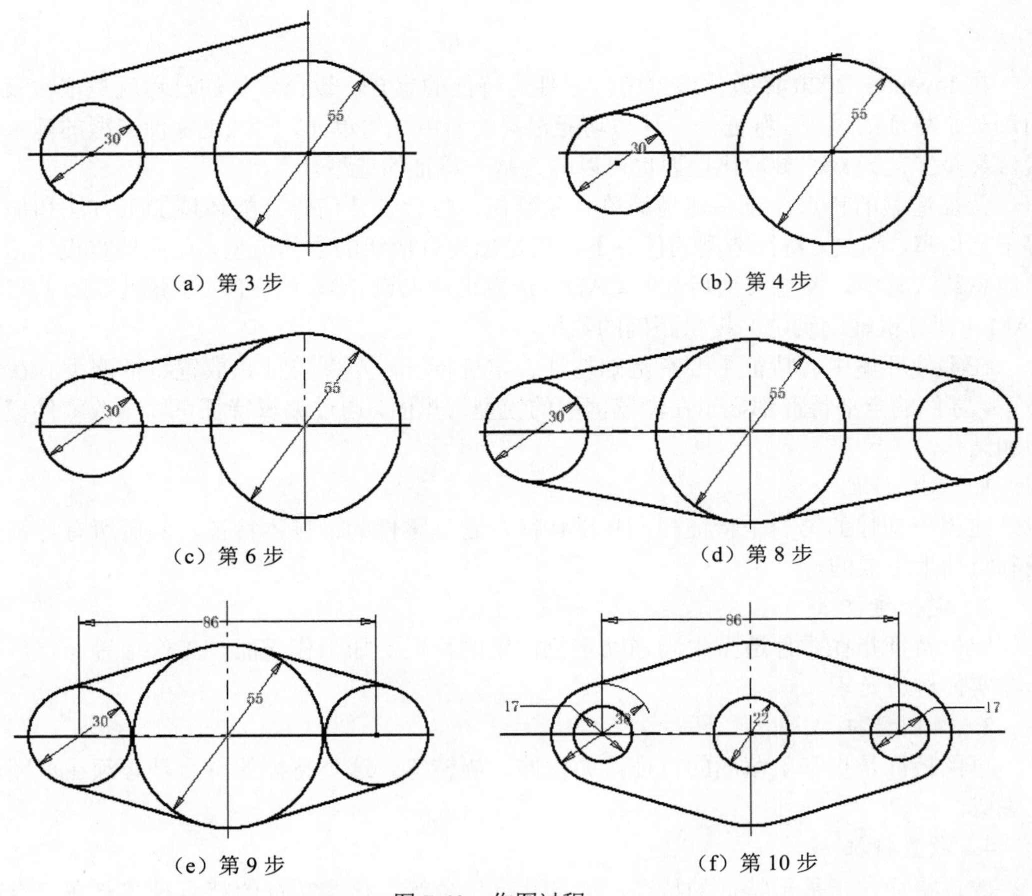

图 7-49 作图过程

（11）单击“完成草图”进入特征造型环境，可利用此草图创建特征或单击💾按钮保存图形。

思考与练习

1. 思考利用 Inventor 2020 和 AutoCAD 2022 绘制平面图形有何异同。
2. Inventor 2020 绘制草图时约束工具有哪些类型？

第八章　三维实体建模

在 Inventor 2020 参数化造型中，零件是特征的集合，设计零件的过程就是依次设计零件的每一个特征的过程。特征是一种与功能相关的简单几何单元，它既是零件造型的基本几何元素，又是工艺元素。参数化造型也可以称为基于特征的造型。

特征造型的特点在于：造型简单且参数化、包含设计信息且能体现加工方法和加工顺序等工艺信息。因此，特征造型的任务不仅仅是创建有形状的实体造型，还应该将设计信息和工艺信息载入其中，并能够为后续的 CAD（计算机辅助设计）、CAPP（计算机辅助工艺规划）、CAM（计算机辅助制造）提供正确的数据。

在零件环境中，特征主要有基础特征、定位特征、草图特征和放置特征四类。在特征环境下，零件的全部特征都显示在浏览器中的模型树里面，通过编辑特征可以修改零件模型的尺寸和结构。

1. 基础特征

建模中创建的第一个特征即为基础特征，它是零件的最基本特征，其后所有特征都是在基础特征上生成的。

2. 定位特征

定位特征指在零件造型中起辅助定位作用的特征，如工作平面、工作轴等。定位特征属于非实体构造元素。

3. 草图特征

草图特征是指基于草图的特征，如拉伸、旋转等。这类特征的特点是必须在草图的基础上生成。

4. 放置特征

放置特征是指基于特征的特征，如打孔、倒角等。这类特征的特点是需要在已有特征的实体上添加，一般不需从草图生成。

第一节　定 位 特 征

定位特征是构建新特征的参考平面、轴或点，在几何图元不足以创建和定位新特征时，应构建定位特征为新特征的创建提供必要的约束，以便于完成新特征的创建。定位特征包括基准定位特征、工作点、工作轴和工作平面。

一、基准定位特征

在 Inventor 2020 中，有一些定位特征是不需要用户创建的，它们在创建一个零件文件时自动产生，称为基准定位特征。这些基准定位特征包括原点和 X、Y、Z 轴以及 XY、YZ、XZ 平面。图 8-1 显示了零件文件中的基准定位特征，可看到基准定位特征全部位于浏览器中的“原始坐标系”文件夹下面。

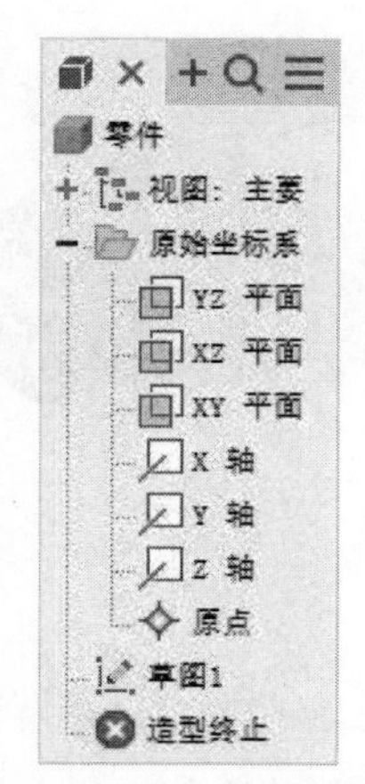

图 8-1　零件文件中的基准定位特征

基准定位特征的用途如下：

（1）基准定位特征可作为系统基础草图平面的载体。当创建一个零件文件后，系统会自动在基准定位特征的 XY 平面上新建一个草图。

（2）基准定位特征可为建立某些特殊的定位特征提供方便，如新建一个工作平面或工作轴，都可把基准定位特征作为参考。

二、工作点

工作点是参数化的构造点，可放置在零件几何图元、构造几何图元或三维空间中的任意位置。工作点的作用是标记轴和阵列中心、定义坐标系、定义平面（三点）和定义三维路径等。工作点在零件环境和部件环境中都可使用。

创建工作点：单击“三维模型”选项卡内“定位特征”面板上的“点”按钮◈。创建工作点时可选择模型的顶点、边和轴的交点、三个不平行平面的交点或平面的交点以及其他可作为工作点的定位特征，也可在需要时人工创建工作点。

如图 8-2 所示，创建工作点的方法有七种。图 8-3 显示了几种常见的创建工作点的结果。

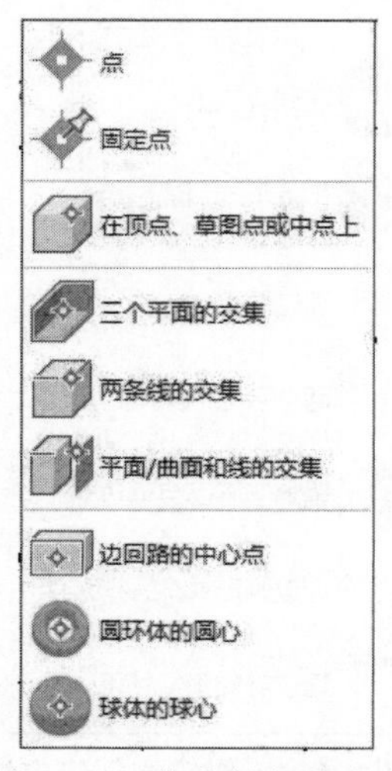

图 8-2　工作点的创建方法

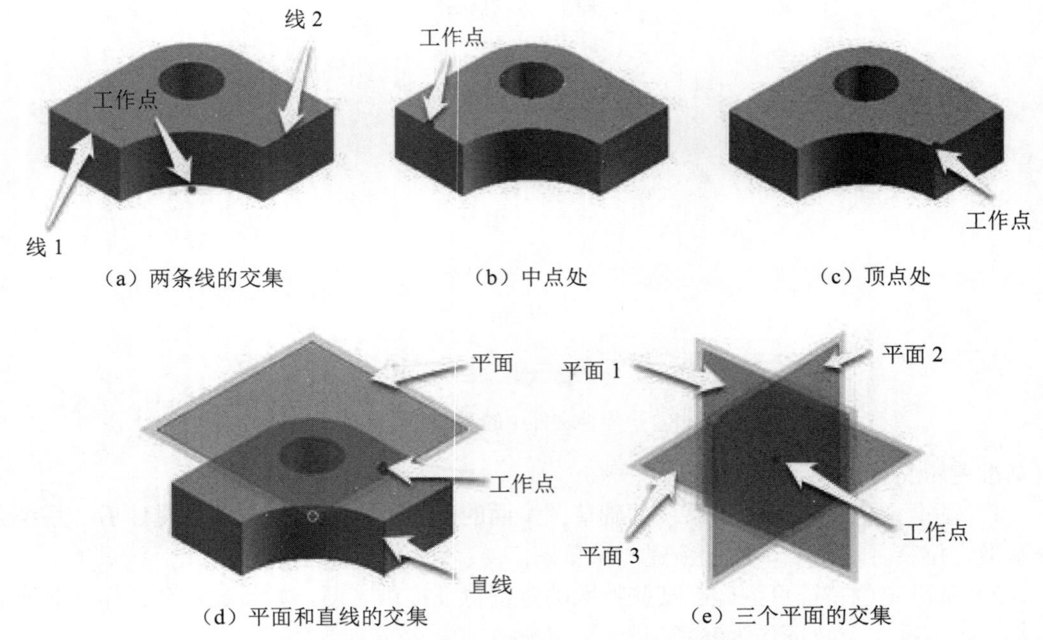

图 8-3　常见的创建工作点的结果

三、工作轴

工作轴是参数化附着在零件上的无限长的构造线，在三维零件设计中，常用来辅助创建工作平面，辅助草图中的几何图元的定位，创建特征和部件时用来标记对称的直线、中心线或两个旋转特征轴之间的距离，作为零部件装配的基准，创建三维扫掠时作为扫掠路径的参考等。

创建工作轴：单击“三维模型”选项卡内“定位特征”面板上的“轴”按钮。创建工作轴的方法如图 8-4 所示。常见的创建工作轴的结果如图 8-5 所示。

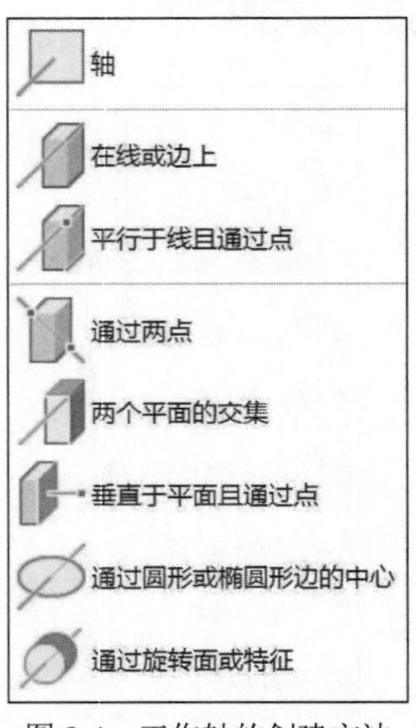

图 8-4　工作轴的创建方法

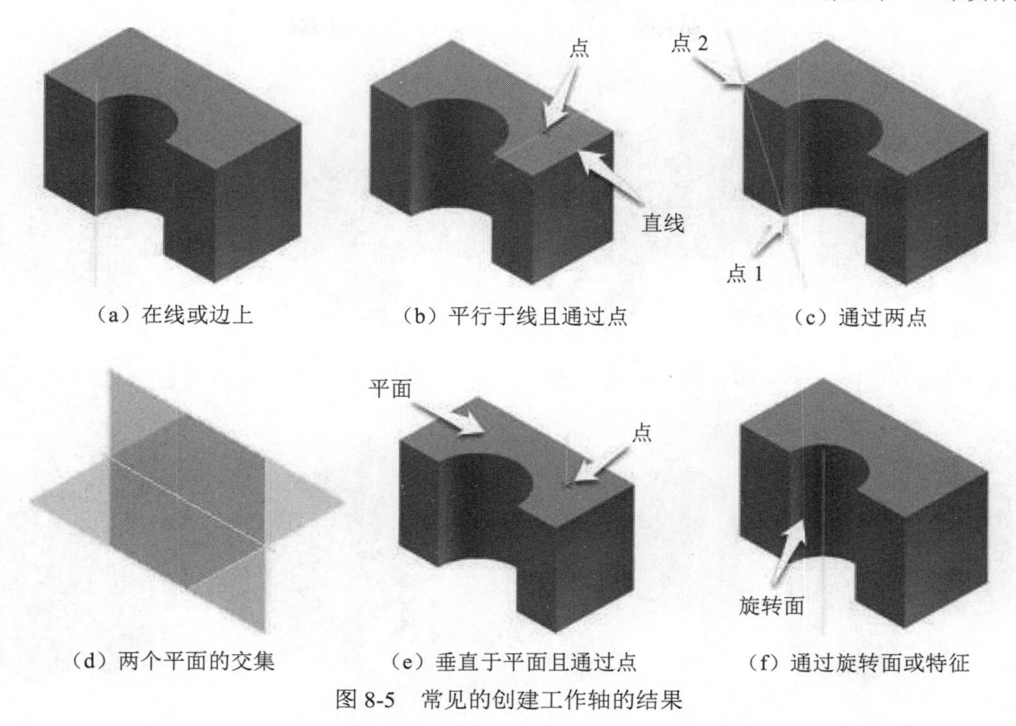

（a）在线或边上　（b）平行于线且通过点　（c）通过两点

（d）两个平面的交集　（e）垂直于平面且通过点　（f）通过旋转面或特征

图 8-5　常见的创建工作轴的结果

四、工作平面

工作平面是一个无限大的构造平面，工作平面可用来构造轴、草图平面或终止平面，作为尺寸定位的基准面，作为另外工作平面的参考面，作为零件分割的分割面以及作为定位剖视观察位置或剖切平面等。

创建工作平面：单击“三维模型”选项卡内“定位特征”面板上的“平面”按钮。创建工作平面的方法如图 8-6 所示。常见的创建工作平面的结果如图 8-7 所示。

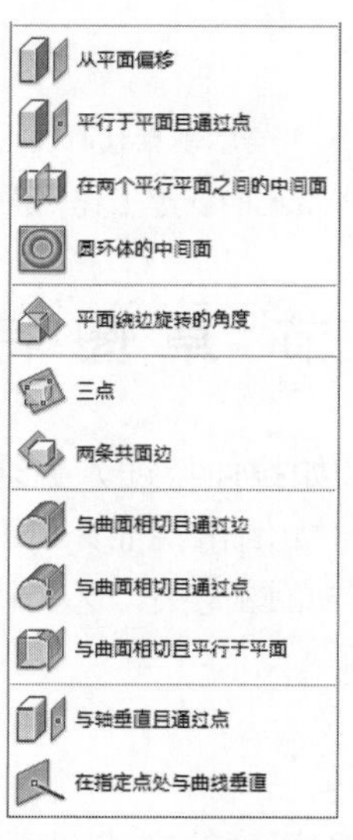

图 8-6　工作平面的创建方法

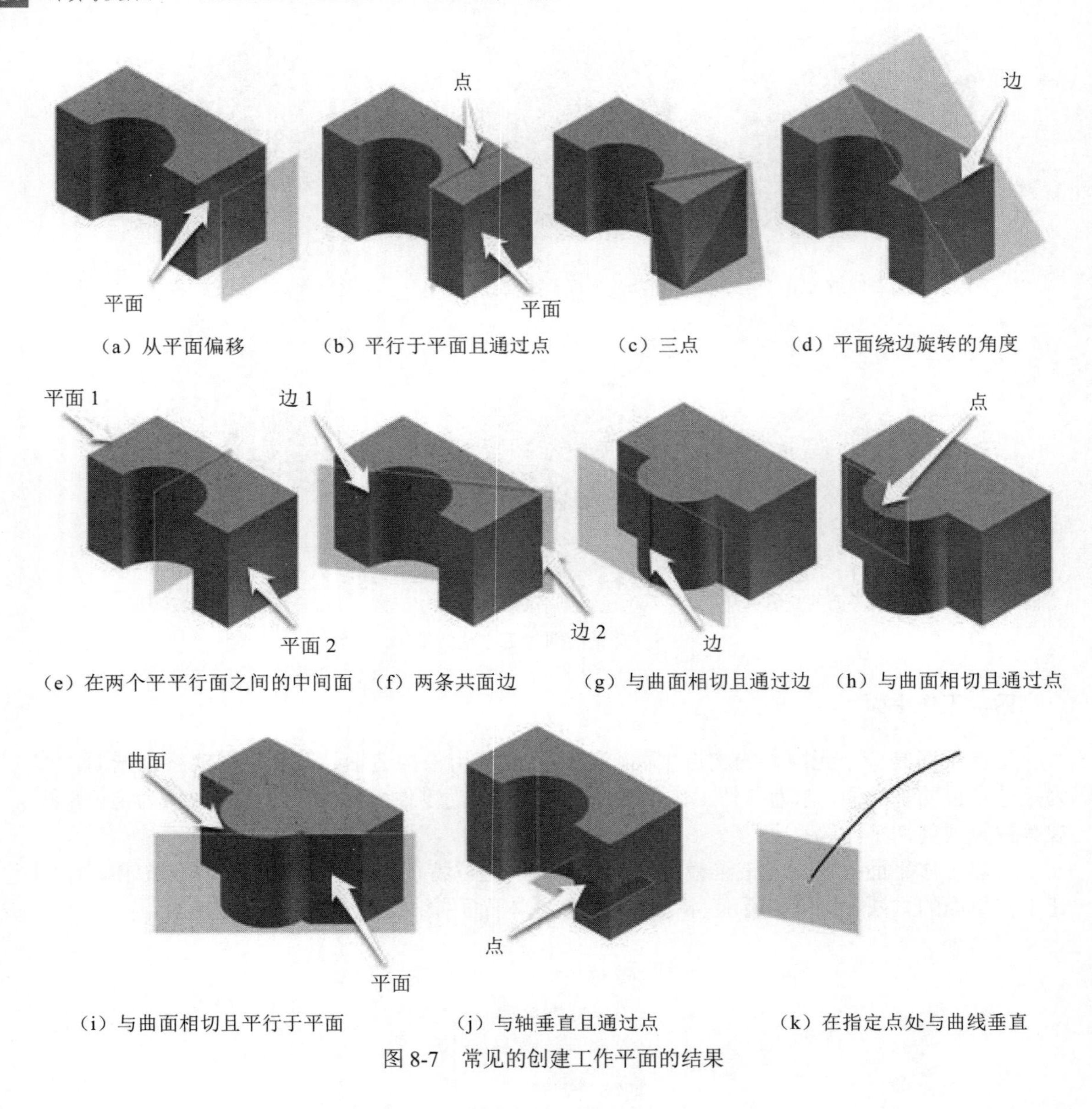

（a）从平面偏移　（b）平行于平面且通过点　（c）三点　（d）平面绕边旋转的角度

（e）在两个平平行面之间的中间面　（f）两条共面边　（g）与曲面相切且通过边　（h）与曲面相切且通过点

（i）与曲面相切且平行于平面　（j）与轴垂直且通过点　（k）在指定点处与曲线垂直

图 8-7　常见的创建工作平面的结果

第二节　草图特征

在 Inventor 2020 中，某些特征（如拉伸特征）必须要先创建草图后才可以创建，这样的特征称为基于草图的特征；某些特征（如倒角特征）则不需要先创建草图，而是直接在实体上创建，它需要的要素是实体的边线，与草图无关，这些特征就是非基于草图的特征。本节介绍基于草图的特征。

一、拉伸

拉伸特征是通过草图截面轮廓添加深度的方式创建的特征。拉伸可创建实体或切割实体。

特征的形状由截面形状、拉伸范围和拉伸角度三个要素来控制。典型的拉伸特征造型零件如图 8-8 所示，左侧为拉伸的草图截面，右侧为拉伸生成的特征。首先单击“模型”选项卡内“创建”面板上的“拉伸”按钮，打开“拉伸”对话框，如图 8-9 所示。

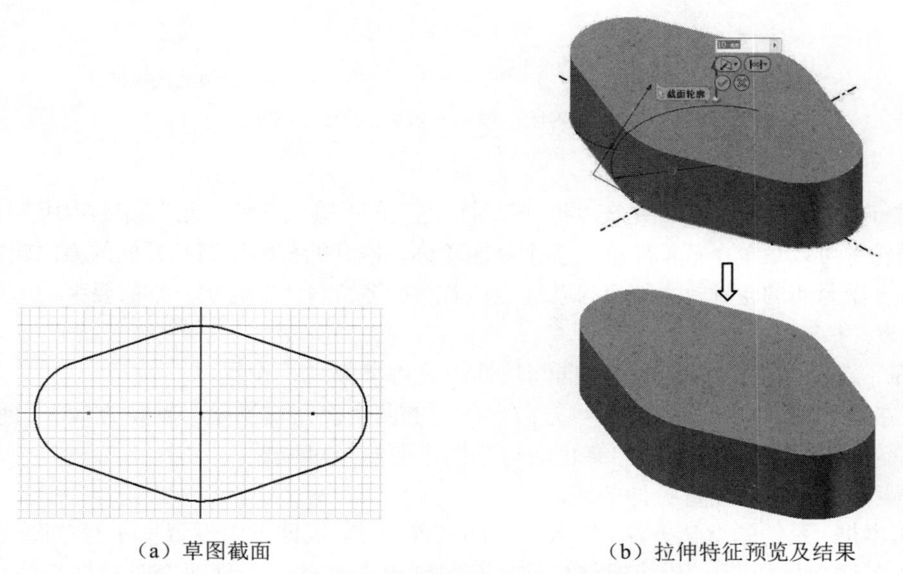

（a）草图截面　　（b）拉伸特征预览及结果

图 8-8 利用拉伸创建的零件特征

图 8-9 “拉伸”对话框

1. 特征类型

拉伸操作提供两种输出方式：实体和曲面。“拉伸”对话框右上角的图标表示输出实体，单击该图标将切换为图标，表示将输出曲面。图标可将一个封闭的截面形状拉伸成实体，切换为图标可将一个开放的或封闭的截面形状拉伸成曲面。图 8-10 所示是将封闭曲线和开放曲线拉伸成曲面。

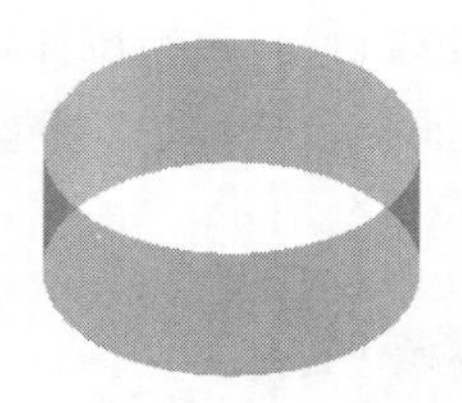

（a）封闭曲线拉伸

（b）开放曲线拉伸

图 8-10　将封闭曲线和开放曲线拉伸成曲面

2. 输入几何图元

进行拉伸操作的第一个步骤是在“拉伸”对话框上的“输入几何图元”选项组中选择“轮廓”按钮。截面轮廓可以是单个截面轮廓、多个截面轮廓、嵌套的截面轮廓和开放的截面轮廓。如果图形中只有一个封闭的轮廓，系统会自动选定；若存在多个封闭的轮廓，则需要手动选择确定。

3. 行为

“行为”选项组用于对拉伸的方向和拉伸距离等参数进行设置。

（1）方向：“拉伸”对话框中，“方向”后面的四个按钮依次是“默认方向”“翻转方向”“对称”“不对称”，用于确定拉伸终止面与草图平面的相对位置。

（2）距离 A：用于设置拉伸的距离。

- 文本框：系统的默认方法，输入具体的拉伸数值，根据方向设置按钮对草图进行拉伸。
- “贯通”按钮：该按钮将拉伸特征贯通整个零件，零件改变时拉伸特征仍会贯通整个零件。
- “到”按钮：通过选择终止拉伸的终点、顶点、面或平面，确定零件拉伸终止位置。该按钮可以拉伸截面轮廓到所选的终止面或平面上，如果所选择的终止面或平面不能完全包容拉伸的面，则应选择“在延伸面上指定终止特征”。
- “到下一个”按钮：用于选择下一个可用的面或平面，以终止指定方向上的拉伸。

4. 输出

“输出”选项组用于设定拉伸特征的布尔运算。布尔运算提供了三种操作方式：求并、求差和求交，这三种布尔操作方式下生成的零件特征如图 8-11 所示。

（a）求并

（b）求差

（c）求交

图 8-11　三种布尔操作方式下生成的零件特征

（1）“求并”按钮：将拉伸特征产生的体积与原特征合并为一个整体。

（2）“求差”按钮：从其他特征中去除由拉伸特征产生的体积。

（3）“求交”按钮：在拉伸特征与其他特征的公共体积部分创建一个新特征，其中未包含在公共体积内的部分被全部除去。

（4）“新建实体”按钮：若该拉伸特征是零件文件的第一个实体特征，则此选项是默认选项。

二、旋转

在 Inventor 2020 中，可让一个封闭的或不封闭的截面轮廓围绕一根旋转轴来创建旋转特征。如果截面轮廓是封闭的，则可创建实体特征或曲面特征；如果是非封闭的，则可创建曲面特征。

要创建旋转特征，首先绘制草图截面轮廓，然后单击“三维模型”选项卡内“创建”面板上的“旋转”按钮，打开“旋转”对话框，如图 8-12 所示。其中很多造型因素和拉伸特征的造型因素相似，相似的选项这里就不再详述，仅就其中的不同选项进行介绍。

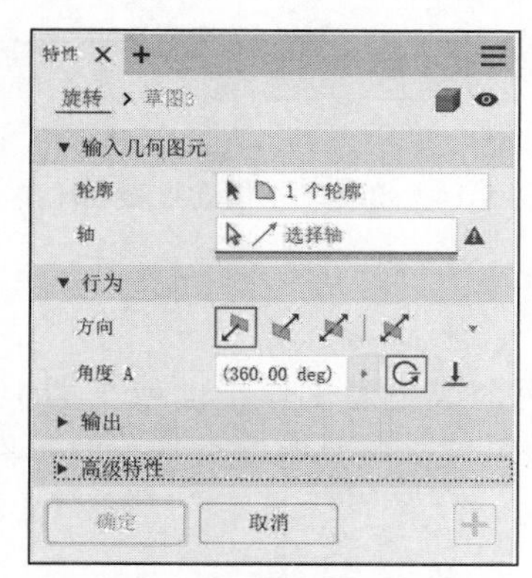

图 8-12　“旋转”对话框

旋转轴可以是已经存在的直线，也可以是工作轴或构造线。旋转特征的终止方式可以是整周或角度，如果选择角度则需在“角度 A”文本框中输入具体的旋转角度值，还可单击“方向”后的按钮选择旋转方向，或在两个方向上等分输入旋转角度。

参数设置完毕以后，单击“确定”按钮即可创建旋转特征。图 8-13 所示就是利用旋转特征创建的阀杆零件及其草图截面轮廓。

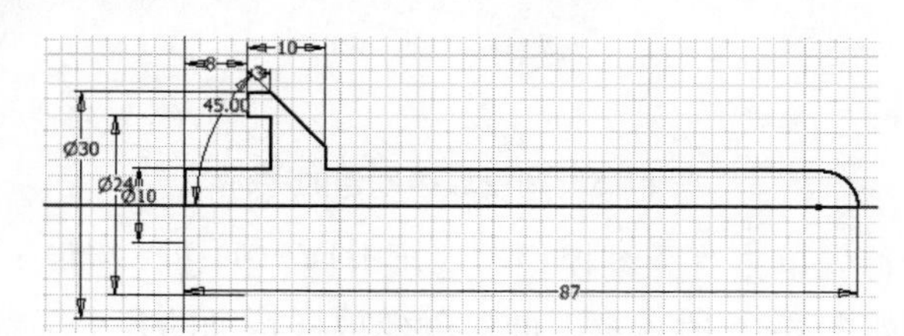

（a）阀杆的草图截面轮廓

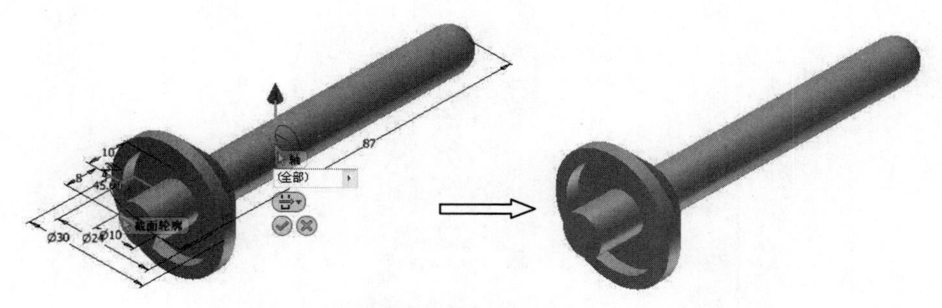

（b）阀杆旋转预览及结果

图 8-13　利用旋转创建的阀杆零件及其草图截面轮廓

需要注意的是，旋转特征中的旋转轴不能通过截面轮廓［图 8-14（a）］，否则会弹出如图 8-14（b）所示的错误提示。显然，创建球的截面轮廓应为半个圆。

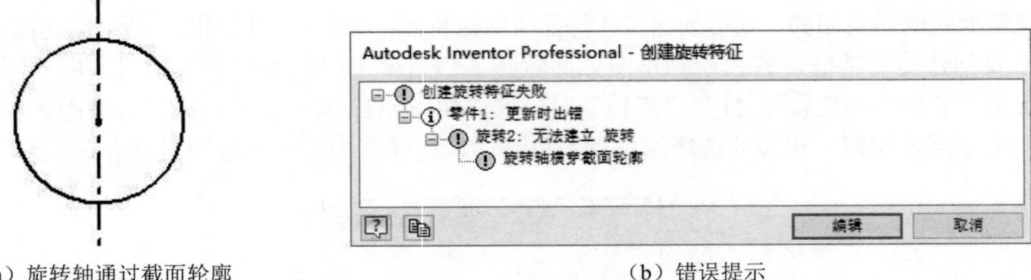

（a）旋转轴通过截面轮廓　　（b）错误提示

图 8-14　旋转轴不能通过截面轮廓

三、放样

放样特征是通过光滑过渡两个或更多工作平面或平面上的封闭截面轮廓的形状而创建的，如图 8-15 所示。放样常用来创建一些具有复杂形状的零件。

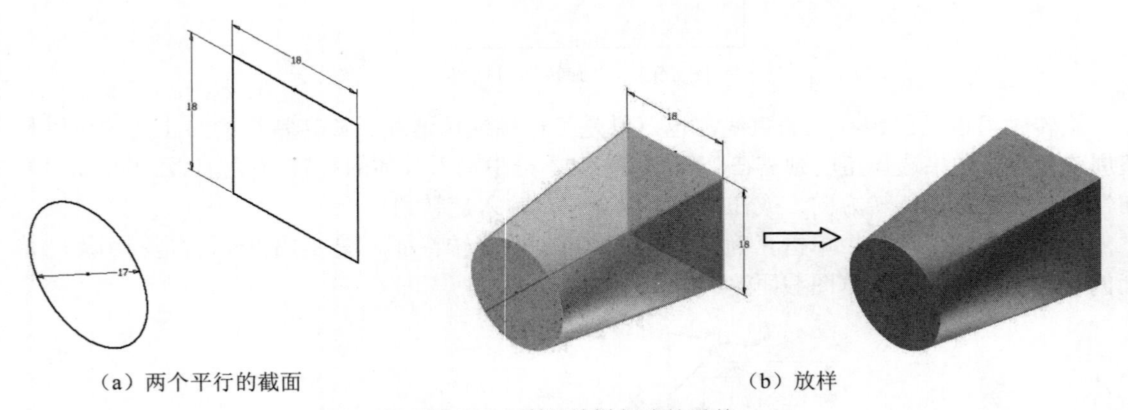

（a）两个平行的截面　　（b）放样

图 8-15　利用放样创建的零件

要创建放样特征，首先单击“三维模型”选项卡内“创建”面板上的“放样”按钮，打开“放样”对话框，如图 8-16 所示。下面对创建放样特征的各个关键要素简要说明。

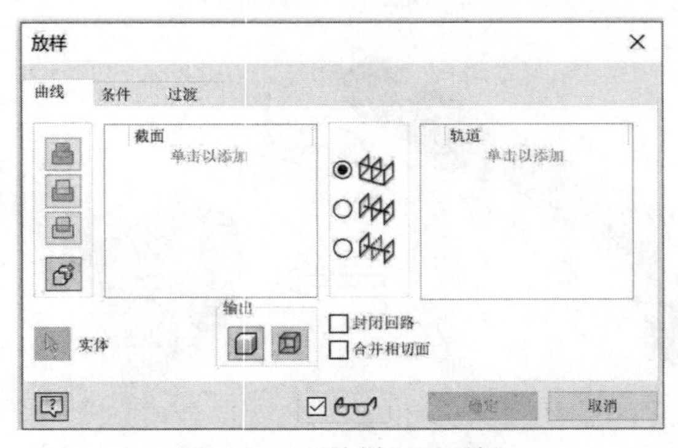

图 8-16　“放样”对话框

1. 截面

放样特征的截面是在草图上创建的，在放样特征的创建过程中，往往需要首先创建若干个工作平面以在对应的位置创建草图，再在草图上绘制放样截面形状，然后依次选择草图就可创建放样特征，如图 8-17 所示。

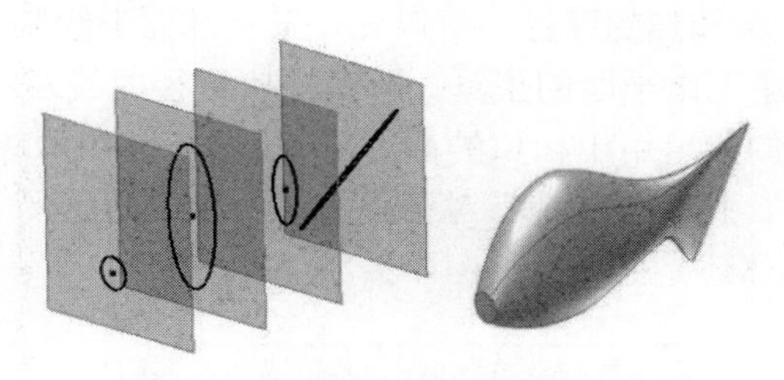

图 8-17　放样的截面形状及结果

2. 轨道

轨道是在截面之上或之外终止的二维或三维直线、圆弧或样条曲线，轨道必须与每个截面都相交，并且都应该是平滑的，在方向上没有突变的。创建放样时，如果轨道延伸到截面之外，则将忽略延伸到截面之外的那一部分轨道。

3. 输出类型和布尔操作

通过“输出”选项组上的“实体”按钮和“曲面”按钮可选择放样输出的是实体还是曲面。还可利用放样来实现三种布尔操作，即添加、切削和求交。布尔操作与拉伸特征中的布尔操作类似，这里不再赘述。

当所有需要的参数已经设置完毕后（在默认情况下，依次选择各基准平面上的截面草图轮廓即可），单击“确定”按钮即可完成放样特征的创建。

四、扫掠

在实际工作中，常常需要创建一些沿着一个不规则轨迹有着相同截面形状的对象，如设计管道、管路、把手、衬垫凹槽等。扫掠工具可用来完成此类特征的创建，它通过沿一条平面路径移动草图截面轮廓来创建一个特征。如果截面轮廓是曲线，则创建曲面，如果截面轮廓是闭合曲线，则创建实体。图 8-18 所示的弯管就是利用扫掠创建的。

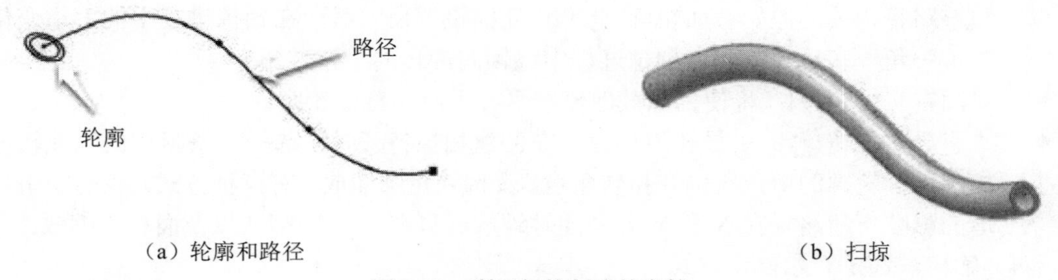

（a）轮廓和路径　　（b）扫掠

图 8-18　利用扫掠创建的弯管

创建扫掠特征最重要的两个要素就是截面轮廓和扫掠路径，这两个要素通常分别在两个相交的基准平面上创建。

（1）截面轮廓可以是闭合的或非闭合的曲线，截面轮廓可嵌套，但不能相交。

（2）扫掠路径可以是开放的曲线或闭合的回路，截面轮廓在扫掠路径的所有位置都与扫掠路径保持垂直，扫掠路径的起点必须放置在截面轮廓和扫掠路径所在平面的相交处。扫掠路径草图必须在与扫掠截面轮廓平面相交的平面上。

创建扫掠特征的基本步骤如下：

（1）先创建好截面轮廓和扫掠路径。可以先在某基准面上绘制一条曲线作为扫掠路径；退出草图状态后，利用创建工作平面的工具，选择扫掠路径曲线及其一端创建出垂直工作平面，然后在该工作平面上创建出用于扫掠的截面轮廓。最后单击“模型”选项卡内“创建”面板上的“扫掠”按钮，打开“扫掠”对话框，如图 8-19 所示，在输出类型中通过按钮或者按钮确定输出实体还是曲面。

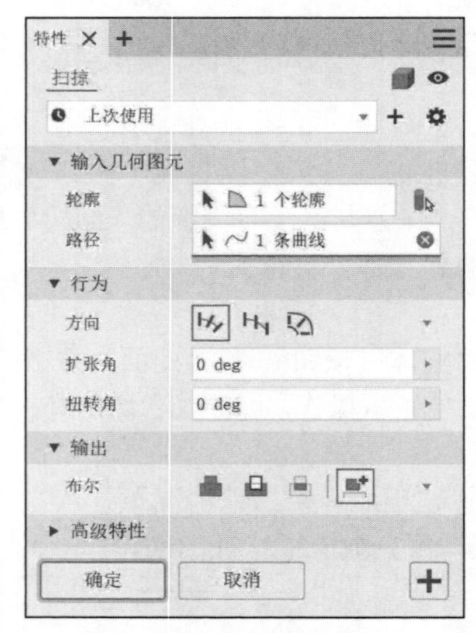

图 8-19 “扫掠”对话框

（2）输入几何图元。在“轮廓”选项中选择草图的一个或多个界面轮廓以沿选定的路径进行扫掠，并在“路径”选项中选择扫掠路径。路径可以是开放回路，也可以是封闭回路。

（3）行为。在“方向”选项中有三种方式可选择：

- “跟随路径”按钮：保持该扫掠截面轮廓相对于路径不变。所有扫掠截面都维持与该路径相关的原始截面轮廓。此方式还需设置反映截面在扫掠过程中的大小变化的“扩张角”和反映截面在扫掠过程中绕轴向旋转的“扭转角”。
- “固定”按钮：将使扫掠截面轮廓平行于原始截面轮廓。
- “引导”按钮：引导轨道扫掠，在创建扫掠特征时，选择一条附加曲线或轨道来控制截面轮廓的缩放比例和扭转角度。此时“轮廓缩放”有三种方式，轮廓在引导轨道的影响下随路径在 X 和 Y 方向同时缩放、只在 X 方向缩放以及面积不缩放。

（4）输出。选定布尔操作方式。

单击“确定”按钮即可完成扫掠特征的创建。

五、加强筋

加强筋是一种特殊的结构，是铸件、塑胶件等不可或缺的设计结构，为零件增加加强筋

（肋板）可提高零件的强度。加强筋特征有两类，即加强筋和腹板，也可以创建网状加强筋或腹板，如图 8-20 所示。

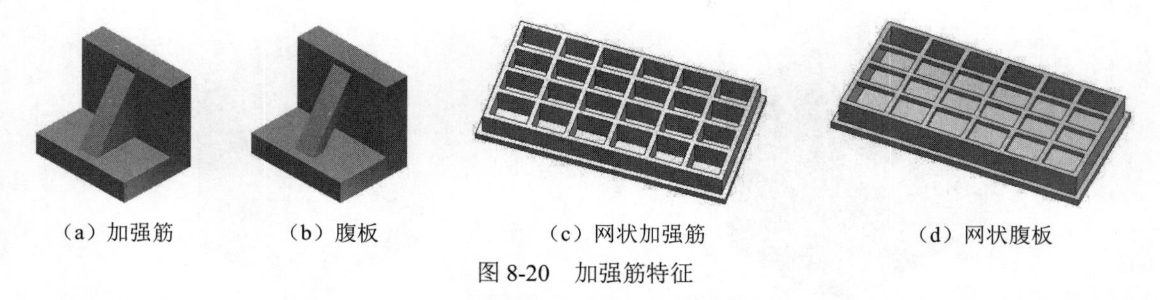
（a）加强筋　（b）腹板　（c）网状加强筋　（d）网状腹板

图 8-20　加强筋特征

在 Inventor 2020 中，加强筋也是基于草图的特征，在草图中完成的工作就是绘制两者的截面轮廓，可创建一个封闭的截面轮廓作为加强筋的轮廓，也可创建一个开放的截面轮廓作为肋板的轮廓，或者创建多个相交或不相交的截面轮廓来定义网状加强筋或腹板。

加强筋的创建过程比较简单，创建图 8-20（a）所示的加强筋，需要进行以下操作：

（1）绘制如图 8-21 所示的草图轮廓。

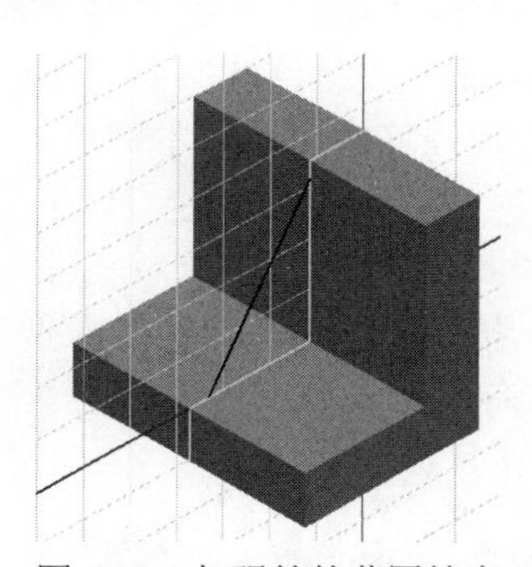

图 8-21　加强筋的草图轮廓

（2）回到零件特征环境下，单击“三维模型”选项卡内“创建”面板的“加强筋”按钮，打开的“加强筋”对话框，如图 8-22 所示。可以利用按钮创建垂直于草图平面的腹板，也可以利用按钮创建平行于草图平面的加强筋。若草图中只有一个截面轮廓，则截面轮廓会被自动选中；若草图中的截面轮廓不止一个，则需要手动选择。在此选择创建平行于草图平面的加强筋。

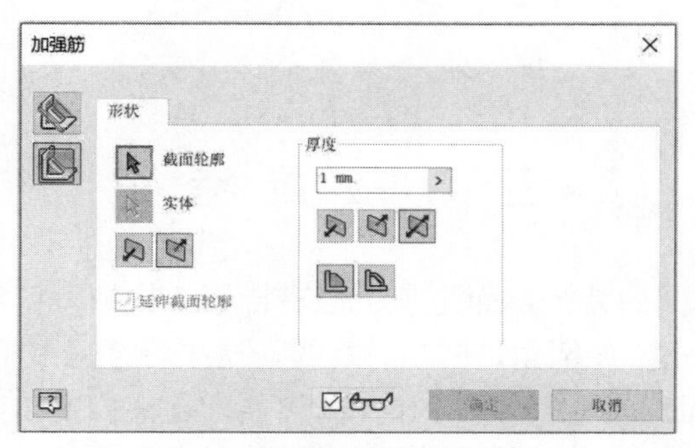

图 8-22　“加强筋”对话框

（3）用方向按钮指定加强筋的方向，以控制加强筋或腹板的延伸方向。本例选择如图 8-23（b）所示方向。

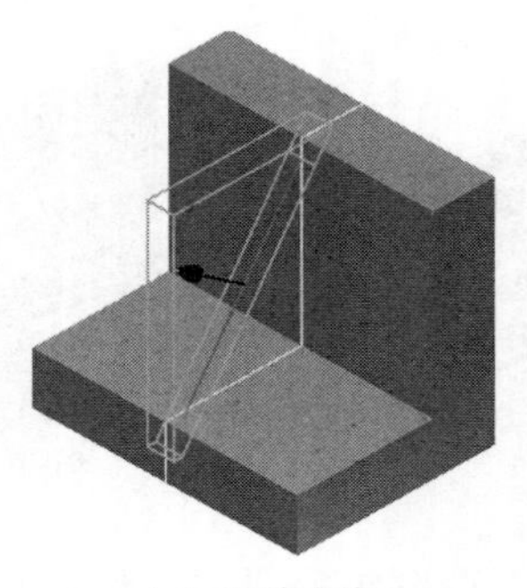

（a）延伸方向一

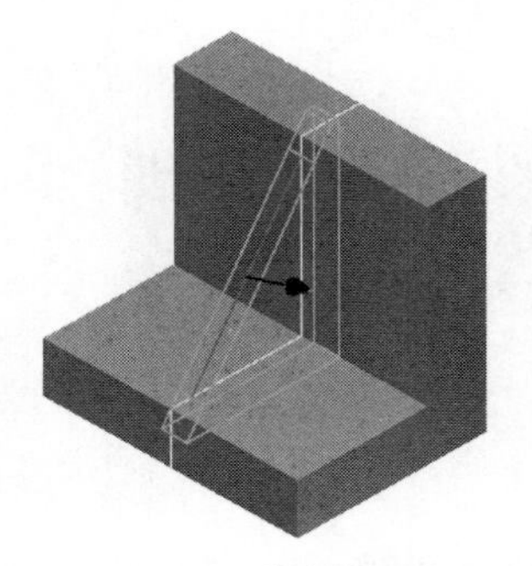

（b）延伸方向二

图 8-23 加强筋轮廓预览

（4）指定加强筋的厚度和厚度方向。在“厚度”文本框中输入具体的厚度值即可。通过方向按钮来指定厚度方向或双侧方向建立加强筋。本例选择双侧方向，对应按钮为。

（5）选择终止方式。加强筋的终止方式可通过“到表面或平面”按钮和“有限的”按钮进行选择。单击“到表面或平面”按钮将使加强筋终止于下一个面，单击“有限的”按钮则需要在下面的文本框输入终止加强筋的距离。本例单击“到表面或平面”按钮。

（6）最后单击“确定”按钮完成加强筋的创建。如果要创建图 8-20（d）中所示的网状腹板，需要绘制的草图截面轮廓如图 8-24 所示，剩余步骤与上述完全相同。需要注意的是，在终止方式中只能单击“有限的”按钮并且输入具体的数值。

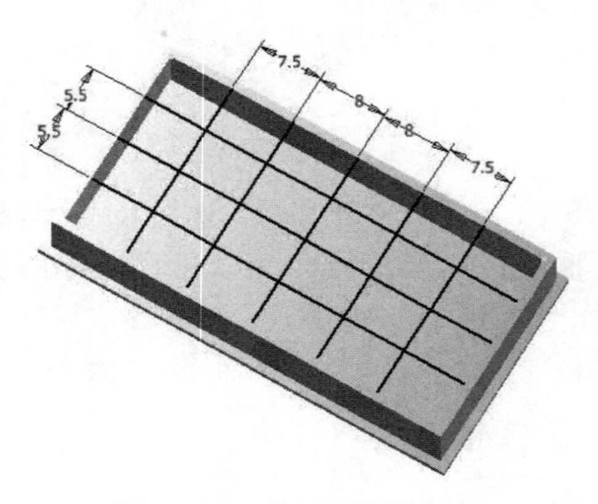

图 8-24 网状加强筋的草图

第三节 放 置 特 征

放置特征不是基于草图的特征，而是基于已有特征的特征，指零件在造型过程中放置在其他特征上的各种结构要素，如倒角、圆角、孔等，这些特征可在特征工作环境下直接创建。与草图特征相比，放置特征大多无需截面轮廓，只需要指定其位置和一些定位、定形参数即可，因此创建放置特征往往需要在其他特征的基础上进行。

一、孔

孔特征是建立在当前几何体上的，并且是参数化的特征。孔特征是利用提供的参考点、草图点或其他参考几何信息创建孔的建模方法。在零件和部件环境下，可以使用孔特征创建各种类型的孔，如直孔、沉头孔、倒角孔、螺纹孔和配合孔等，几乎满足了所有有关孔的设计要求。单击“三维模型”选项卡内“修改”面板的“孔”按钮，打开“孔”对话框，如图 8-25 所示。接下来对其中的主要选项进行简要说明。

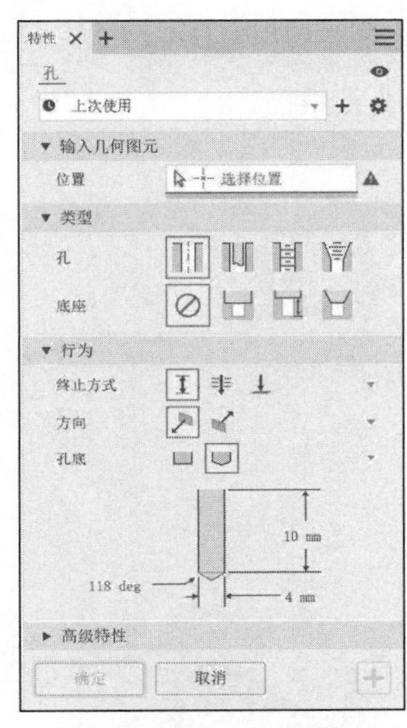

图 8-25　“孔”对话框

1. 输入几何图元

“位置”选项用于设定孔的位置。孔的定位有三种方式，即基于草图的孔、基于参考边的孔、同心孔。

（1）基于草图的孔：需要放置孔的平面包含定位孔位置的点，系统会自动捕捉这些点，以此来放置孔。

（2）基于参考边的孔：该方式根据孔心到两条线性边的距离在面上创建孔，如图 8-26 所示。选择放置孔的平面后，分别单击模型两条棱线并输入相应的距离值就可确定孔心的位置。

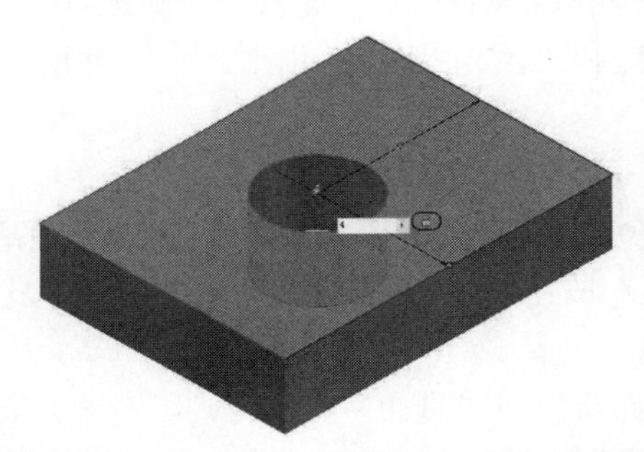

图 8-26　“基于参考边的孔”方式打孔示意图

（3）同心孔：该方式可在面上创建与环形边或圆柱面同心的孔。先选择放置孔的平面，然后选择与孔同心的对象，可以是环形边或圆柱面。

2. 类型

（1）孔：可创建孔的类型有四种，对应的按钮为“简单孔”按钮、“配合孔”按钮、“螺纹孔”按钮和“锥螺纹孔”按钮。若选择除简单孔以外的其他类型孔，还需在扩展对话框中输入另外一些参数。例如单击“螺纹孔”按钮后，其扩展对话框如图 8-27（a）所示。

- 可指定不同的螺纹类型。公制孔对应于 GB Metric profile 选项，管螺纹孔对应于 GB Pipe profile 选项。
- 可设定螺纹的类型、尺寸、规格、类以及方向，还可设置是否为全螺纹等。图 8-27（b）为沉头螺纹孔的预览及结果。

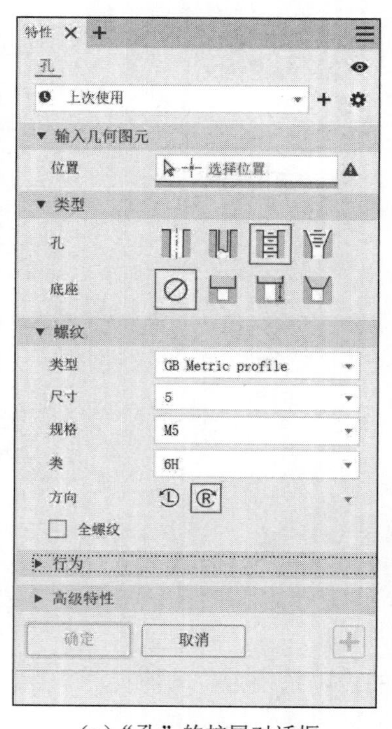

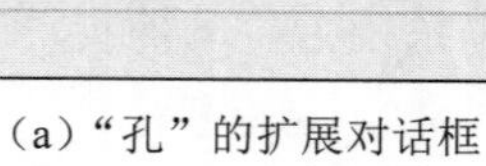

（a）“孔”的扩展对话框

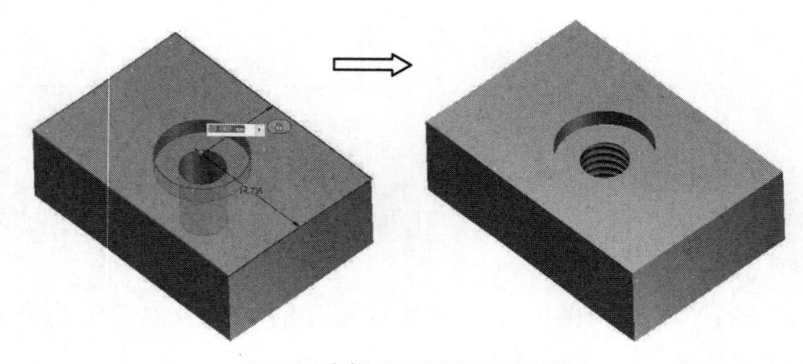

（b）沉头螺纹孔的预览及结果

图 8-27 “孔”的扩展对话框和沉头螺纹孔的预览及结果

（2）底座：孔的形状有四种，对应的按钮为“无底座（直孔）”按钮⊘、“沉头孔”按钮、“沉头平面孔”按钮和“倒角孔”按钮。各类孔所需的尺寸可在“行为”选项组输入。

3. 行为

（1）终止方式：孔的终止方式有三种，对应的按钮为“距离”按钮、“贯通”按钮和“到”按钮。其中“到”按钮仅可用于零件特征，在该方式下需指定是在曲面还是在延伸面上终止孔。

（2）方向：如果单击“距离”或“贯通”按钮，则可通过方向按钮选择是否翻转孔的方向。

（3）孔底：孔底有“平直”和“角度”两种，其中角度值可以在旁边的参数框中进行设置。

二、圆角

圆角特征是指为零件上一条或多条边添加内、外圆角的特征。单击“三维模型”选项卡内“修改”面板的“圆角”按钮，打开“圆角”对话框，如图 8-28 所示。该功能可创建边圆角、面圆角和全圆角。

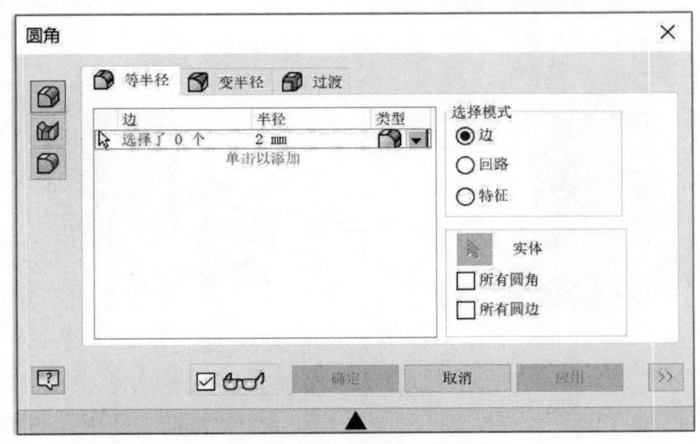

图 8-28　“圆角”对话框

1. 边圆角

边圆角通过选择零件的一条或多条边添加内圆角或外圆角的特征。

等半径圆角特征由边、半径和选择模式三个部分组成。首先选择要创建圆角的边，然后指定圆角的半径，再选择一种圆角模式即可创建圆角。接下来介绍“圆角”对话框的主要选项。

- “边”单选按钮：选择或删除一组边或边链创建圆角。
- “回路”单选按钮：在一个面上选择或删除一个封闭的回路创建圆角。
- “特征”单选按钮：选择或删除一个特征上所有的边创建圆角。这三种情况下创建的圆角特征对比如图 8-29 所示。

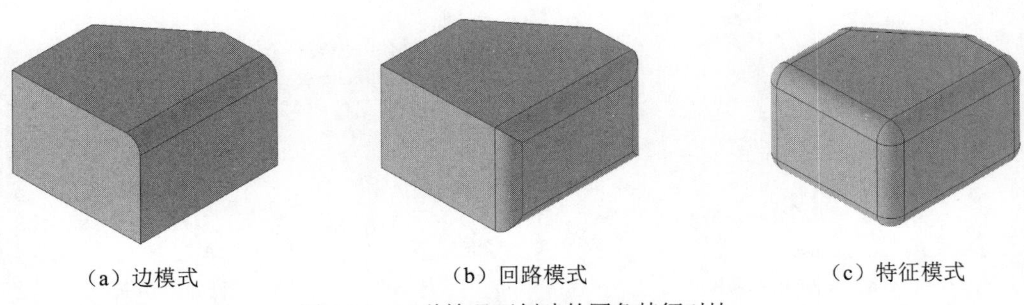

（a）边模式　（b）回路模式　（c）特征模式

图 8-29　三种情况下创建的圆角特征对比

- “所有圆角”复选框：选择所有剩余的凹边和拐角创建圆角，如图 8-30（a）所示。选择之后，将以添加材料的方法完成圆角的造型。
- “所有圆边”复选框：选择所有剩余的凸边和拐角创建圆角，如图 8-30（b）所示。选择之后，将以去除材料的方法完成圆角的造型。

（a）“所有圆角”预览及结果

（b）“所有圆边”预览及结果

图 8-30　“所有圆角”和“所有圆边”的结果对比

2. 面圆角

面圆角是在不需要指定共享边的情况下，在零件两个选定面集之间创建圆角，面圆角的对话框如图 8-31（a）所示。面圆角常用于边不明确或者欲处理的两个面集没有共享边的情况。由于面圆角用得较少，限于篇幅不再详述。

3. 全圆角

全圆角是添加与三个相邻面相交的变半径圆角或圆边，中心面集由变半径圆角取代，全圆角的对话框如图 8-31（b）所示。全圆角可用于圆化外部零件特征，如加强筋。由于全圆角用得较少，限于篇幅不再详述。

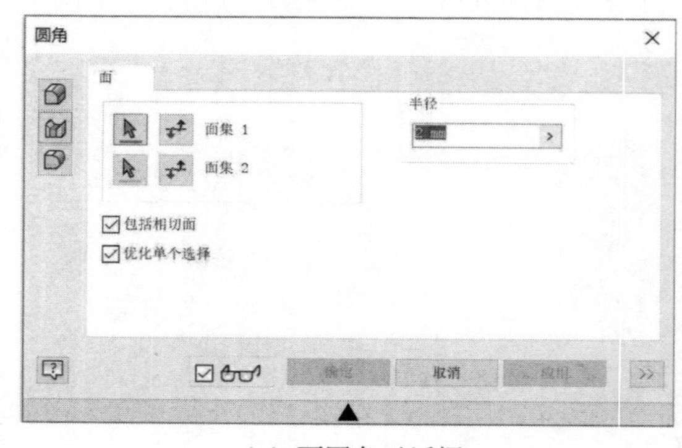

（a）面圆角对话框

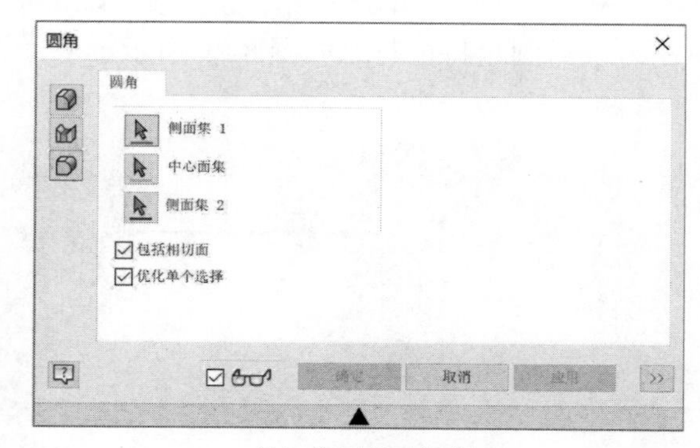

（b）全圆角对话框

图 8-31　面圆角对话框和全圆角对话框

三、倒角

倒角是指在零件的一个或多个边上添加倒角的特征。与圆角相似，倒角不要求有草图，并被约束到要放置的边上，典型的倒角特征如图 8-32 所示。单击“三维模型”选项卡内“修改”面板的“倒角”按钮，打开“倒角”对话框，如图 8-33 所示。倒角有三种形式，对应的按钮为“倒角边长”按钮、“倒角边长和角度”按钮以及“两个倒角边长”按钮。

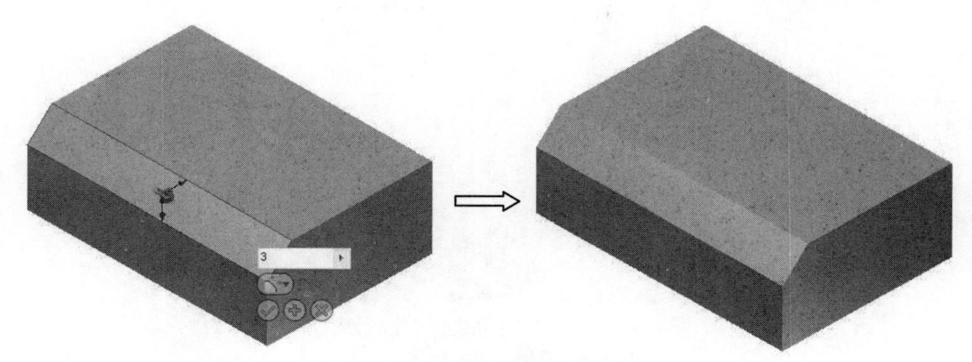

图 8-32　倒角特征预览及结果

（1）用“倒角边长”按钮创建倒角。用“倒角边长”按钮是最简单的一种创建倒角的方式，通过指定与所选择的边线偏移同样的距离来创建倒角，可选择单条边、多条边或相连的边界链以创建倒角。创建时仅需选择用来创建倒角的边，再指定倒角的距离即可。

（2）用“倒角边长和角度”按钮创建倒角。该方式需要指定倒角边长和倒角角度两个参数，选项卡如图 8-34 所示。单击“倒角边长和角度”按钮后，首先选择创建倒角的边，然后选择一个表面，倒角所成的斜面与该面的夹角就是所指的倒角度数，在右侧的“倒角边长”和“角度”文本框中输入相应的数值，单击“确定”就可完成倒角的创建。

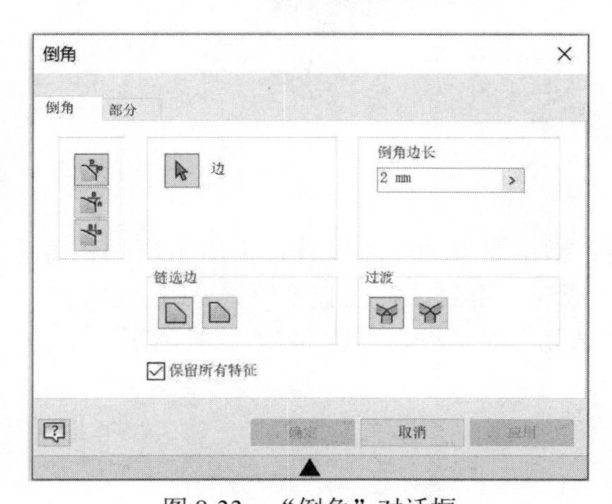

图 8-33　“倒角”对话框

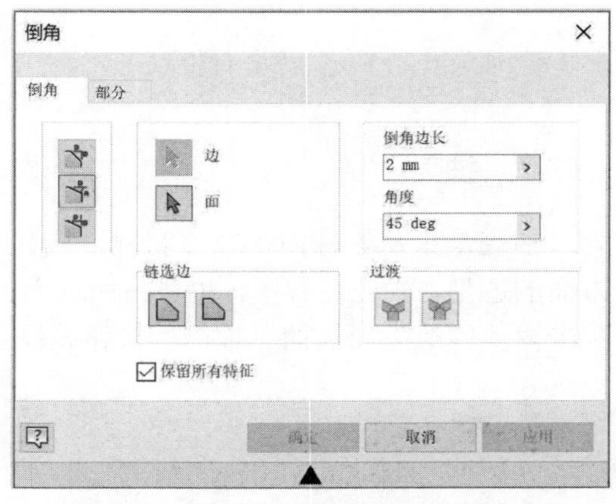

图 8-34　“倒角边长和角度”按钮选项卡

（3）用“两个倒角边长”按钮创建倒角。该方式需要指定两个倒角的边长，选项卡如图 8-35 所示。单击“两个倒角边长”按钮后，首先选定要倒角的边线，然后分别指定两个倒角边长即可。

接下来介绍选项卡中的其他主要选项。

1）链选边。

- ❽所有想切连接边❾按钮：在倒角中一次可选择所有相切边。
- “独立边”按钮：一次只选择一条边。

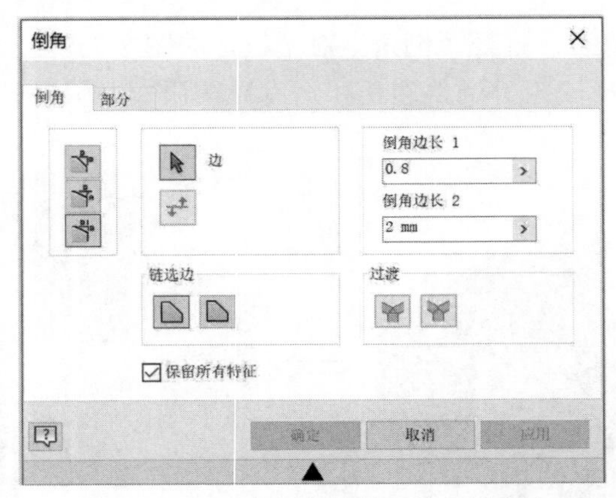

图 8-35　“两个倒角边长”按钮选项卡

2）过渡。

- “过渡”按钮：在多条边的交汇处创建交叉平面，如图 8-36（a）所示。
- “无过渡”按钮：在多条边的交汇处形成尖角，如图 8-36（b）所示。

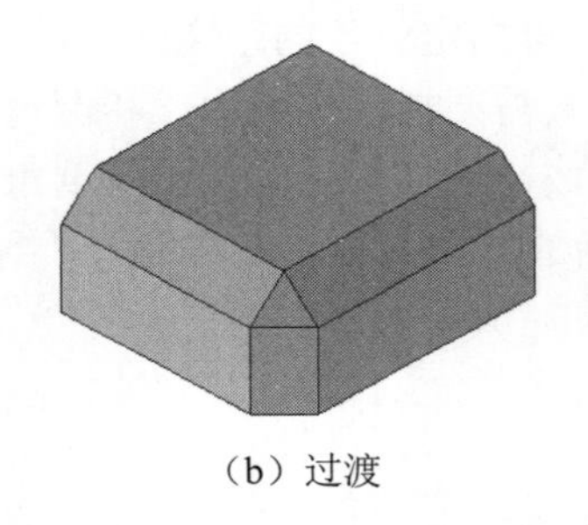

（b）过渡

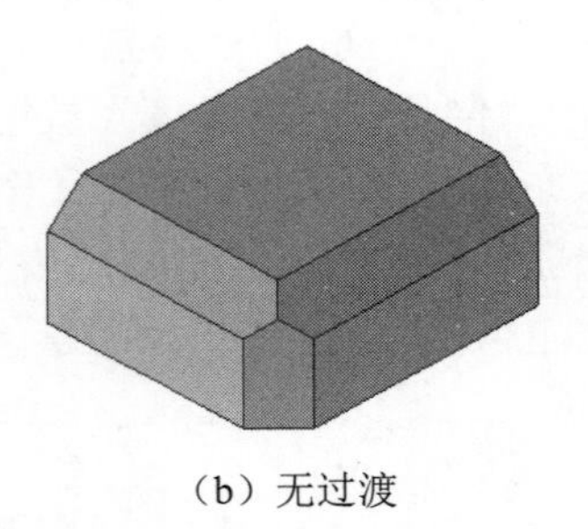

（b）无过渡

图 8-36　过渡效果

四、抽壳

抽壳是指从零件内部去除材料，创建一个具有指定厚度的空腔零件，常用于模具和铸造方面的造型。抽壳过程中，也可将所选面去除，形成一个不封闭的空腔零件。单击“模型”选项卡内“修改”面板的“抽壳”按钮，打开“抽壳”对话框，如图 8-37（a）所示。

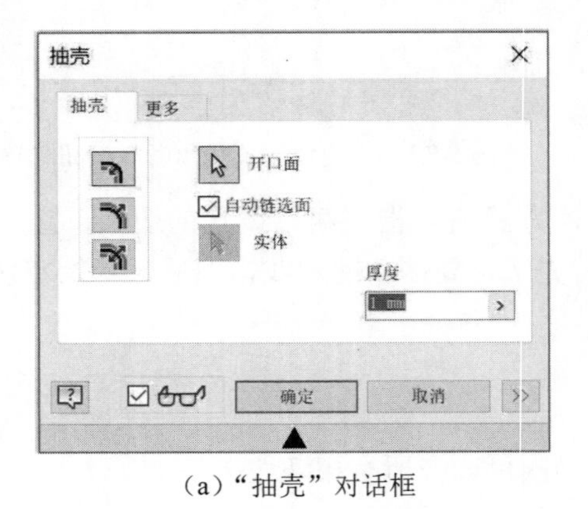

（a）“抽壳”对话框

开口面

（b）抽壳特征

图 8-37　“抽壳”对话框和抽壳特征

创建抽壳特征的基本步骤如下：

（1）选择开口面，指定一个或多个要去除的零件面，只保留作为壳壁的面。如果不想选择某个面，则按住 Ctrl 键单击该面即可。

（2）选择好开口面以后，需指定壳壁的厚度。在抽壳方式上，有三种选择，对应的按钮如下：

- “向内”按钮：向零件内部偏移壳壁，原始模型的外壁成为抽壳的外壁。
- “向外”按钮：向零件外部偏移壳壁，原始模型的外壁成为抽壳的内壁。
- “双向”按钮：向零件内、外部等距离偏移壳壁，即每侧偏移厚度均为总厚度的一半。

五、螺纹

在 Inventor 2020 中，可使用螺纹特征工具在孔或圆柱面（轴、螺栓等）上创建螺纹特征，如图 8-38 所示。Inventor 2020 的螺纹特征实际上不是真实存在的螺纹，而是用贴图的方式实现的效果，这样可以大大地减少系统的计算量，使得特征的创建时间更短，效率更高。单击“三维模型”选项卡内“修改”面板的“螺纹”按钮，打开“螺纹”对话框，如图 8-39（a）所示。

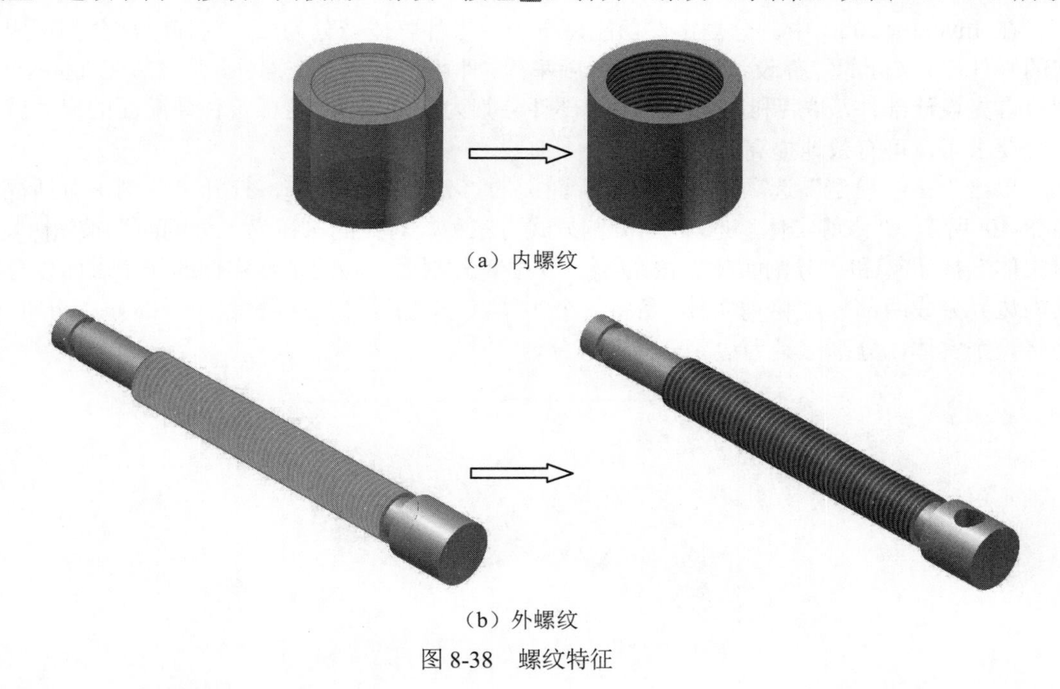

（a）内螺纹

（b）外螺纹

图 8-38　螺纹特征

创建螺纹特征的步骤如下：

（1）在“螺纹”对话框的“面”选项中，选择螺纹所在扩展对话框的表面。

（2）当选中螺纹所在面时，弹出扩展对话框，如图 8-39（b）所示，用于设置螺纹类型、尺寸、规格、类和方向。

（3）在“深度”选项中可指定螺纹为全螺纹，也可指定螺纹相对于螺纹起始面的偏移量和螺纹的长度。

（4）单击“确定”按钮即可创建螺纹。

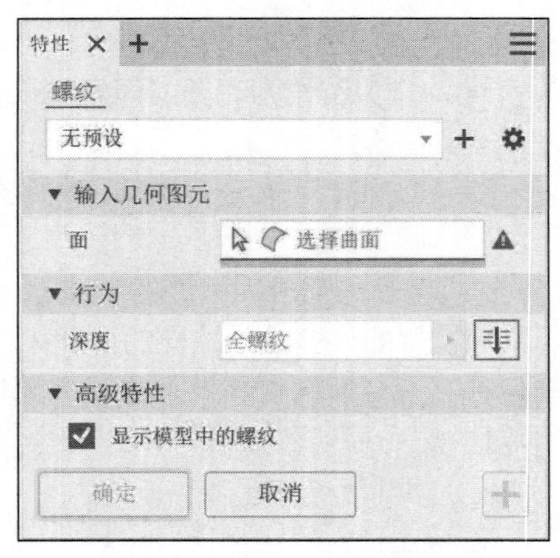

（a）“螺纹”对话框

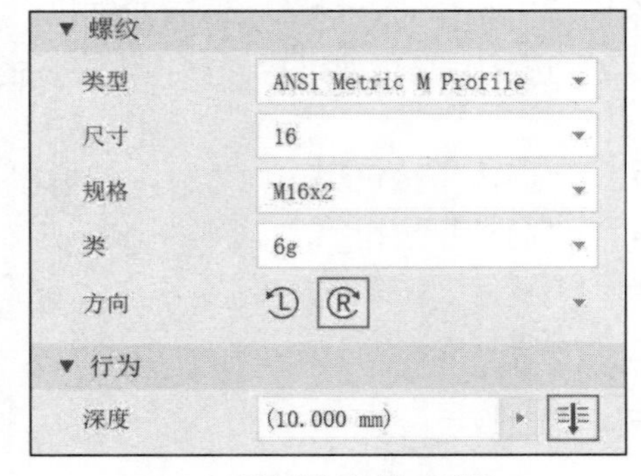

（b）“螺纹”扩展对话框

图 8-39　“螺纹”对话框及其扩展对话框

六、分割

在 Inventor 2020 中，分割零件功能可将一个零件整体一分为二，任何一部分都可成为独立的零件。在实际的零件设计中，如果要求两个零件可装配成一个部件，并且装配面完全吻合，则可首先设计部件，然后利用分割工具把部件分割为两个零件，这样零件装配面的尺寸就完全符合要求了，可有效地提高工作效率。

单击“三维模型”选项卡内“修改”面板的“分割”按钮，打开“分割”对话框，如图 8-40 所示（“修剪实体”选项）。分割方式有三种，对应的按钮为“分割面”按钮、“修剪实体”按钮和“分割实体”按钮。其中“分割面”功能是将实体的一个表面以分割工具为边界分成两部分，“修剪实体”是将一个实体以分割工具为边界删除掉一部分，“分割实体”是将一个实体以分割工具为边界分成两部分。

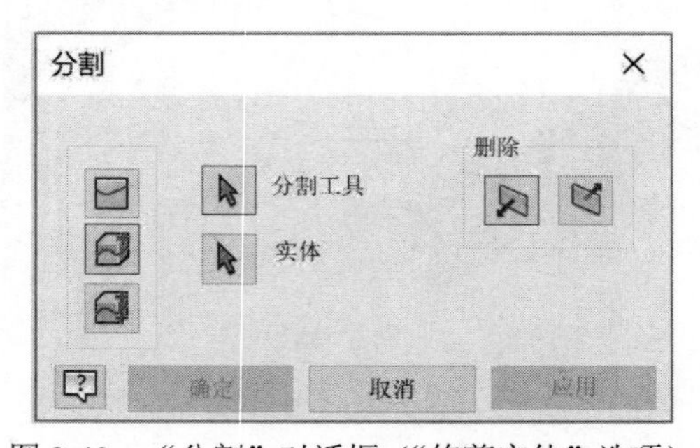

图 8-40　“分割”对话框（“修剪实体”选项）

接下来介绍修剪实体方式的步骤，具体如下：

（1）首先单击“分割工具”按钮，分割工具可以是工作平面或在工作平面或零件面上绘制的分断线，分断线可以是直线、圆弧或样条曲线，也可将曲面体作为分割工具。

（2）选择完分割工具以后，实体会自动选中，用“删除”按钮确定要去除分割产生的部分的那一侧。

（3）单击“确定”按钮即可完成分割，如图 8-41 所示。

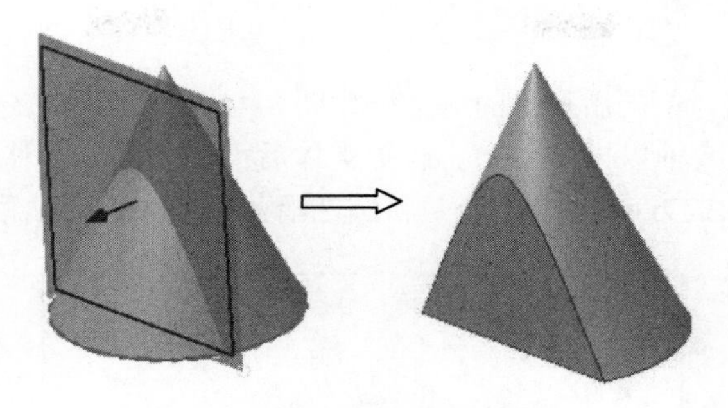

图 8-41　修剪实体预览及结果

七、移动实体

在多实体零件中处理多个实体时，有时必须调整它们的位置，这就要使用移动实体特征。单击“三维模型”选项卡内“修改”扩展面板“移动实体”按钮，打开“移动实体”对话框，如图 8-42 所示。Inventor 2020 提供了三种移动实体的方法。

1．自由拖动

该方法对应按钮，可对一个或多个实体执行无约束的移动，还可以指定确切的值将实体移动到精确的距离。如图 8-42 所示，选中实体后可输入 X、Y、Z 方向偏移量来移动实体。图 8-43 是将圆柱沿 X 方向偏移 10mm 的预览及结果。

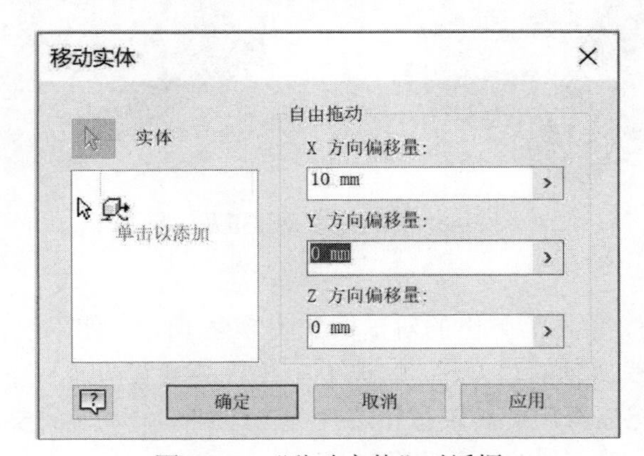

图 8-42　“移动实体”对话框

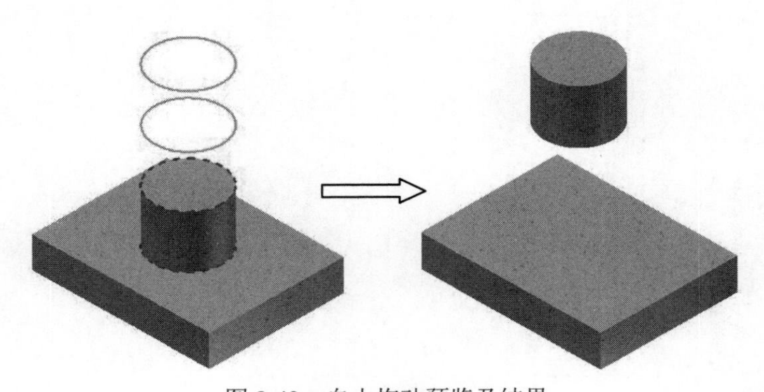

图 8-43　自由拖动预览及结果

2．沿射线移动

该方法对应按钮，单击后弹出的对话框如图 8-44 所示。使用沿射线移动方法可沿线性方向移动实体，指定边或轴以指示方向。选中实体后可输入沿射线移动的偏移量值，然后再用方向按钮选择移动的方向。图 8-45 是将圆柱沿蓝色箭头方向偏移 10mm 的预览及结果。

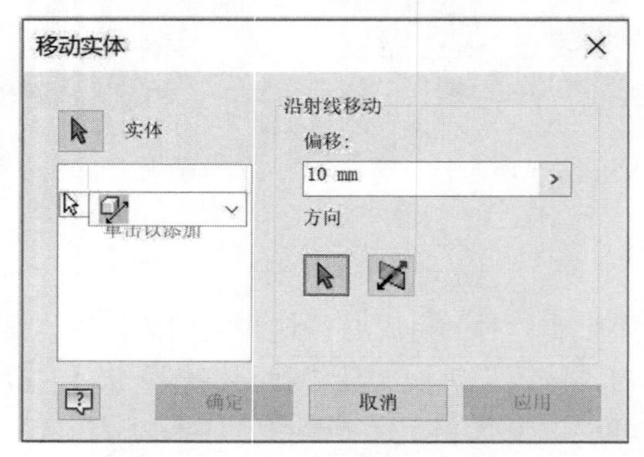

图 8-44　“沿射线移动”选项卡

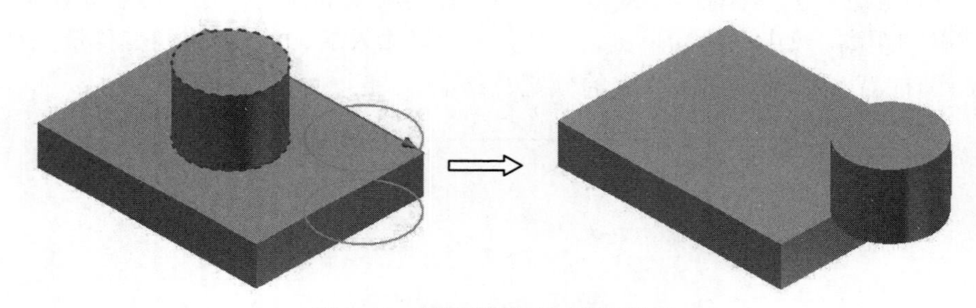

图 8-45　沿射线移动预览及结果

3．绕直线旋转

该方法对应按钮，单击后弹出的对话框如图 8-46 所示。使用绕直线旋转方法可以让一个或多个实体绕指定的线或轴的角度移动。选中实体后可输入精确的绕直线旋转的角度值，也可以执行无约束旋转，然后再用旋转轴按钮选择参考边或轴，如果需要，可翻转方向。图 8-47 是将圆柱沿蓝色箭头方向旋转 90°的预览及结果。

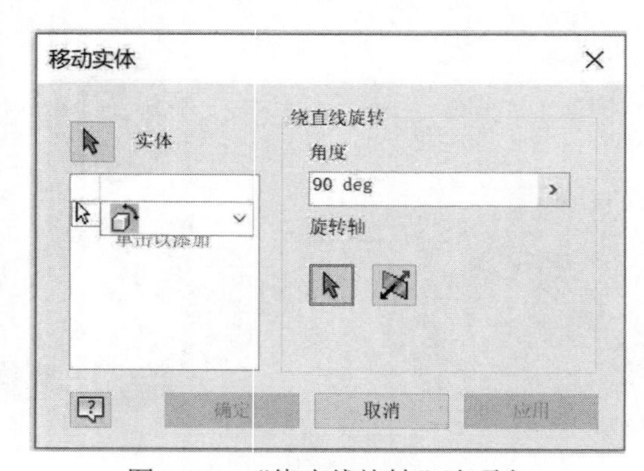

图 8-46　“绕直线旋转”选项卡

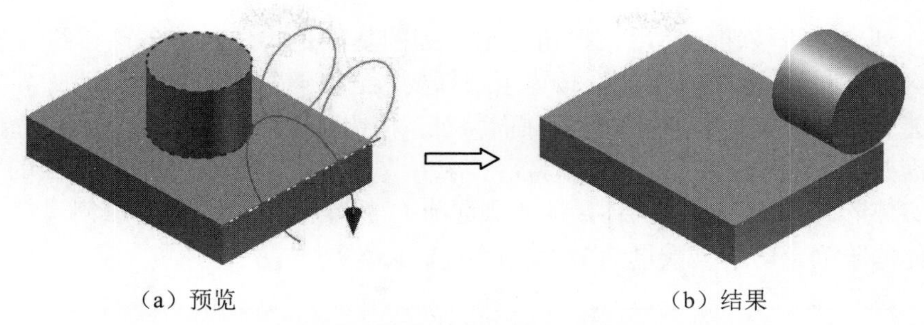

图 8-47　绕直线旋转预览及结果

可分别使用上述方法，也可以使用“单击以添加”将移动操作合并在一起。

第四节　复制特征

阵列特征和镜像特征都可认为是复制特征，都是在已有特征或实体的基础之上进行的有规律的复制。当同一个零件上包含了多个相同的特征或实体，且这些特征或实体在零件中的位置有一定的规律时可使用此类特征。

一、阵列

阵列特征是指按照一定的规律对已有特征或实体进行复制的特征。阵列特征分为矩形阵列和环形阵列两类方式。

1. 矩形阵列

矩形阵列是复制一个或多个特征或实体，并在矩形阵列中沿着单向或双向线性路径以特定的数量和间距来排列生成的引用。其中线性路径可以是直线、圆弧、样条曲线或修剪的椭圆。矩形阵列特征如图 8-48 所示。单击“三维模型”选项卡内“阵列”面板的“矩形”按钮，打开“矩形阵列”对话框，如图 8-49 所示。

图 8-48　矩形阵列特征预览及结果

创建矩形阵列特征的步骤如下：

（1）单击“阵列各个特征”按钮或“阵列实体”按钮。

- “阵列各个特征”按钮。使用该按钮选定阵列的基础是特征，可以是实体特征、定位特征或曲面特征。其中“特征”按钮可选择要阵列的一个或多个特征；“实体”按钮可选择接受上述生成阵列的实体，即生成的阵列特征属于哪个实体。当零件中包含多个实体时，对话框中的“实体”按钮可用，某些特征可以依附于多个实体；如果只有一个实体，则该按钮灰显不可用。

- “阵列实体”按钮。使用该按钮选定阵列的基础是实体，单击该按钮后的对话框如图 8-50 所示。其中“实体”按钮可选择要包含在阵列中的实体，即阵列的基础，且仅能选择一个实体；“包括定位/曲面特征”按钮可在图形区或浏览器中选择一个或多个需要阵列的定位特征或曲面特征；“求并”按钮将阵列附着在选中的实体上，使得实体阵列为一个单一实体，是默认选项；“新建实体”按钮可创建包含多个独立实体的阵列，即阵列数量为多少就产生多少个实体。

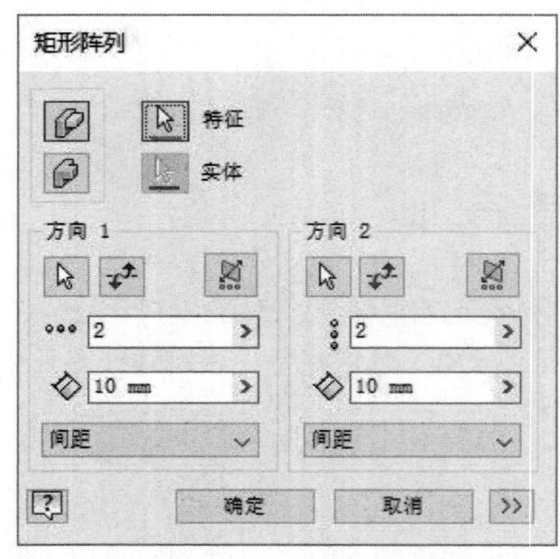

图 8-49 “矩形阵列”对话框

图 8-50 单击“阵列实体”按钮后的对话框

（2）选择阵列的两个方向。用按钮来选择线性路径以指定阵列的方向，路径可以是二维或三维直线、圆弧、样条曲线、修剪的椭圆或边，可以是开放回路，也可以是闭合回路。“反向”按钮用于使阵列方向反向，“中间面”按钮即在原始特征的两侧分布阵列。

（3）指定阵列的数量及阵列特征之间的距离。阵列的数量必须大于零，“方向 1”和“方向 2”都包含阵列数量选项，可分别输入。阵列特征之间的距离可用三种方法来确定，即间距、距离和曲线长度。

- “间距”选项：指定每个特征之间的距离。
- “距离”选项：指定阵列特征的总距离。
- “曲线长度”选项：在指定长度的曲线上平均排列阵列的特征，两个方向上的设置是完全相同的。

（4）单击“确定”按钮完成特征的创建。

2. 环形阵列

环形阵列是指复制一个或多个特征或实体，然后在圆弧或圆中按照指定的数量和间距排列所得到的引用特征，如图 8-51 所示。单击“三维模型”选项卡内“阵列”面板的“环形”按钮，打开“环形阵列”对话框，如图 8-52 所示。

创建环形阵列特征的操作步骤如下：

（1）单击“阵列各个特征”按钮或“阵列实体”按钮。这两个按钮与矩形阵列中的对应按钮的含义和使用方法相同，这里不再详述。单击“阵列实体”按钮后的对话框如图 8-53 所示。

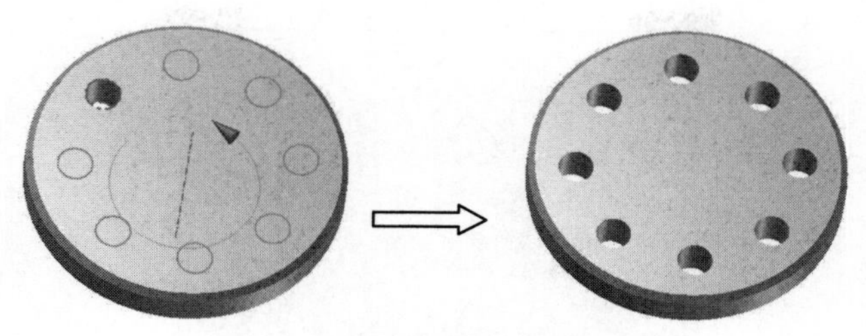

图 8-51　环形阵列特征预览及结果

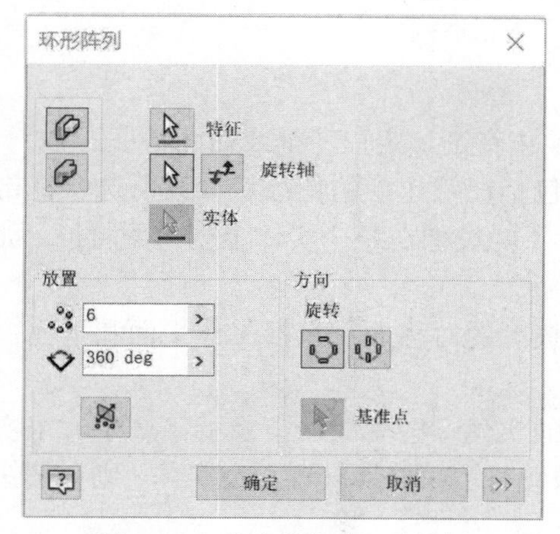

图 8-52　“环形阵列”对话框

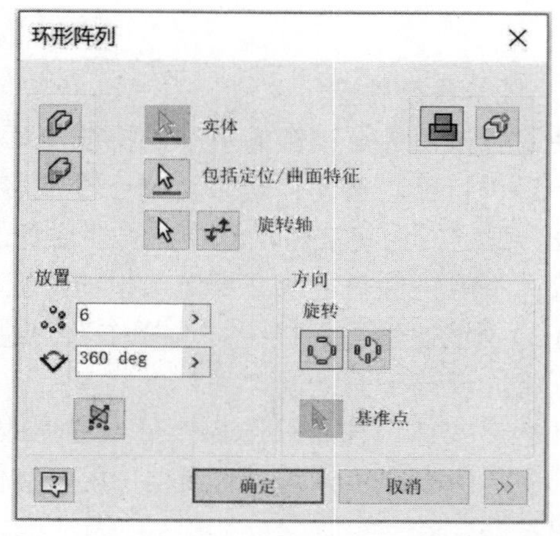

图 8-53　单击“阵列实体”按钮后的对话框

（2）选择旋转轴。旋转轴可以是边线、工作轴以及圆柱的中心线等，它可以与特征在不同平面上。若采用非整圆周阵列，则可用“反向”按钮调整阵列方向。

（3）指定环形阵列的数目。在“放置”选项组中，可指定阵列引用的数目以及分布角度。

（4）在“方向”选项组中设定特征在阵列时是否进行旋转。

（5）单击“确定”按钮完成特征的创建。

二、镜像

镜像特征与平面镜的成像原理相同，可将原有的特征或实体对称放置在镜像平面的另一侧，其效果如图 8-54 所示。可以绕任意工作平面或平面镜像特征或实体，镜像的几何图元包括实体特征、定位特征、曲面特征或整个实体，同时整个实体的镜像允许镜像该实体所包括的复杂特征，如抽壳或扫掠曲面等。单击“三维模型”选项卡内“阵列”面板的“镜像”按钮，打开“镜像”对话框，如图 8-55 所示。镜像特征包括“镜像各个特征”（对应按钮为）和“镜像实体”（对应按钮为）两种方式。

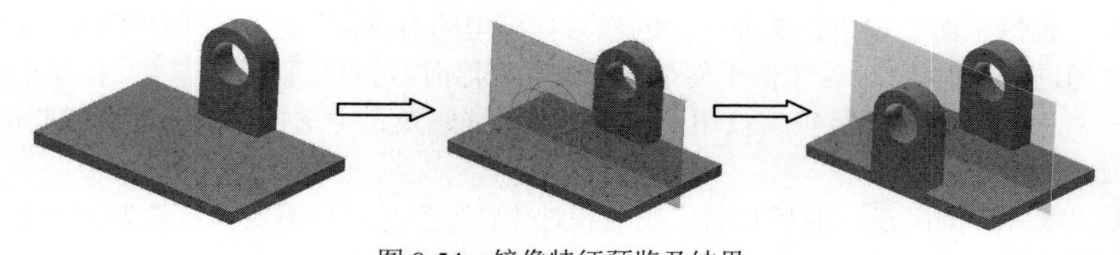

图 8-54　镜像特征预览及结果

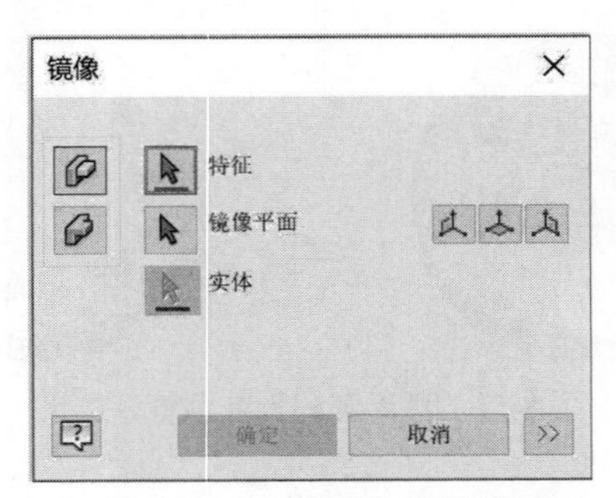

图 8-55 “镜像”对话框

1. 镜像各个特征

使用该按钮选定镜像的基础是特征，可以是实体特征、定位特征或曲面特征。

（1）“特征”按钮：可以选择一个或多个要包括在镜像中的特征。如果所选特征带有从属特征，则它们也将被自动选中。需要注意的是，不能镜像在整个实体上创建的特征，如所有圆角等；不能镜像基于求交操作结果的特征。

（2）“镜像平面”按钮：选择作为创建对称模型的对称面，包括工作平面和平面，选定的特征将通过该平面镜像。

（3）“实体”按钮：选择接受上述生成镜像的实体，即生成的镜像特征属于哪个实体。当零件中包含多个实体时，对话框中的“实体”按钮可用；如果只有一个实体，则该按钮灰显不可用。

2. 镜像实体

使用该按钮选定镜像的基础是实体，单击该按钮后对话框如图 8-56 所示。

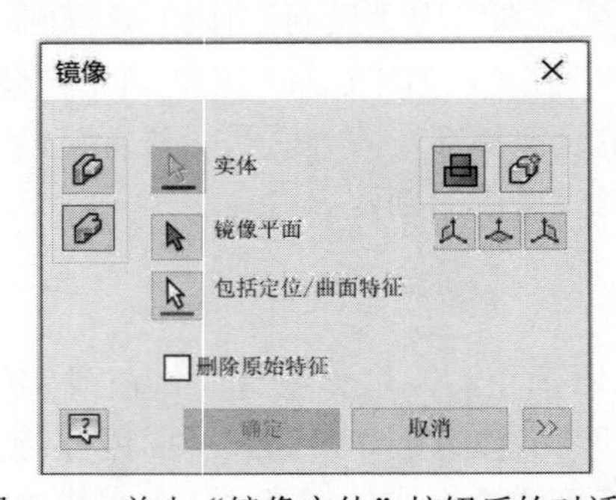

图 8-56 单击“镜像实体”按钮后的对话框

（1）“实体”按钮：选择要包含在镜像中的实体，即镜像的基础，且仅能选择一个实体。当零件中包含多个实体时，对话框中的“实体”按钮可用。在单实体零件中，默认选中整个零件。

（2）“镜像平面”按钮：选择作为创建对称模型的对称面，包括工作平面和平面，选定的特征将通过该平面镜像，若镜像平面是三个基准坐标面，可直接利用按钮进行设置。

（3）“包括定位/曲面特征”按钮：可在图形区或浏览器中选择一个或多个需要镜像的定位特征或曲面特征。

（4）“求并”按钮：将镜像特征附着在选中的实体上，使得实体镜像为一个单一实体，是默认选项。

（5）“新建实体”按钮：创建包含镜像特征的新实体，如果是单实体零件，则转化为多实体零件。

（6）“删除原始特征”复选框：勾选该复选框，将删除镜像的原始实体，零件文件中仅保留镜像引用。使用此功能可以对零件进行对称造型。

第五节　编 辑 特 征

设计过程中，用户创建了特征以后往往需要对其进行修改，以满足设计或装配的要求。对于基于草图的特征，可以编辑草图以编辑特征，还可以直接对特征进行修改；对于非基于草图的放置特征，直接进行修改即可。

一、编辑草图以编辑特征

要编辑基于草图创建的特征，可编辑用来创建特征的草图以编辑特征，具体方法如下：

（1）在浏览器中找到需要修改的特征，选中该特征并右击，将会弹出一个快捷菜单，并从菜单中选择“编辑草图”选项。

（2）进入草图环境后，用户可利用“草图”选项卡中的工具对草图进行所需的修改，可以改变草图的尺寸和约束，增加或移去几何轮廓。如要添加新尺寸，可使用通用尺寸工具，然后单击以选择几何图元并放置尺寸。此处所有的改变都反映在特征中。

（3）当草图修改完毕以后，单击右上角的“完成草图”按钮，将重新返回“三维模型”环境，此时特征将会自动更新。

二、直接编辑特征

对于所有的特征，无论是基于草图的还是非基于草图的，都可直接修改。在浏览器中选择要编辑的特征，右击并从弹出的快捷菜单中选择“编辑特征”选项；或者在图形窗口单击特征，然后单击“编辑特征”按钮，将显示特征草图（如果适用）和特征对话框。在创建该特征时所有的选项都可以被编辑，可根据需要修改特征的具体参数。编辑完成后特征会自动更新。

三、删除特征

要删除特征时，在浏览器中选择要删除的特征，右击并从弹出的快捷菜单中选择“删除”选项，弹出“删除特征”对话框，如图 8-57 所示。

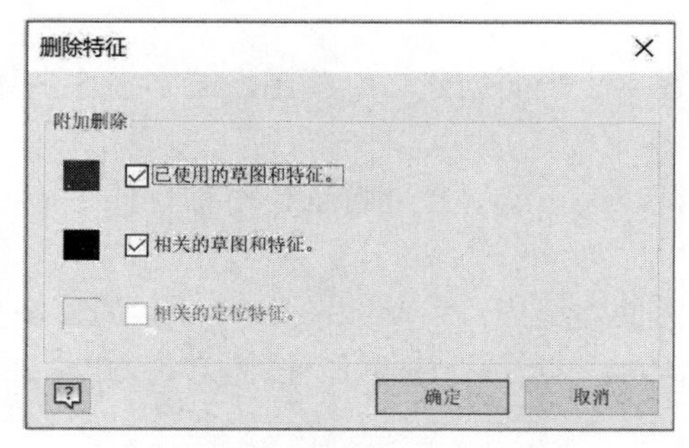

图 8-57　“删除特征”对话框

若勾选“已使用的草图和特征”或“相关的草图和特征”复选框，则相应的草图和特征都将被删除；若取消勾选“已使用的草图和特征”或“相关的草图和特征”复选框，则只删除相应的特征，而不删除草图。保留的草图可用来重新创建新的特征，并选择不同的特征类型。

四、抑制特征

在浏览器中选择某个特征并右击，在弹出的快捷菜单中选择“抑制特征”选项，即可抑制该特征。特征被抑制后在零件模型上看不见此特征，同时浏览器中该特征灰显，并在后面备注有“抑制”字样。

如果想要取消被抑制的特征，可在浏览器中选中该特征并右击，在弹出的快捷菜单中选择“解除特征抑制”选项，该特征可重新显示在零件模型中。

第六节　综 合 举 例

例 8-1　创建如图 8-58 所示组合体的模型。

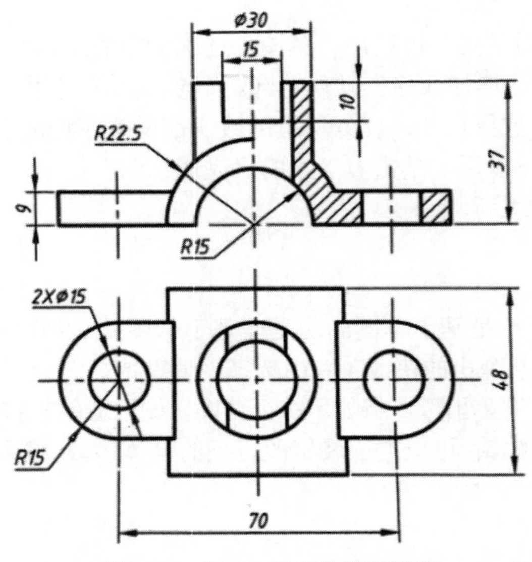

图 8-58　例 8-1 组合体模型视图

操作步骤：

（1）新建零件文件。

（2）进行主体造型。在 XY 平面创建二维草图，绘制零件主体的半圆形轮廓，圆心置于坐标原点，如图 8-59 所示。

（3）退出草图。在特征环境下选择拉伸特征，对称拉伸主体，拉伸距离为 48mm，效果如图 8-60 所示。

（4）选择半圆柱的底面创建草图，绘制如图 8-61 所示的草图轮廓。

（5）退出草图。在特征环境下选择拉伸特征，拉伸方式为“求并”，向上拉伸距离为 37mm，效果如图 8-62 所示。

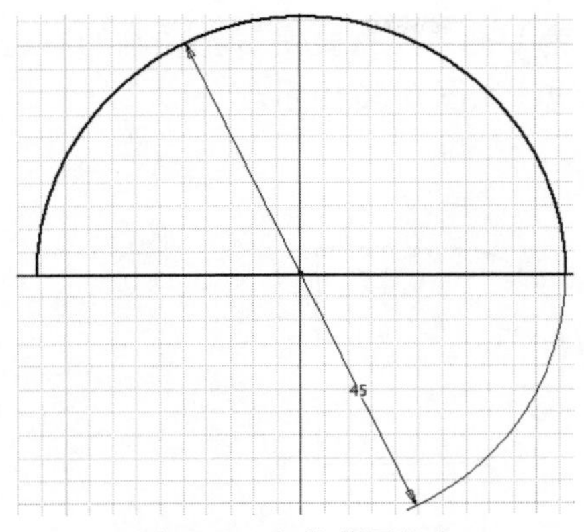

图 8-59　主体草图轮廓

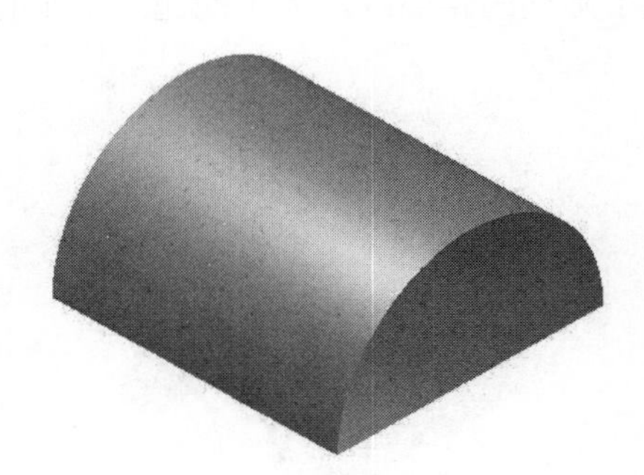
图 8-60　主体拉伸

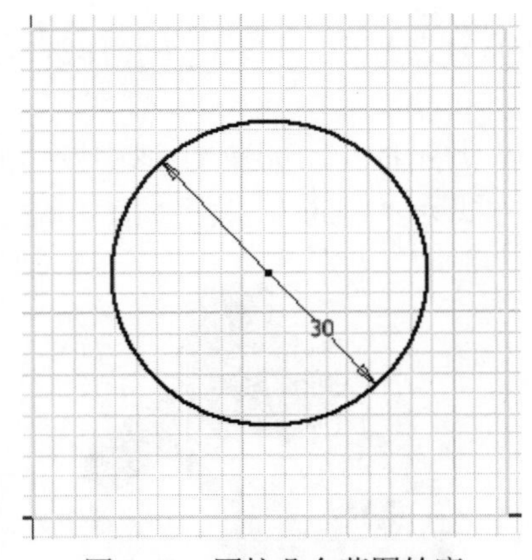

图 8-61　圆柱凸台草图轮廓

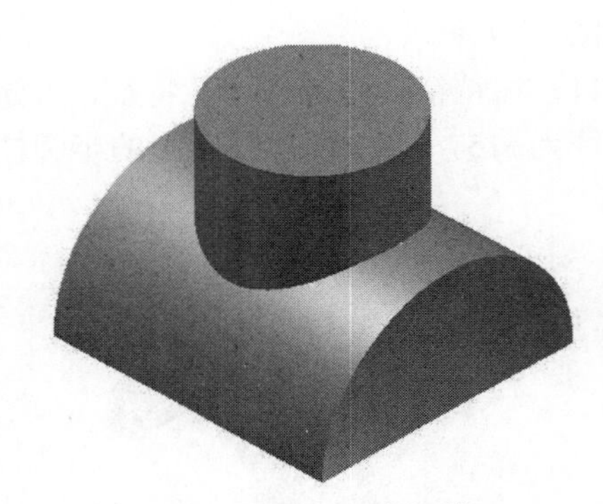
图 8-62　圆柱凸台拉伸

（6）在特征环境下选择孔特征，并选择“同心”方式打孔。在水平圆柱的前端面打孔，直径为$\phi 30$，在直立圆柱凸台的上端面打孔，直径为$\phi 20$，两个孔分别与对应的圆柱面同心，终止方式均为“贯通”，如图 8-63 所示。

（7）在浏览器中选择原始坐标系的 XY 平面，创建前后贯通的矩形槽草图，效果如图 8-64 所示。

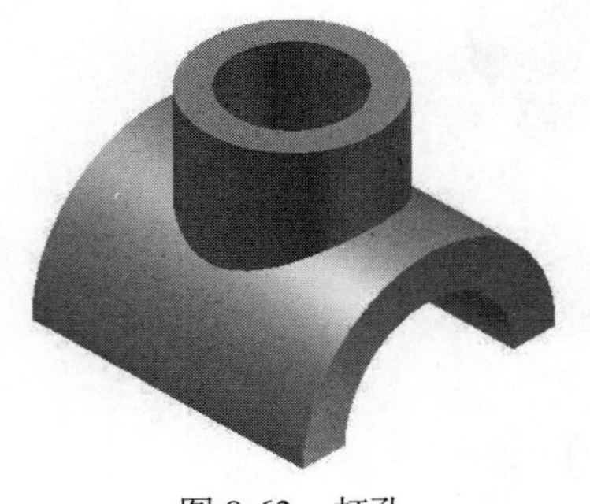
图 8-63　打孔

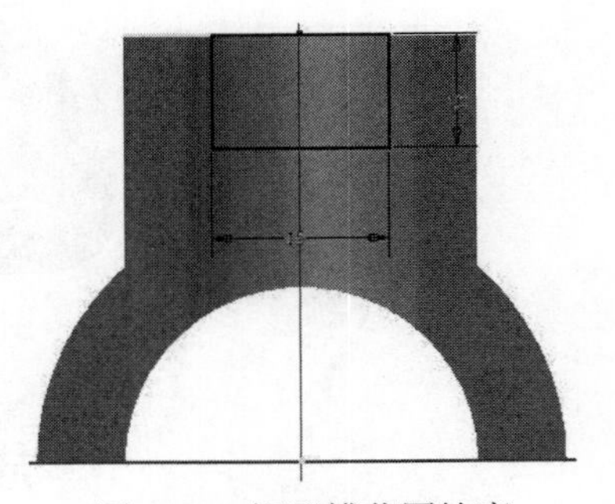
图 8-64　矩形槽草图轮廓

（8）退出草图。在特征环境下选择拉伸特征，拉伸方式为“求差”，两侧对称拉伸，拉伸范围为“贯通”，效果如图 8-65 所示。

（9）选择水平圆柱的底面创建草图，草图轮廓为U形，注意要使U形轮廓的右边线向右超过水平圆柱的轮廓线，但不能超过水平孔的轮廓线，如图8-66所示。

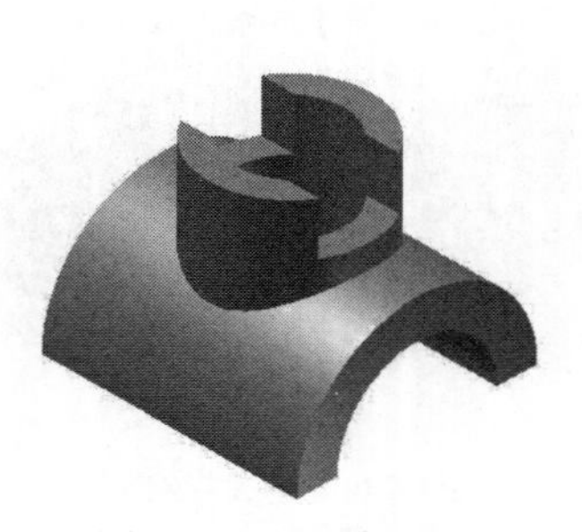

图8-65　矩形槽拉伸

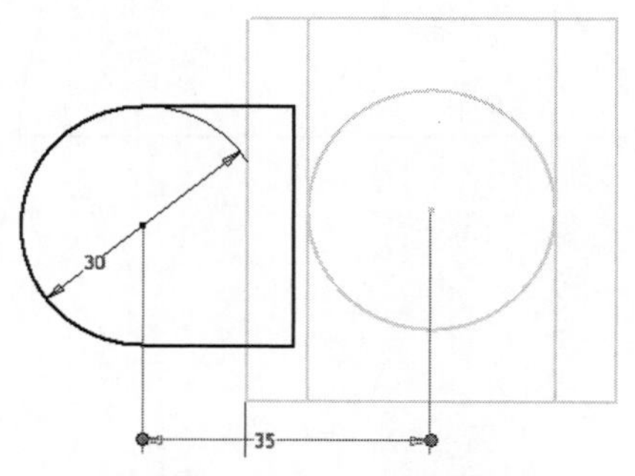

图8-66　U形底板草图轮廓

（10）退出草图。在特征环境下选择拉伸特征，拉伸方式为“求并”，向上拉伸距离为9mm，效果如图8-67所示。

（11）在特征环境下选择孔特征，并选择“同心”方式打孔。选择U形底板的上表面打孔，直径为$\phi15$，同心参考为U形的半圆柱面，终止方式为“贯通”，效果如图8-68所示。

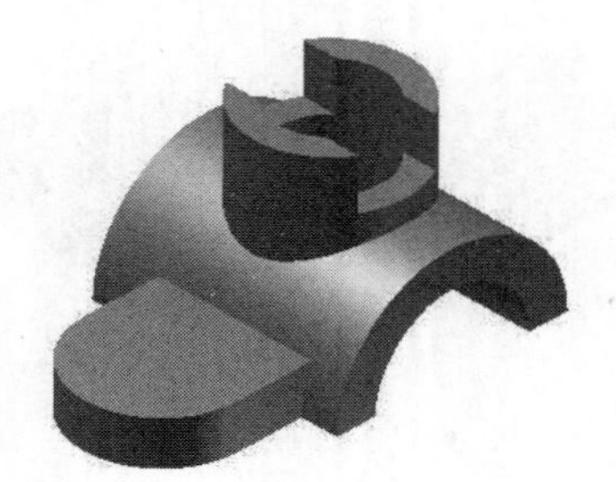

图8-67　U形底板拉伸

图8-68　U形底板打孔

（12）在特征环境下选择镜像特征，选择U形底板及其上的孔，镜像平面选择原始坐标系的YZ平面。至此，组合体的造型完成，造型结果如图8-69所示。

图8-69　造型结果

思考与练习

1．在Inventor 2020中如何确定模型的三维观察方向？

2．在Inventor 2020中利用草图建模时，可用于绘制草图的面有哪些？

第九章　装 配 设 计

装配设计主要是对零部件进行装配和编辑，是基于装配关系的关联设计。在 Inventor 2020 部件装配环境中，可将已有零部件载入进行装配。在检查各零部件的设计是否满足设计要求的同时，还可对不合要求的零部件进行修改。本章主要介绍装配环境、项目管理、装入零部件、装配约束等。

第一节　装配设计基础

一、装配设计的概念

装配设计有以下三种基本方法：

（1）自上而下。应用这种方法，所有的零部件设计将在装配环境中完成。可以先创建一个装配空间，然后在这个装配空间中设计相互关联的零部件。

（2）自下而上。应用这种方法，所有的零部件将在其他零件或部件装配环境中单独完成，然后添加到新创建的部件装配环境中，并通过添加约束使之相互关联，完成装配。

（3）从中间开始。这种方法在实际工作中较为常见，首先可以按照自下而上的方法装入已经设计好的通用件或标准件，然后在装配环境中设计专用的零件。

Inventor 2020 部件装配环境可以同时满足以上三种设计方法的需要。在装配环境中，可以装入已有零部件、创建新的零部件、对零部件进行约束、管理零部件的装配结构等。

二、部件装配环境

启动 Inventor 2020，选择“新建”，在“新建文件”对话框中，选择 Standard.iam 图标按钮，然后单击“创建”按钮进入部件装配环境。部件装配环境主要包括部件工具面板和浏览器，分别如图 9-1（a）和图 9-1（b）所示。

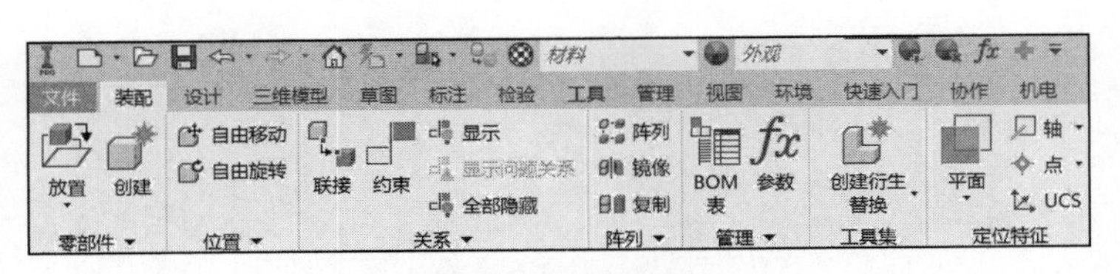

（a）部件工具面板

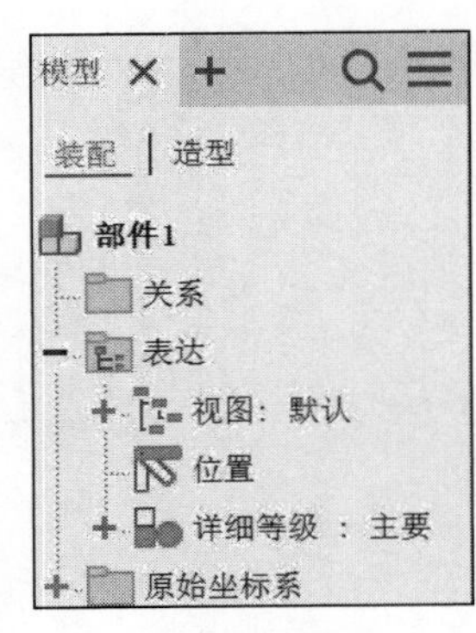

（b）浏览器

图 9-1　部件工具面板和浏览器

1. 部件工具面板

部件装配环境中的工具面板提供了部件装配设计的基本工具图标按钮。利用该面板可以装入、创建零部件；对其他零件、特征或子装配体进行装配，用装配约束来约束零件位置；进行替换、阵列、镜像零部件；对零部件进行打孔、倒角等操作。

2. 浏览器

浏览器以装配层次的结构树形式呈现部件内容，其主要功能有显示部件中各零部件之间的装配约束关系以及装配下的建模特征等。

三、项目设置

1. 项目文件

项目是 Inventor 2020 用来进行设计数据管理的机制之一。一个设计是由相互关联的零件、部件、工程图等几类文件，以及一些相关的资源文件组成的。而在 Inventor 2020 中，就是用“项目”功能来组织这些资源文件、维护文件之间的链接、管理访问以及维护各零部件之间的关联关系的。

2. 创建新项目

在进行一项设计工作之前，需要在应用程序中创建一个属于该设计工作的项目文件。启动 Inventor 2020 后，选择“快速入门”选项卡内“启动”面板上的“项目”按钮，将弹出“项目”初始对话框，如图 9-2 所示。单击“新建”按钮，弹出“Inventor 项目向导”对话框，如图 9-3 所示。选定需要创建的项目类型，单击“下一步”按钮，进入“Inventor 项目向导”对话框 2，如图 9-4 所示，要求输入项目名称和指定项目文件夹。

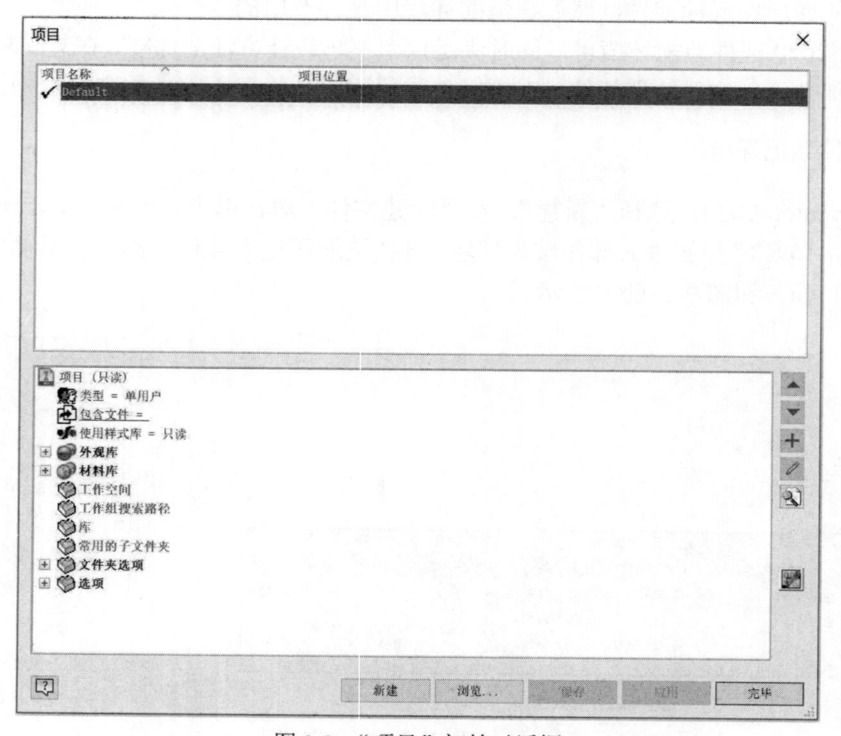

图 9-2 “项目”初始对话框

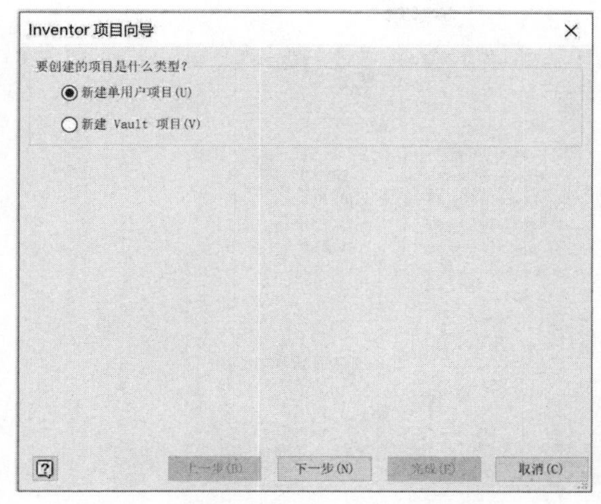

图 9-3　“Inventor 项目向导”对话框（一）

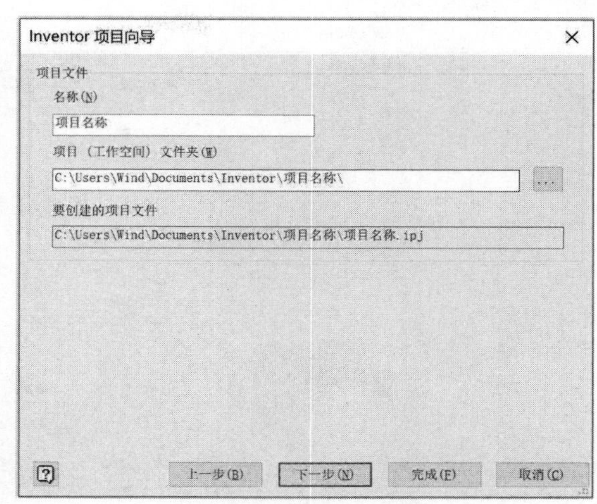

图 9-4　“Inventor 项目向导”对话框（二）

说明：在图 9-3 中所列的项目类型解释如下：

（1）新建单用户项目：用于设计文件不会被共享的设计过程。所有设计文件都放在一个工作空间文件夹及其子目录中。

（2）新建 Vault 项目：只有在安装 Autodesk Vault 之后才可以选择。这是支持并行设计的设计文件管理模式，可支持多用户参与这个项目。

指定项目名称和工作空间、项目文件夹位置，单击“完成”按钮。完成后即在图 9-2“项目”初始对话框的“项目名称”栏中增加了新建项目。选中项目列表中的项目后，单击对话框中的“应用”按钮，该项目将被置为当前的激活项目。

第二节　零部件基础操作

一、装入零部件

利用已有零部件创建装配体，需要先将零部件装入部件装配环境。依次选择“装配”选项卡内“零部件”面板上的“放置”按钮，弹出“装入零部件”对话框，如图 9-5 所示。在对话框中选定要装入的零件或子装配体文件后单击“打开”按钮，Inventor 2020 将开始自动装入。单击鼠标左键将其放置到大致位置，可以通过连续单击左键装入多个零部件，右击并在弹出的快捷菜单中单击“确定”按钮或者按 Esc 键可结束装入。

说明：如果在通过“工具”选项卡点选弹出的“应用程序选项”对话框的“部件”选项卡中勾选“在原点处固定放置第一零部件”复选框，则第一个进入部件装配环境的零部件的六个自由度均被限制，使其完全定位，并使该零部件的原始坐标系与部件装配环境中的原始坐标系重合。第一个装载的零部件在浏览器图标上有固定标志。如需改变，在被固定的零部件上右击，在弹出的快捷菜单中单击“固定”前的符号“√”即可解除限定。同样，可以在右击弹出的快捷菜单中根据需要选中固定其他零部件，使零部件的位置保持不变。

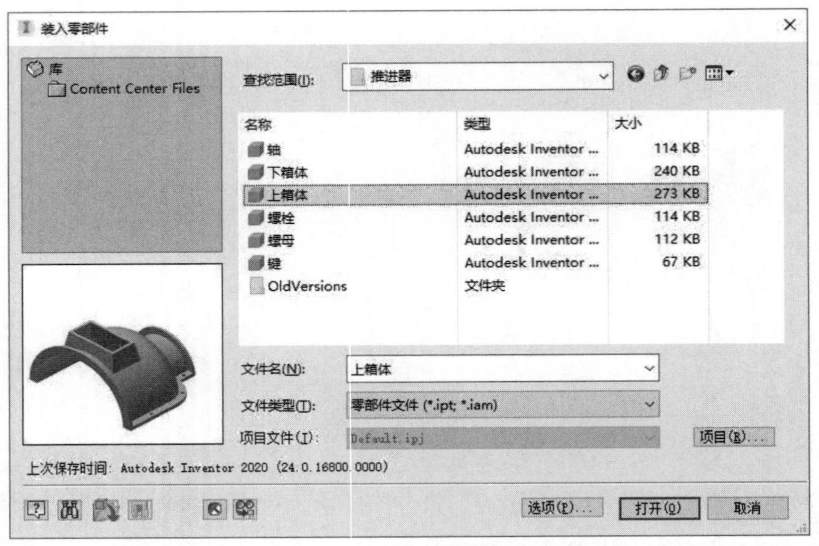

图 9-5　“装入零部件”对话框

二、编辑零部件

在装配环境下也可以对零部件进行编辑操作，以适应新的装配要求。对于需要修改的零部件，可在图形区或浏览器中，双击要编辑的零部件，Inventor 2020 将进入零件建模环境中。

进入编辑状态后，就如同零件被打开，Inventor 显示零件环境下的相关命令，同时其他零件处于非激活状态。装配环境下的零件编辑状态如图 9-6 所示。在零件编辑修改完成后，单击功能面板上的“返回”按钮，回到原部件装配环境中。

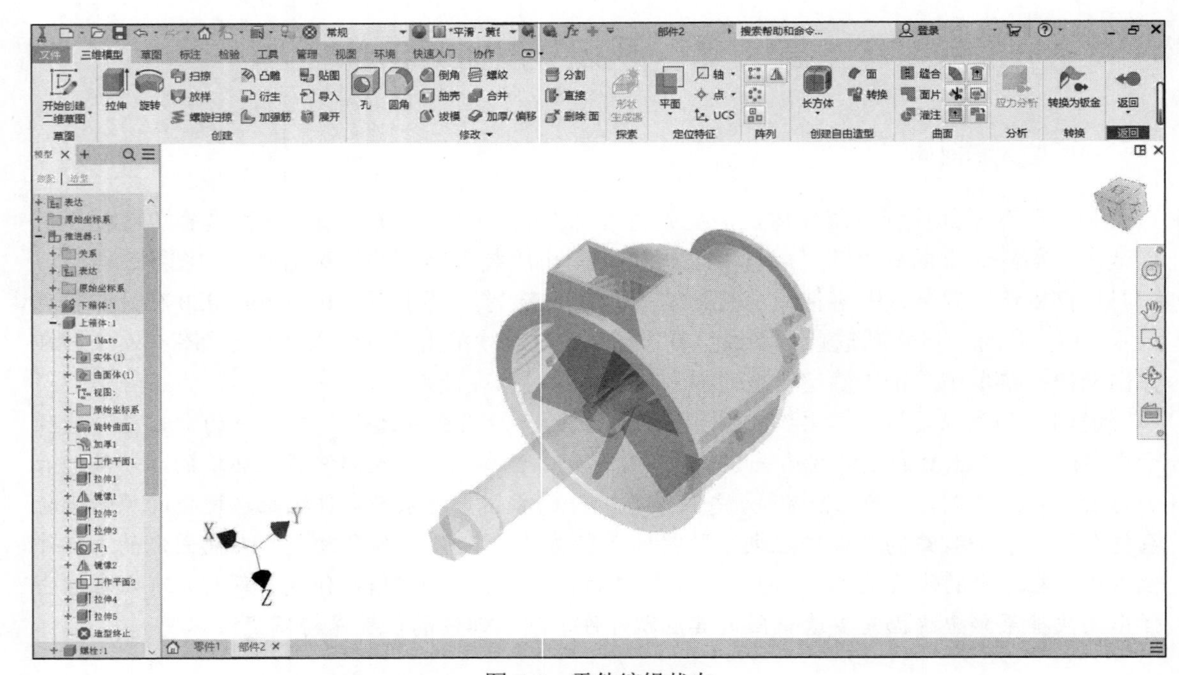

图 9-6　零件编辑状态

如果需要对其他零部件进行编辑，可以直接双击另一需要编辑的零部件进行激活，当前状态自动退出，切换到另一零部件的编辑环境。

三、阵列零部件

1. 功能

对于数量较多且空间分布呈一定规律的零部件的装配，Inventor 2020 具有在部件装配环境中的阵列零部件功能，以此来减少重复性工作，提高设计效率。

2. 命令调用

执行“装配”选项卡→“零部件”面板→“阵列”命令，弹出“阵列零部件”对话框，如图 9-7 所示。

图 9-7　“阵列零部件”对话框“关联阵列”选项卡

3. 说明

零部件的阵列有“关联阵列”、“矩形阵列”、“环形阵列”三种模式。“阵列零部件”对话框中的主要选项介绍如下：

（1）“零部件”按钮：选择需要被阵列的零部件，可选择一个或多个零部件进行阵列。

（2）“特征阵列选择”选项组：选择零部件上已有的特征作为阵列的参照。

（3）“关联阵列”按钮：关联阵列是以零部件上已有的阵列特征作为参照进行的阵列。

（4）“矩形阵列”和“环形阵列”按钮：零部件矩形阵列和环形阵列的方法与零件建模环境中对特征阵列的方法类似。通过指定数量和间距，矩形阵列可将零部件按照行和列排列，其选项卡如图 9-8 所示。通过指定数量和角度间距，环形阵列可将零部件以圆形或弧形进行排列，其选项卡如图 9-9 所示。

注意：阵列后生成的零部件与源零部件相互关联，并继承了源零部件的装配约束关系。也就是说，对阵列零部件当中的任意一个做出修改，其结果都会影响到其他零部件。若需使某一零部件中断与阵列的链接，以便移动或删除它，可在浏览器中将代表该零部件的“元素”选中，并在其上右击，选择弹出的快捷菜单栏中的“独立”命令，此零件便将被独立。

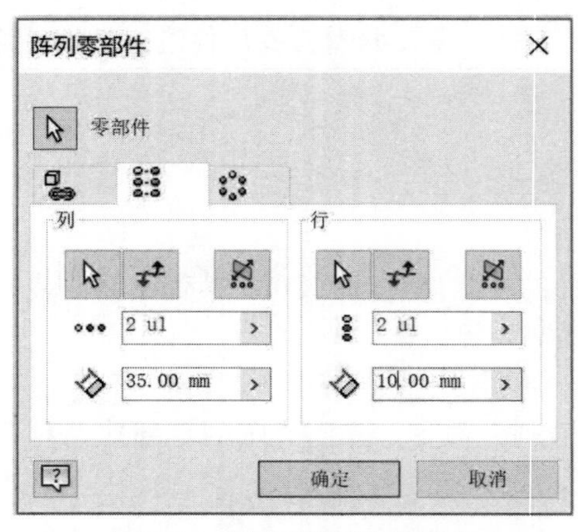

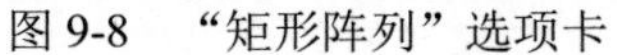
图 9-8 “矩形阵列”选项卡

图 9-9 “环形阵列”选项卡

例 9-1 用关联阵列完成如图 9-10 所示零部件的装配。

操作步骤：

（1）在“零部件”面板上选择“阵列”按钮，打开“阵列零部件”对话框，该对话框默认状态下为关联阵列。

（2）单击对话框中的“零部件”按钮，然后在窗口选择零件“螺钉”。

（3）单击对话框中“特征阵列选择”选项组中的按钮，然后在零部件上选择阵列孔特征作为参照。此例中选择原有零件上的孔为阵列特征，如图 9-11 所示。

（4）单击“确定”按钮完成阵列。

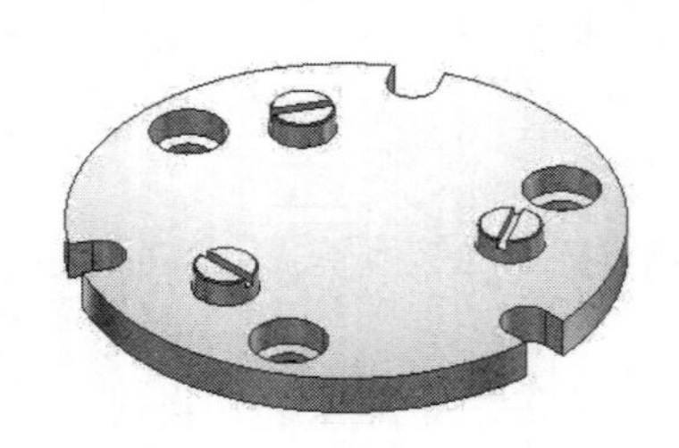
图 9-10 螺钉阵列

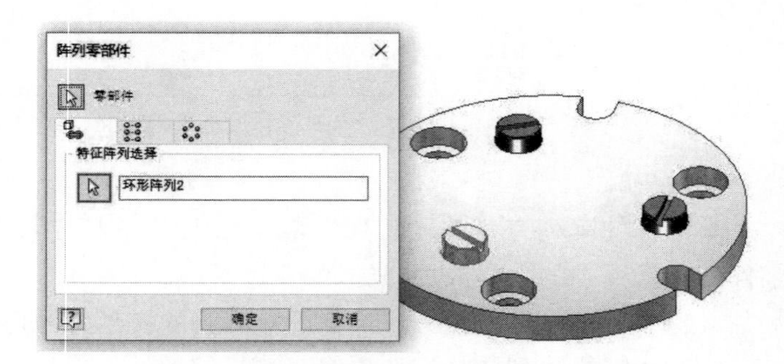

图 9-11 选择需要阵列的零部件及阵列特征

注意： 应用关联阵列中所关联的特征是图 9-11 零件中孔的环形阵列特征，该阵列是关联零件建模中的环形阵列特征而进行的阵列。如果图 9-11 零件中的孔不是以环形阵列生成的，则零部件的阵列不可选用关联阵列的方式，这时可选用零部件阵列中的环形阵列方式达到相同目的。

四、镜像零部件

1. 功能

对于一些对称零件，可以先创建其中一个，利用镜像来精确创建另一个对称件。镜像零部件可以提高对称零部件的设计、装配效率。部件装配环境中“镜像”的含义与零件建模环境中的相同。

2. 命令调用

在“装配”选项卡内“阵列”面板中选择“镜像”按钮。执行该命令将弹出“镜像零部件：状态”对话框，如图 9-12 所示。

图 9-12　“镜像零部件：状态”对话框

3. 说明

“镜像零部件：状态”对话框中包含“零部件”按钮和“镜像平面”按钮。

（1）“零部件”按钮：选择需要镜像的零部件，可选择一个或多个零部件。

（2）“镜像平面”按钮：选择镜像平面，可将工作平面或零部件上的平面指定为镜像平面，对话框还包含了基准坐标面的快捷按钮。

注意：镜像产生的零部件与源零部件间保持关联关系，若对源零部件进行编辑，由源零部件镜像产生的零部件也会随之发生变化。

五、控制零部件的可见性

在部件装配环境中，零部件可能会因相互遮挡给部件设计以及零部件后续装配造成不便，因此需要对零部件的可见性进行控制。

零部件可见性控制有以下两种途径。

1. 可见

图 9-13 为推进器的装配体，装配体中的涡轮被上箱体遮挡。如果需要观察被遮挡的部分，可在浏览器中右击上箱体，在弹出的快捷菜单中取消“可见性”选项的选中记号“√”，即关闭上箱体的可见性，得到如图 9-14 所示的结果。如需要恢复，同样可在右击弹出的快捷菜单中选中“可见性”。

图 9-13　推进器

图 9-14　上箱体取消“可见性”

2. 隔离

如果需要对推进器的轴单独进行观察，可在浏览器或零部件模型的轴上右击，在弹出的快捷菜单中选择“隔离”，此时可将该轴与零部件相隔离，对其进行单独观察，得到如图 9-15 所示的结果。若要解除隔离，可用同样的方法在右击弹出的快捷菜单中选择“撤消隔离”。

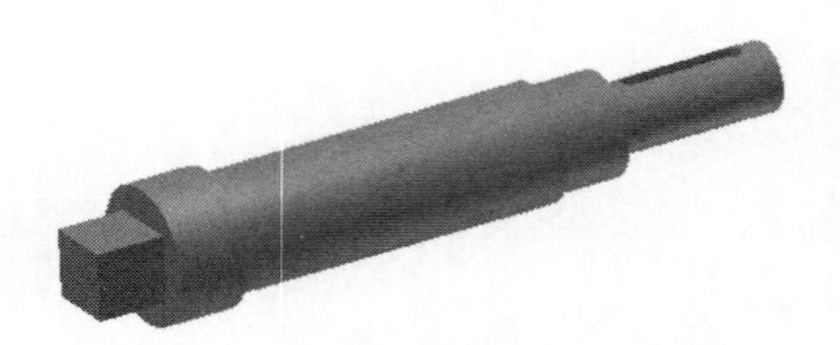

图 9-15　轴被隔离

第三节　零部件装配约束

装配约束决定了部件中零件结合在一起的方式。装配约束被用来限制零件的自由度，使零部件正确定位或按照指定的方式运动。

在部件功能块中单击“关系”面板上的“约束”图标按钮，打开“放置约束”对话框，如图 9-16 所示。应用该对话框可为零部件添加装配约束。

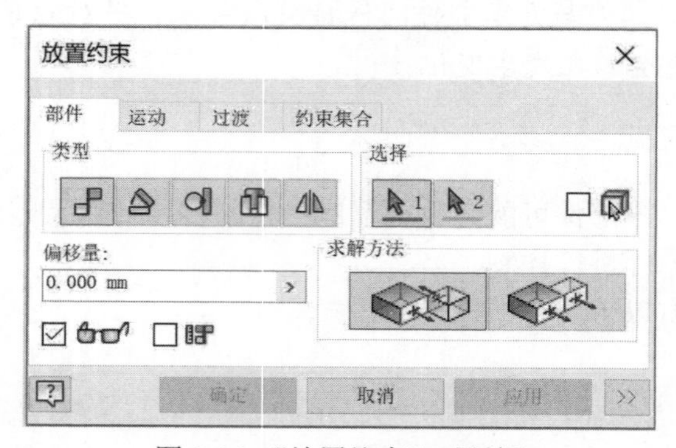

图 9-16　“放置约束”对话框

“放置约束”对话框提供六种基本约束类型。其中，“部件”选项卡中提供了“配合”、“角度”、“相切”、“插入”和“对称”五种位置约束，用来使零部件正确定位；而“运动”和“过渡”选项卡则提供用于定义零部件间相对运动关系的约束。

一、配合约束

配合约束主要用于将不同零部件的两个表面朝相反（配合）或相同（表面平齐）的方式放置，也可用于添加点、线、面之间的平行、重合类的位置约束。单击“放置约束”对话框中按钮，对话框如图 9-16 所示。

（1）“配合”按钮：若应用约束的对象为平面，则约束后的两平面的法线方向相反，使不同零件的两个平面以“面对面”的方式放置。

（2）“表面齐平”按钮：若应用约束的对象为平面，则约束后的两平面的法线方向相同，使不同零件的两个平面以“肩并肩”的方式放置。

（3）“第一次选择”按钮：用来选择需要应用约束的第一个零部件上的平面、线或点。

（4）“第二次选择”按钮：用来选择需要应用约束的第二个零部件上的平面、线或点。

（5）“先单击零件”按钮：此功能常用于零部件的位置较为接近或零部件之间相互遮挡的情况。使用此功能对几何图元的选择将分两步进行，第一步指定要选择的几何图元所在的零部件，第二步选择具体的几何图元。

（6）“偏移量❾文本框：指定零部件之间相互偏移的距离。

例 9-2　应用配合约束，装配图 9-17 所示的合页。

图 9-17　合页零件

操作步骤：

（1）在“放置约束”对话框的“部件”选项卡中单击按钮。选择“合页 1”转轴的侧面与“合页 2”转轴的侧面，如图 9-18 所示，然后单击“确定”按钮。这样两合页的转轴共线且能绕自身轴线旋转，而其余自由度均未限定，满足了两个合页可共轴转动的装配要求。

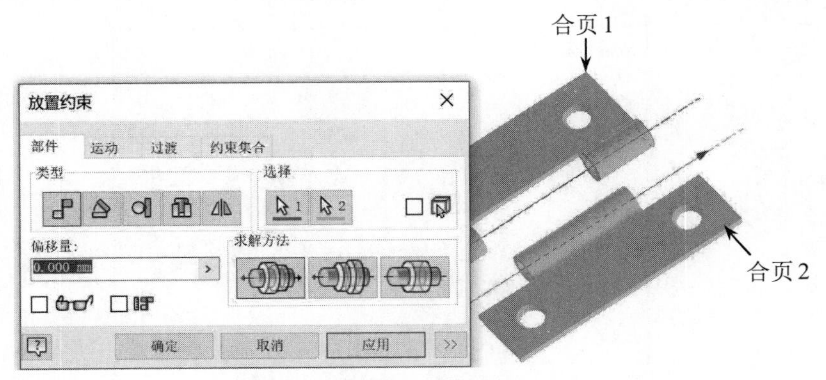

图 9-18　配合约束共轴旋转

（2）在“放置约束”对话框的“部件”选项卡中单击按钮，并在“求解方法”中单击“配合”按钮。然后分别选择“合页 1”与“合页 2”在装配后互相贴合的端面，如图 9-19 所示。单击“确定”按钮完成约束。

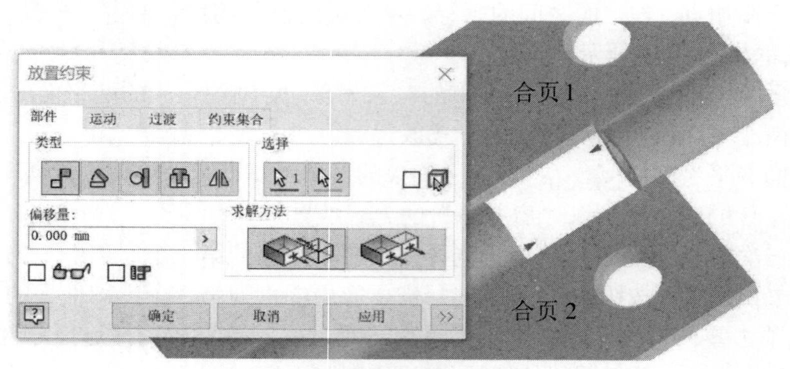

图 9-19　配合约束表面贴合

（3）至此，部件“合页”中的各零件均已满足装配要求，效果如图 9-20 所示。可用鼠标拖住任一合页转动，观察其开合。

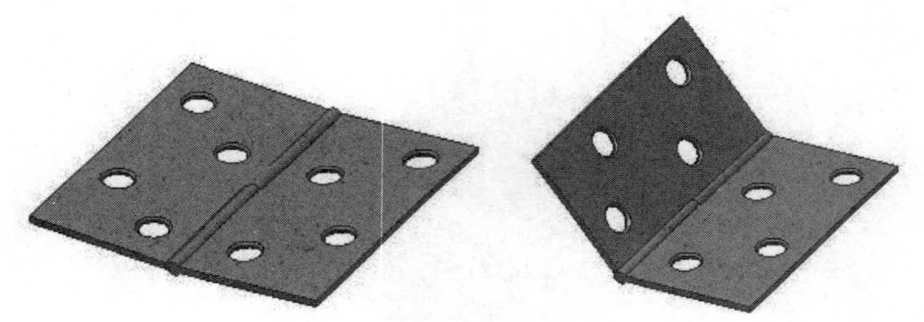

图 9-20　完成配合约束

二、角度约束

角度约束用来控制直线或平面之间的角度。选择“放置约束”对话框中的按钮，对话框如图 9-21 所示。在“求解方法”选项组中从左到右的按钮依次对应三种角度约束方式：

（1）“定向角度”按钮：定义的角度具有方向性，该方向由右手定则确定。

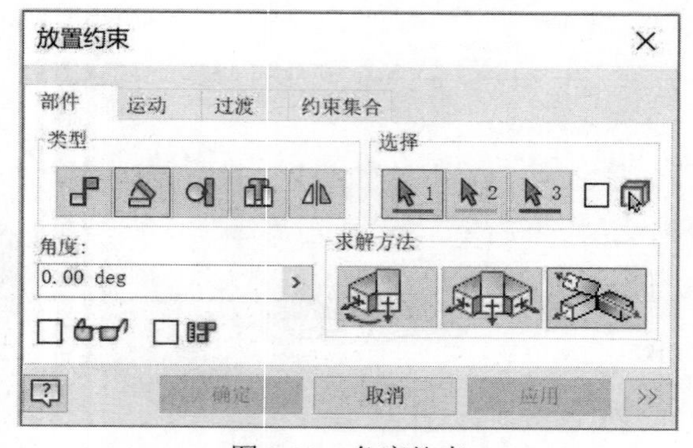

图 9-21　角度约束

（2）“未定向角度”按钮：定义的角度不具有方向性，只具有限制大小的作用。

（3）“明显参考矢量”按钮：可通过向选择过程添加第三次选择来定义 Z 轴矢量的方向。

在“角度”文本框中可输入角度约束的线、面之间夹角的大小。

例 9-3　应用角度约束，将如图 9-22（a）所示的合页装配至图 9-22（b）的状态，部件中的“合页 1”与“合页 2”的夹角成 90°，即将合页打开。

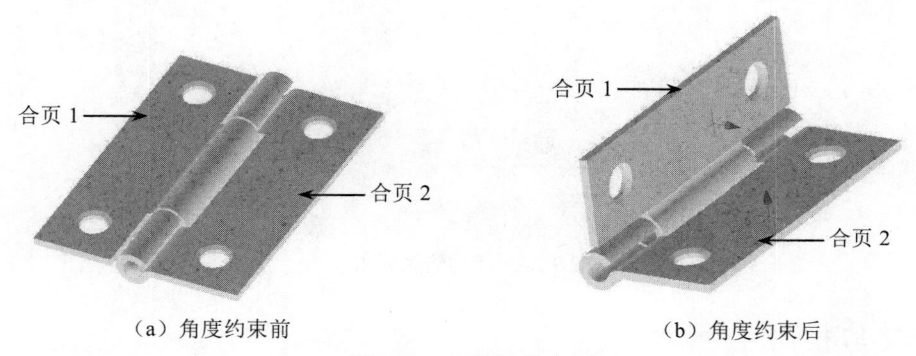

（a）角度约束前　　（b）角度约束后

图 9-22　角度约束应用

操作方法：

在刚才配合约束的基础上，打开“放置约束”对话框，单击角度约束中的“定向角度”按钮。分别选择“合页 1”和“合页 2”上的两个面，设置角度为 90°，单击“确定”按钮完成约束。

三、相切约束

相切约束用于确定平面、柱面、球面、锥面和规则样条曲线之间的位置关系，可使两个实体的元素（平面、曲面）在切点处或切线处接触。在“放置约束”对话框中单击按钮，对话框如图 9-23 所示。相切约束的“求解方法”有两种方式：“内边框”（内切对应按钮）和“外边框”（外切对应按钮）。

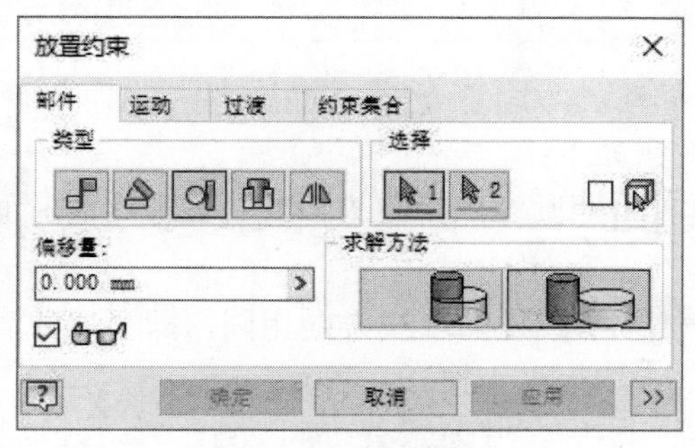

图 9-23　相切约束

例 9-4　应用相切约束，完成如图 9-20 所示的装配。

操作方法：

（1）单击“关系”面板上的“约束”按钮，选择相切约束类型，并在“求解方法”选项组中单击“内边框”按钮。然后分别选择“合页1”的内圆柱面和“合页2”的外圆柱面，如图9-24所示。

（2）再按照例9-1中步骤（2），使相互接触的面配合，完成装配。

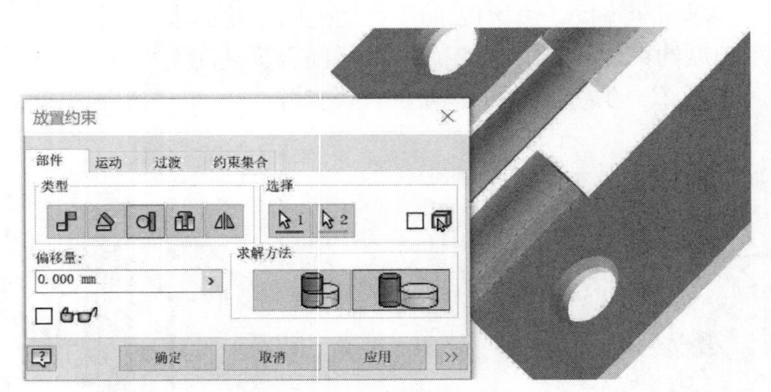

图9-24　相切约束应用

四、插入约束

插入约束用于描述具有圆柱特征的几何体之间的位置关系，是同时使用面-面约束和线-线约束的复合约束，即在两零部件表面平齐的同时，使两个零部件轴线对齐约束。

在“放置约束”对话框中单击按钮后，对话框如图9-25所示。

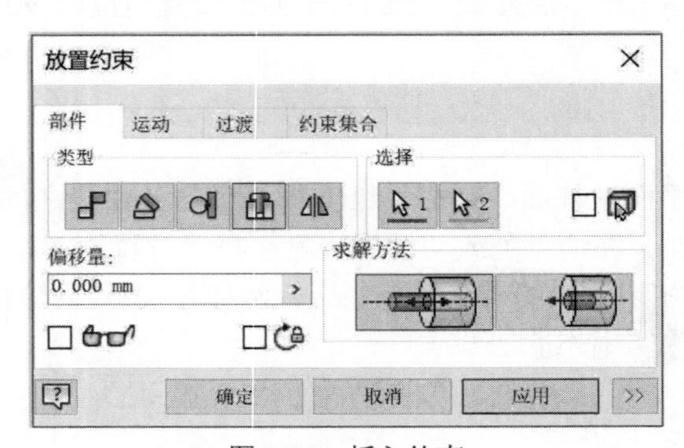

图9-25　插入约束

插入约束方式对应的按钮如下：

（1）“反向”按钮：两圆柱的轴线方向相反，即“面对面”配合约束与轴线重合约束的组合。

（2）“对齐”按钮：两圆柱的轴线方向相同，即“肩并肩”配合约束与轴线重合约束的组合。

例9-5　应用插入约束，完成9-20所示合页的装配。

操作方法：

单击“约束”按钮，选择插入约束类型，在“求解方法”选项组中单击“反向”按钮。然后选择合页1与合页2接触面处两个端面圆，如图9-26所示。然后单击“确定”按钮，完成装配。

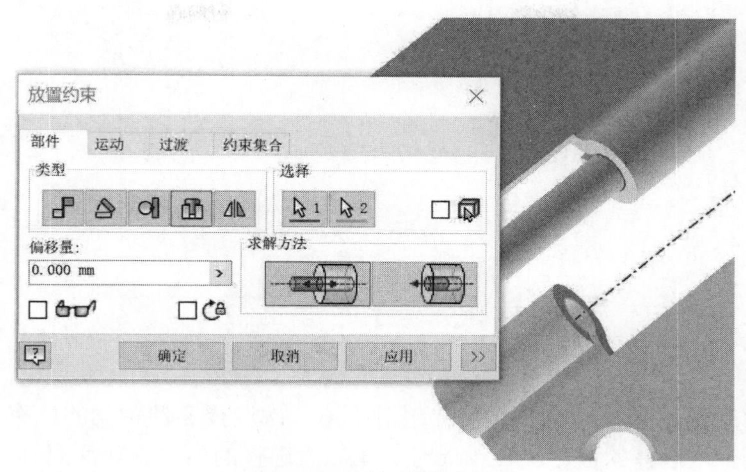

图 9-26　插入约束应用

注意：这种方式实际上是表面配合约束与轴线重合约束的组合，因此，在选择特征时，应当注意选择两个零件上需要配合的两个表面上的圆来确定轴线。

五、对称约束

对称约束可以根据平面对称地放置两个对象。选择“放置约束”对话框中对称约束类型后，对话框如图 9-27 所示。

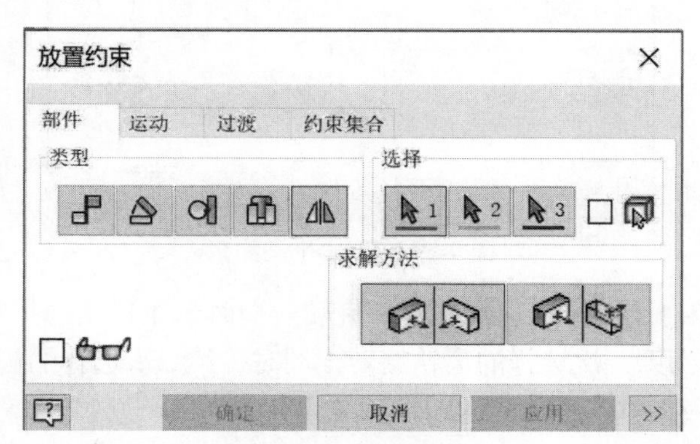

图 9-27　对称约束

首先单击“选择 1”按钮，选择一个零件；然后单击“选择 2”按钮，选择另一个零件；最后单击“选择 3”按钮，选择对称平面，可以实现两个零件关于平面的对称放置。

六、运动约束

运动约束主要用于描述齿轮与齿轮，或齿轮与齿条之间的相对运动关系，“运动”选项卡如图 9-28 所示。运动约束有“转动”约束（对应按钮）和“转动-平动”约束（对应按钮）两种类型。

1. 转动约束

“转动”约束使被选择的一个零件按指定传动比相对于另一个零件的转动而转动。通常用于描述齿轮与齿轮之间及带与带之间的运动，对话框如图 9-28 所示。

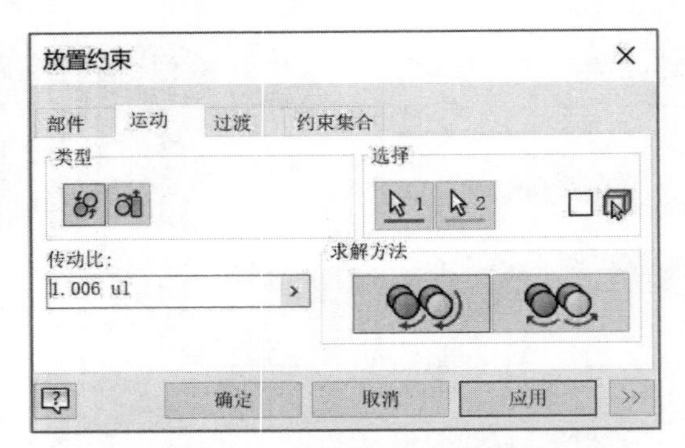

图 9-28　“运动”选项卡

传动比：用来指定当第一次选择零件相对于第二次选择零件转动的比率。例如，传动比为 2 则表示当第一次选择的齿轮旋转一周时，第二次选择的齿轮旋转两周。

2. 转动-平动约束

转动-平动约束使被选择的一个零件按指定距离相对于另一个零件的转动而平动。通常用于描述齿轮与齿条之间的运动，对话框如图 9-29 所示。

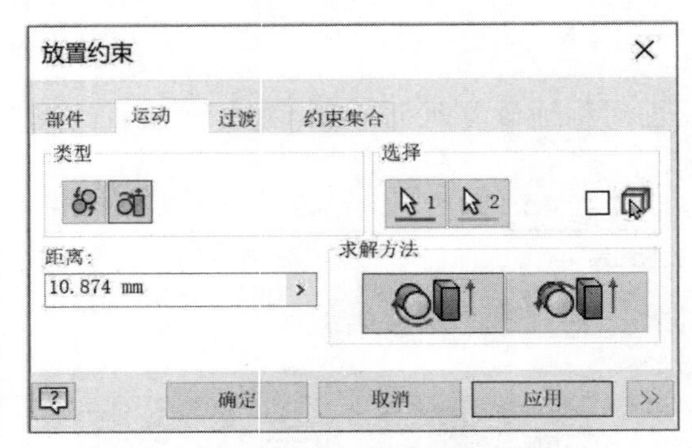

图 9-29　转动-平动约束

距离：用来指定相对于第一次选择的零件旋转一周时，第二次选择的零件平移的距离。例如，60mm 的距离表示当第一次选择的齿轮旋转一周时，第二次选择的齿条前进 60mm 的距离。

例 9-6　完成图 9-30 中直齿轮之间的运动关系定义。

操作步骤：

（1）单击“关系”面板上的“约束”按钮，然后单击插入约束类型中的“反向”按钮，将如图 9-31 所示的零件装配到一起。

图 9-30　直齿轮啮合

图 9-31　约束齿轮

（2）在“放置约束”对话框中选择“运动”选项卡，然后单击转动类型和“反向”按钮，然后分别选择大齿轮和小齿轮，如图 9-32 所示。设置给定传动比为 3，单击“确定”按钮完成约束。用鼠标拖动任一齿轮，观察齿轮间的运动情况。

图 9-32　运动约束的应用

七、过渡约束

过渡约束用于保持面与面之间的接触关系，常用于描述凸轮机构的运动，“过渡”选项卡如图 9-33 所示。

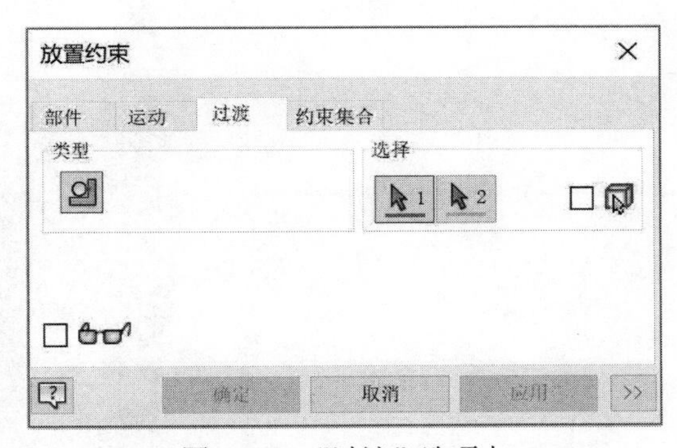

图 9-33　“过渡”选项卡

例 9-7　完成图 9-34 中凸轮与顶杆间的运动关系定义。

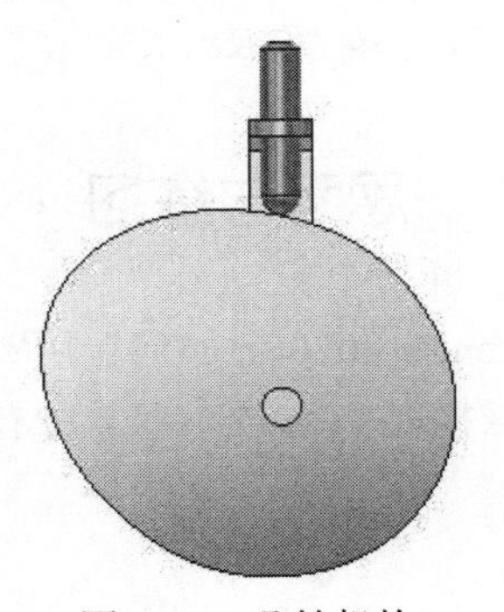

图 9-34　凸轮机构

操作步骤：

（1）单击“关系”面板上的“约束”按钮，选择配合约束类型，将顶杆与支架的轴线配合；再单击插入约束类型中的“反向”按钮，完成支架与销钉，以及销钉与凸轮的约束，如图 9-35 所示。

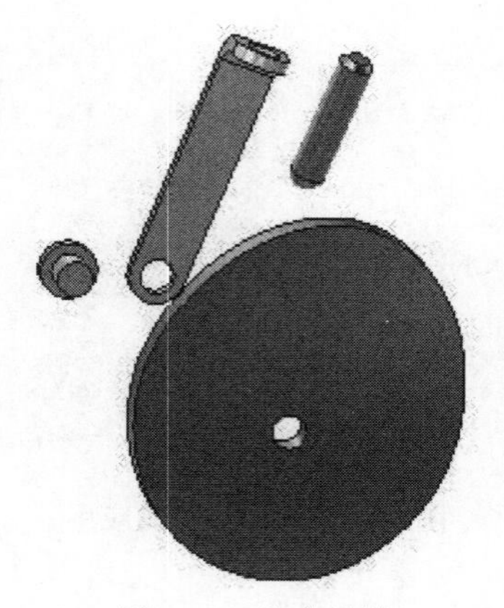

图 9-35　约束凸轮

（2）在“放置约束”对话框中选择“过渡”选项卡，然后分别选择凸轮与顶杆之间相互接触的两个表面，如图 9-36 所示，单击“确定”按钮完成约束。拖动凸轮使其转动，观察凸轮机构运动情况。

图 9-36　过渡约束的应用

思考与练习

1．部件中包含的标准件在 Inventor 2020 中如何调用？

2．部件中多个相同的螺栓组结构在 Inventor 2020 中有哪些方法实现装配？

第十章　可视化设计

传统的设计方法对设计结果的表达以静态的、二维的方式为主，表达效果受到很大的限制，而在三维设计环境中较易实现部件的装配过程。表达视图用于展示部件装配关系，将各零件沿装配路径分布，更清楚地表达零件之间的相对位置关系与装配顺序。

第一节　创建表达视图

分解的表达视图也称为装配体爆炸图，装配体爆炸图是将装配体中的零件以分解图的形式表达，是展示装配体中各零部件结构的一种方式。Inventor 2020 提供了“表达视图与动画”功能，使得零部件的结构及其装拆过程可由动态演示的方法直观地表示，图 10-1 为齿轮支座的装配体爆炸图。

图 10-1　齿轮支座的装配体爆炸图

表达视图具有以下两方面的作用：

（1）通过动画图解装拆过程，更清楚地表达零部件的装配关系。

（2）用户从最佳角度可以观察被遮挡的零件。

启动 Inventor 2020 后新建文件，单击“新建文件”对话框中的表达视图 Standard .ipn 图标按钮，进入表达视图环境，如图 10-2 所示。

图 10-2 表达视图环境

表达视图的创建步骤：

（1）利用 Standard .ipn 模板创建表达视图新文件，进入表达视图环境。

（2）选择“表达视图”选项卡内“模型”面板上的“插入模型”按钮，弹出“插入”对话框，如图 10-3 所示。

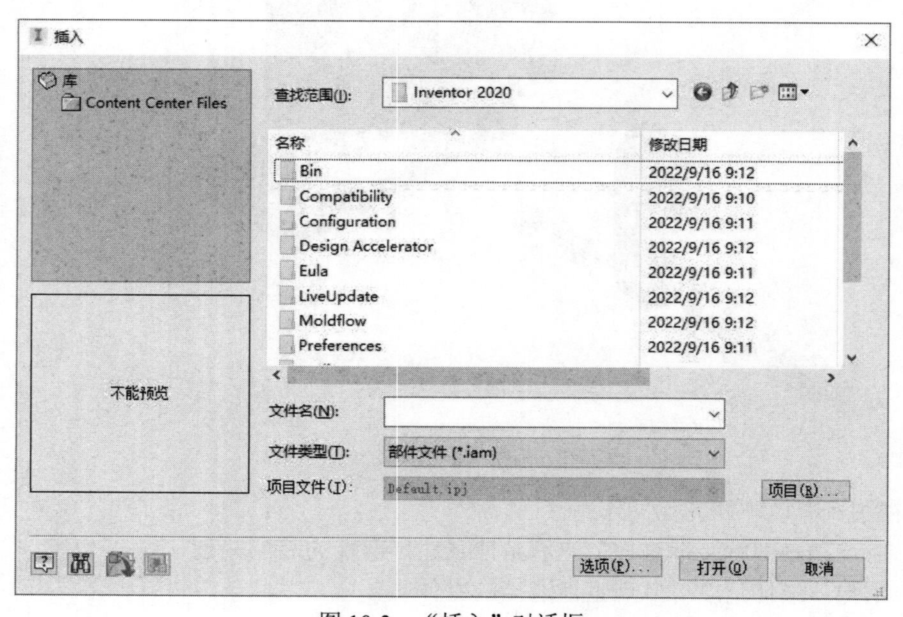

图 10-3 “插入”对话框

（3）指定需要创建表达视图的部件文件，单击“打开”按钮返回表达视图环境。

第二节　调整零部件位置

表达视图创建完成后，其分解效果往往会不尽如人意，这时需要对表达视图进行编辑调整，使之能更合理地表达零部件之间的装配关系。Inventor 2020 提供的“调整零部件位置”功能可以使零部件做直线运动或绕某一直线做旋转运动，并可以显示零部件从装配位置到调整后位置的运动轨迹，以便更好地观察零部件的拆装过程。

一、调整零部件位置创建

调整零部件位置操作步骤：

（1）单击“表达视图”选项卡内“零部件”面板上的“调整零部件位置”按钮，打开“调整零部件位置”小工具栏，如图 10-4 所示。

图 10-4　“调整零部件位置”小工具栏

（2）当鼠标单击某个零件时会出现预览效果。在要调整位置的零件上单击，会出现一个坐标系，可以设定零部件沿着这个坐标系的某个轴移动，如图 10-5 所示。

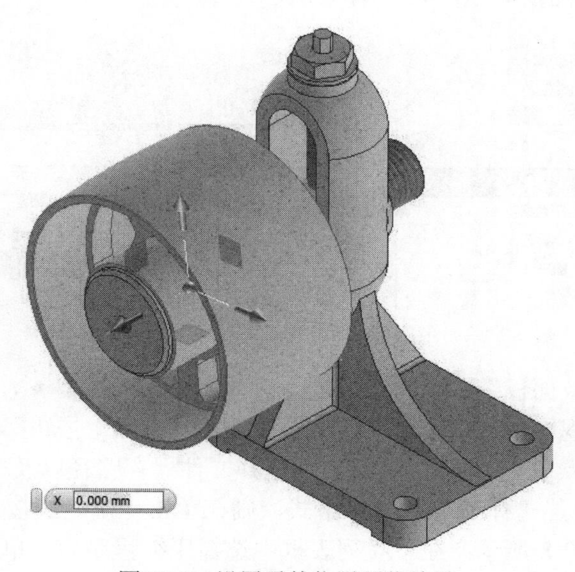

图 10-5　设置零件位置预览效果

（3）选择移动或转动的方向轴，可在小工具栏中设定零部件调整的距离或角度参数；也可以直接拖动零件沿选定轴向移动或旋转，然后单击按钮，完成该零件位置调整。

（4）重复以上步骤，完成其他零部件的位置调整。

二、调整零部件位置主要选项说明

（1）移动：创建移动位置参数。

（2）旋转：创建旋转位置参数。

（3）零部件选择：

- 零部件：选择部件或零件。
- 零件：选择零件。

（4）空间坐标轴方向：

- 局部：使得空间坐标轴向与附着空间坐标轴的零部件坐标轴向一致。
- 世界：使得空间坐标轴向与表达视图中的时间坐标系轴向一致。

（5）定位：放置或移动空间坐标轴。将光标悬停在模型上以显示零部件夹点，然后单击一个点来放置空间坐标轴。

（6）添加新轨迹：为当前位置参数创建另一条轨迹。

（7）删除现有轨迹：删除为当前位置参数创建的轨迹。

第三节 创 建 动 画

表达视图的动态演示功能可以展示零部件的拆装过程，并能将此过程录制为动画，生成视频文件。创建动画的步骤如下：

（1）选择“视图”选项卡内“窗口”面板的“用户界面”按钮，选中“故事板面板”复选框，打开“故事板面板”栏，如图 10-6 所示。

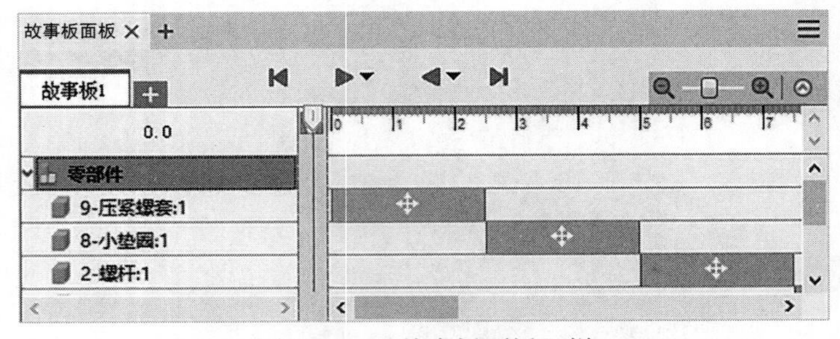

图 10-6 “故事板面板”栏

（2）单击“故事板面板”栏中的“播放当前故事板”按钮，查看动画效果。

（3）单击“表达视图”选项卡内“发布”面板的“视频”按钮，打开“发布为视频”对话框，如图 10-7 所示。在其中输入文件名，选择文件保存路径以及文件格式，单击“确定”按钮，开始生成动画。若选择 WMV 文件格式，则在单击“确定”按钮后，还将弹出“视频压缩”对话框，如图 10-8 所示；在下拉列表框中选择压缩程序后，单击“确定”按钮，开始生成动画。

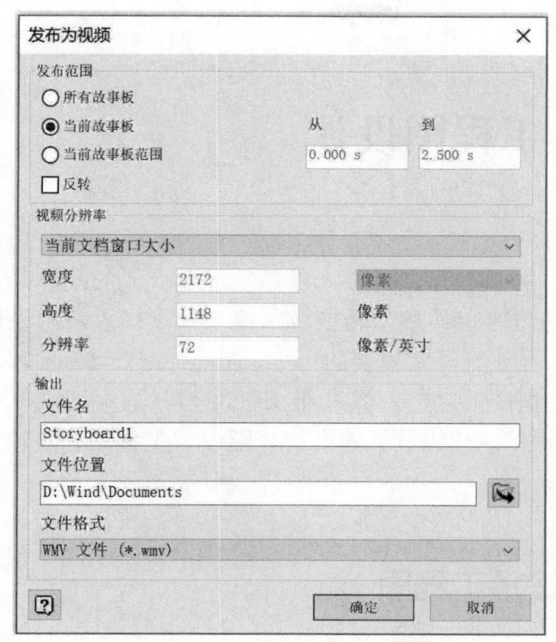

图 10-7　“发布为视频”对话框

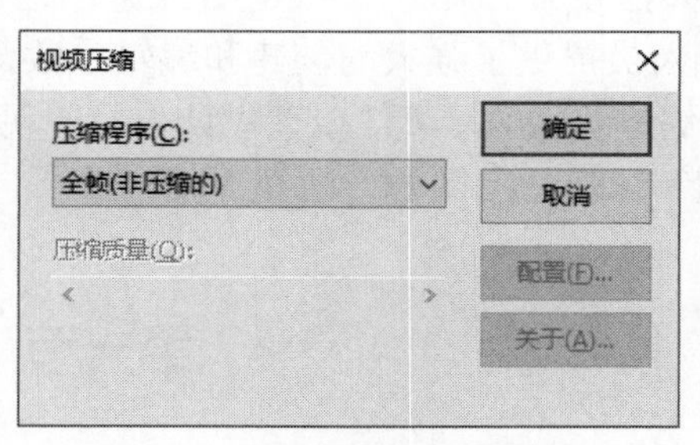

图 10-8　“视频压缩”对话框

思考与练习

试述在 Inventor 2020 中创建拆装动画的过程。

第十一章　工程图设计

工程图是工程技术人员进行技术信息交流的“语言”，是设计者与制造者交流的载体，也是产品检验的依据。造型设计完成后，通常将三维零部件模型转换成二维工程图样以阐明设计意图，并指导加工制造。因此创建工程图也是产品设计非常重要的一步。Autodesk Inventor 2020为设计人员提供了强大的创建和编辑参数化工程图的功能，其二维工程图与三维模型紧密关联，能够进行关联更新，以便设计人员实现全程信息化设计。本章将介绍设置工程图、创建工程视图和标注工程图的方法及步骤。

第一节　设置工程图

一、工程图环境

启动 Inventor 2020，在“新建文件”对话框中，双击工程图模板 Standard.idw 按钮，进入工程图环境，如图 11-1 所示。

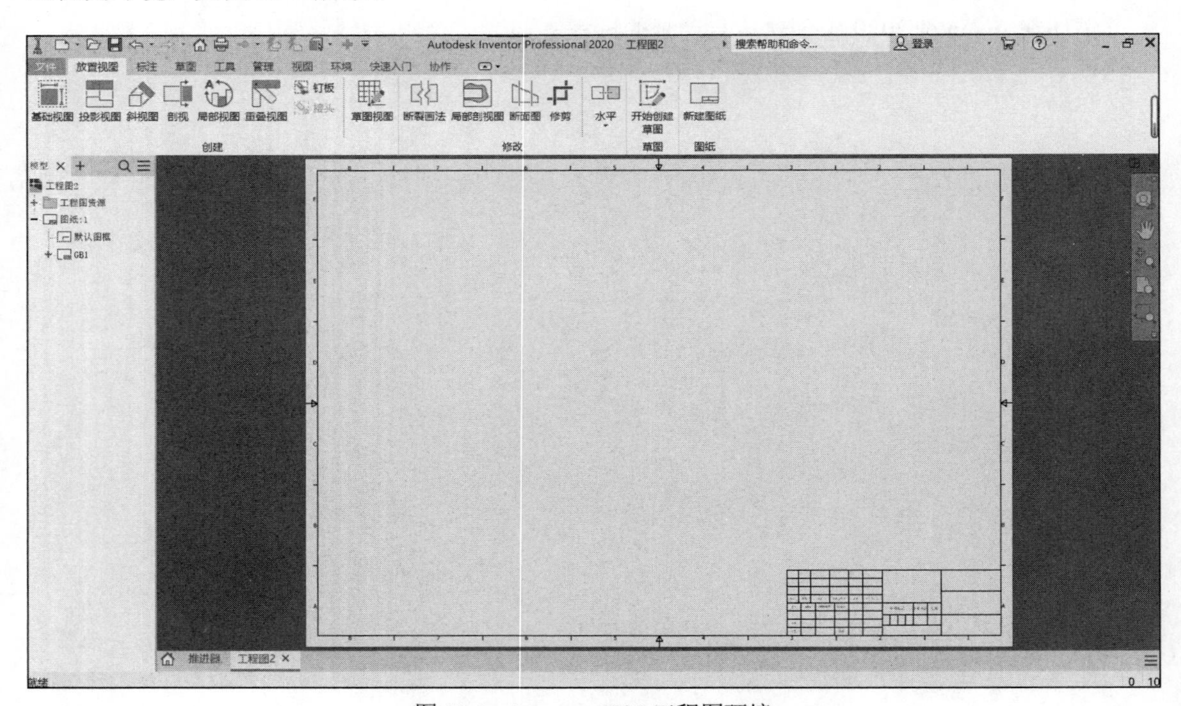

图 11-1　Inventor 2020 工程图环境

二、新建工程图

类似于零部件文件的新建，Inventor 2020 可以利用自带的文件模板创建工程图。工程图的创建步骤如下：

（1）单击“快速入门”选项卡内“启动”面板中的“新建”按钮，弹出“新建文件”对话框，如图 11-2 所示，单击 Standard .idw 按钮。

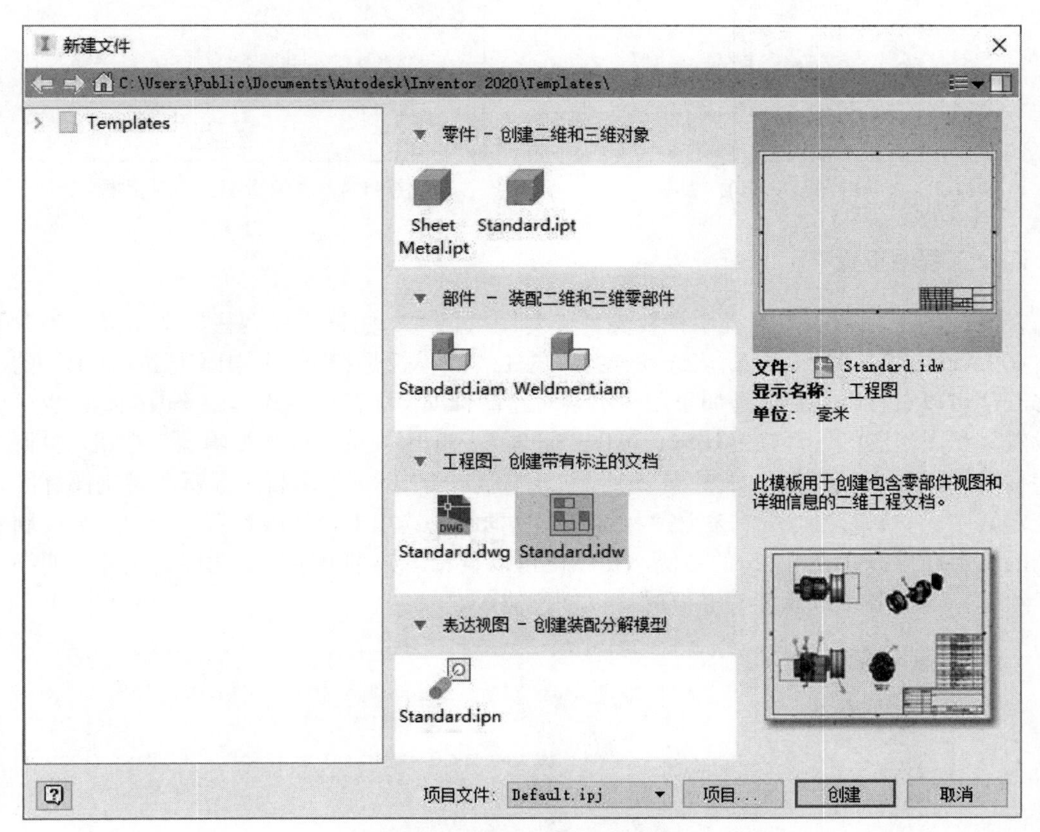

图 11-2 “新建文件”对话框

（2）单击“创建”按钮完成工程图文件的创建。

Inventor 2020 通过模板创建工程图，可以选择创建英制或米制单位工程图。英制单位提供了多种不同标准的模板，用户可以根据不同的环境，选择不同模板创建工程图。需要说明的是，在安装 Autodesk Inventor 2020 时需要选择绘图的标准，如 GB 或 ISO 等，这样在创建工程图时就会自动按照安装时选择的标准创建图纸。

三、编辑图纸

若要设置当前工程图的大小、名称等，可以通过在浏览器中的图纸名称上右击，在弹出的快捷菜单中选择“编辑图纸”选项（图 11-3），打开“编辑图纸”对话框，如图 11-4 所示。在该对话框中可以设定图纸的名称、大小和纵横方向等。

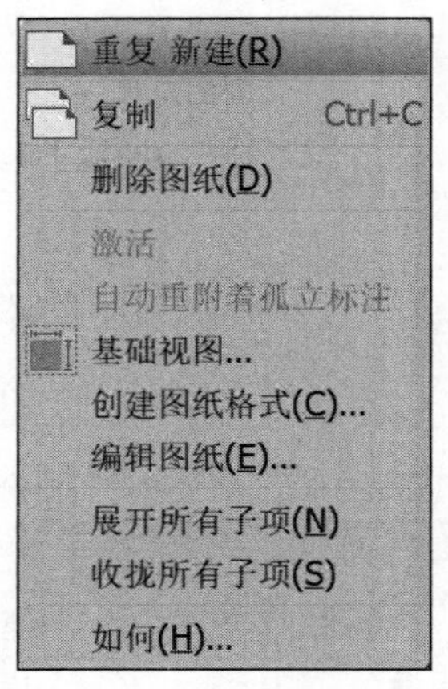

图 11-3 “编辑图纸”选项

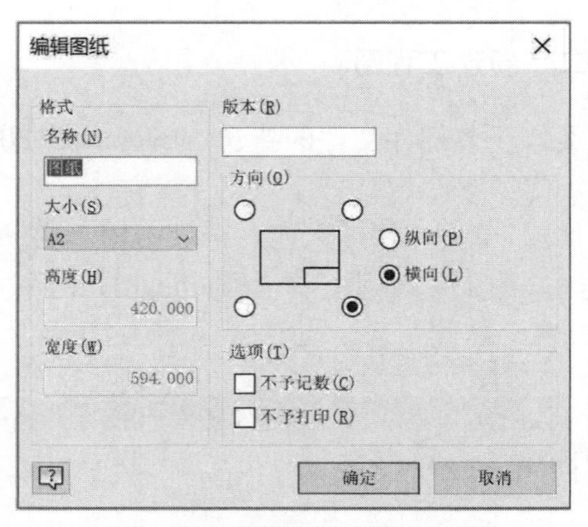

图 11-4 “编辑图纸”对话框

四、工程图设置

在新建的工程图中，工程图模板文件已对图纸格式、图框、标题栏、文本样式等做了设置。在 Inventor 2020 中，从默认选项卡打开的工程图模板是符合中国国家标准（GB）的，不经修改便可以直接使用。但是如果用户需要对绘图标准、标题栏格式等做修改的话，也可以更改设置。在工程图的管理功能块中，单击“管理”选项卡内的“样式编辑器”按钮，打开“样式和标准编辑器”对话框，如图 11-5 所示。浏览器的“标准”项目中显示各种制图标准，可以选定其中的一种标准，并在右边“标准”设置框的各选项卡内修改设置。绘图标准控制着工程图的许多属性。从图 11-5 的左侧浏览栏中可以查看诸如引出序号、图层、尺寸、明细栏等基于绘图标准的各个选项，有必要时可以进行修改。

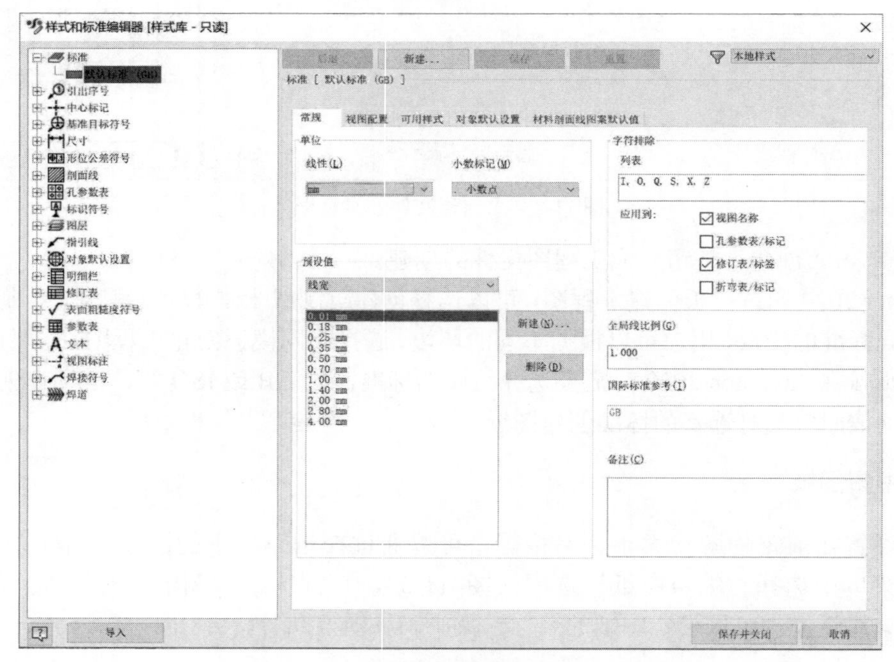

图 11-5 “样式和标准编辑器”对话框

第二节　创建工程视图

Inventor 2020 中可创建的视图种类主要有基础视图、投影视图、剖视图、斜视图、局部视图、局部剖视图、打断视图以及断面图等。工程图中第一个视图一般是由自动投影零部件模型生成的，也可以由部件的设计视图和表达视图创建工程视图。

一、基础视图

新的工程图中需要先独立创建一个基础视图，因为其他视图需要在基础视图的基础上产生。然后根据零部件表达的需要，在工程图中添加其他视图。

创建基础视图的过程如下：

（1）在“放置视图”选项卡内“创建”面板中，单击“基础视图”按钮，打开“工程视图”对话框，如图 11-6 所示。

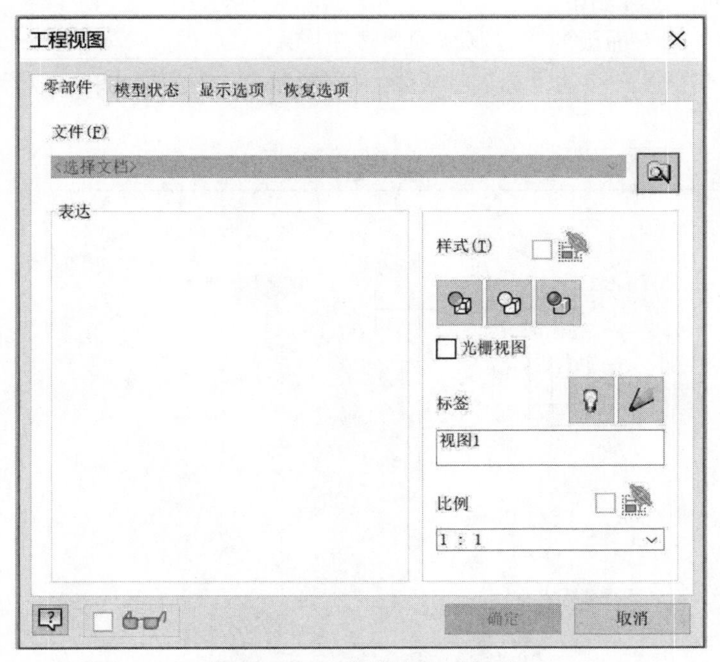

图 11-6　“工程视图”对话框

（2）在该对话框中，单击“文件路径”按钮，选择要创建工程图的三维零部件文件，选择文件后绘图区域出现要创建零部件的视图预览。

（3）在“工程视图”对话框中设置比例等参数后，单击“确定”按钮，完成基础视图的创建。

（4）将光标移到创建的基础视图上，视图周围将出现红色的虚线边框，移动光标至边框附近，按住左键拖动鼠标，可将视图移动至适当位置。

在创建好的视图上右击，弹出快捷菜单，可以对视图进行复制、删除等操作。选择“打开”选项，可将在新窗口中打开视图对应的源零部件。选择“对齐视图”或“旋转”选项，可以改变视图在图纸中的位置。选择“编辑视图”选项或双击视图将重新打开“工程视图”对话框，可以修改其中的选项。下面对其中的部分选项进行说明。

- “样式”选项组：用于定义视图的显示样式，供选择的三种显示样式分别是显示隐藏线、不显示隐藏线和着色。
- “标签”选项组：可通过文本框对浏览器中视图名称进行修改，利用“修改复选”按钮修改该视图名称，以及利用“可见性显示”按钮控制视图中文件名是否显示。
- “比例”选项组：设置视图所采用的比例。

二、投影视图

用投影视图工具可以创建以现有视图为基础的其他从属视图，如正交视图或等轴测视图（轴测图的一种）等。正交投影视图的特点是默认与父视图对齐，并且继承父视图的比例和显示方式，若移动父视图，从属的正交投影视图仍保持与它的正交对齐关系；若改变父视图的比例，正交投影视图的比例也随之改变。

投影视图的创建过程如下：

（1）单击“创建”面板的“投影视图”按钮。

（2）选取基础视图，移动鼠标进行投影，当新视图位置适当时单击放置视图，然后右击，选择“创建”，结果如图 11-7 所示。

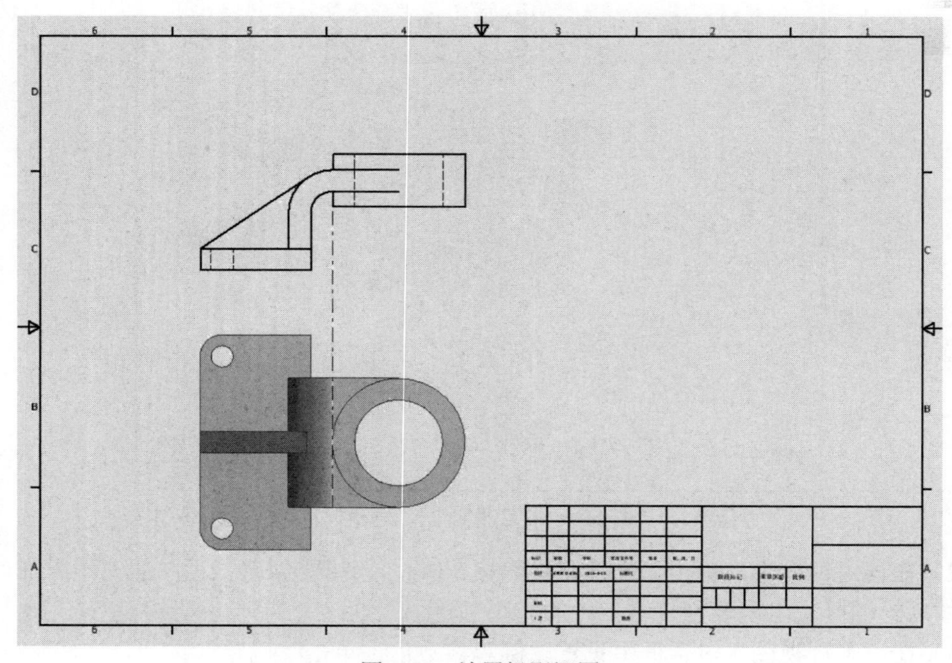

图 11-7　放置投影视图

（3）重复步骤（2），可以连续移动鼠标投影并放置多个投影视图、轴测图，完成视图的创建，如图 11-8 所示。

注意：在“模型”浏览器中投影产生的视图与基础视图是“父子”从属关系。另外，若视图生成后位置需要调整，可以移动视图，用鼠标拖动视图至合适位置即可。

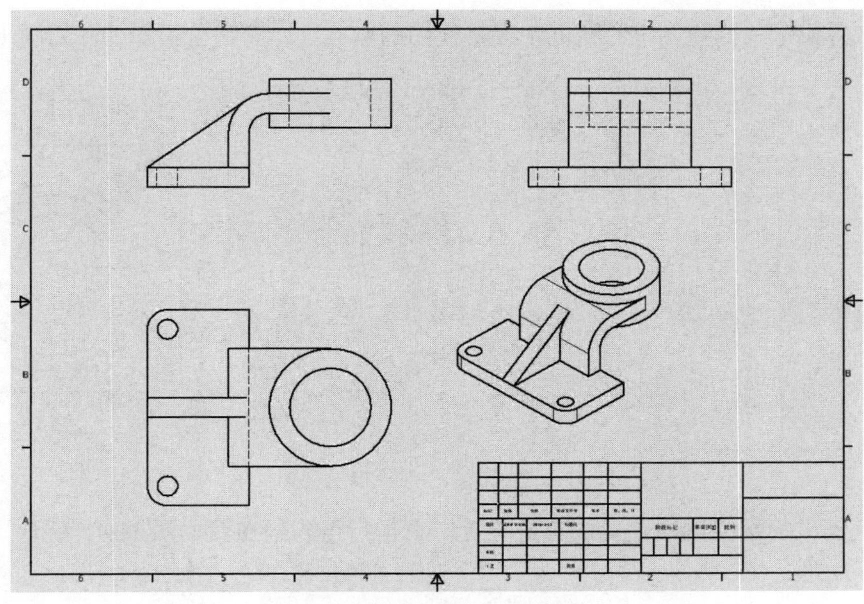

图 11-8　创建投影视图、轴测图

三、剖视图

将已有视图作为父视图可以创建机械制图中的剖切表达视图，即剖视图。Inventor 2020 创建的剖视图默认与其父视图对齐，若在放置剖视图时按住 Ctrl 键，则可以取消对齐关系。

创建剖视图过程如下：

（1）单击“创建”面板的“剖视”按钮。

（2）选择已有的视图作为父视图，如图 11-9 所示。

（3）在父视图的剖切位置上绘制剖切线。单击确定剖切线的起点，然后移动鼠标至恰当位置再单击以确定剖切线的其余点。剖切线上点的个数和位置决定了得到剖视图的剖切类型。本例为单平面剖切，剖切线上只有两个点，确定了一个剖切平面，如图 11-10 所示。单击到剖切线终点后右击，在弹出的快捷菜单中选择“继续”，弹出“剖视图”对话框。

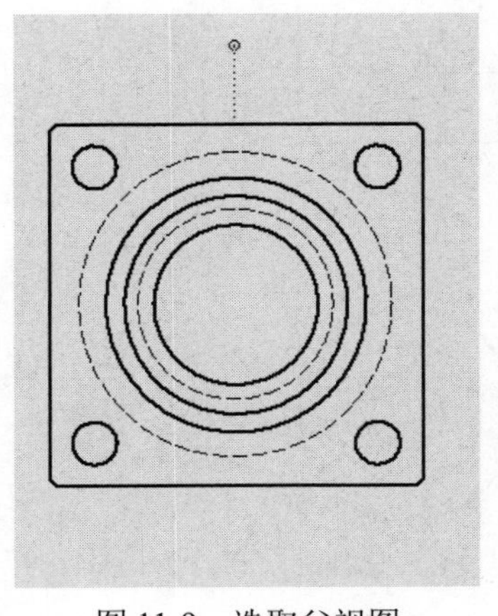

图 11-9　选取父视图

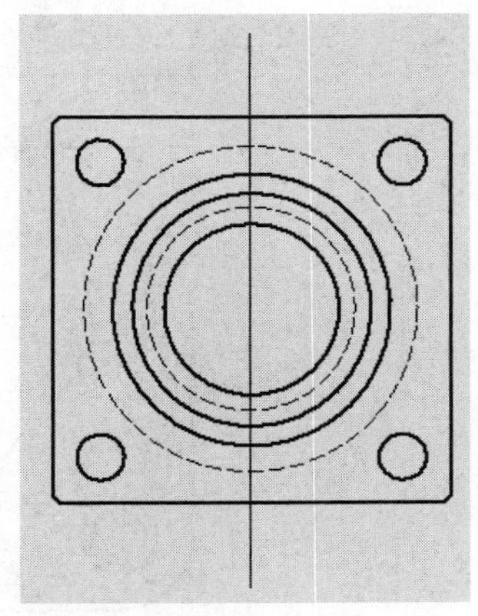

图 11-10　确定剖切平面

（4）在弹出的“剖视图”对话框中设置视图的名称、比例和显示样式，如图 11-11 所示。

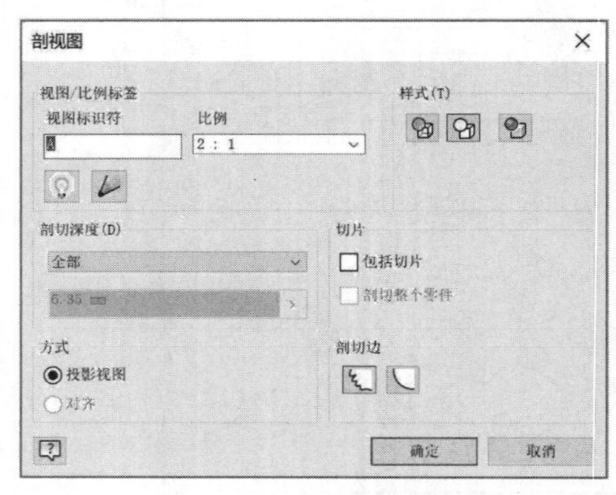

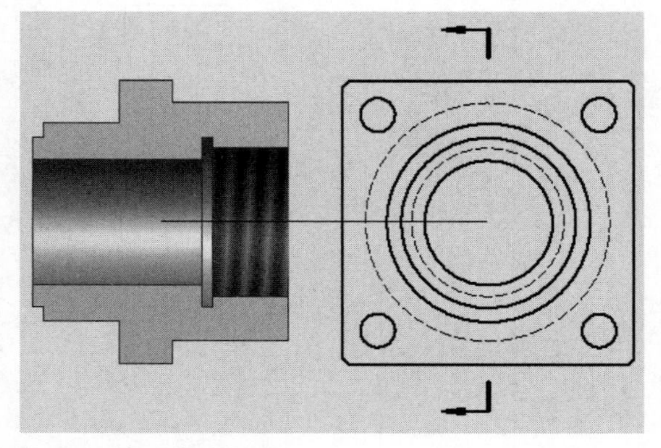

图 11-11 “剖视图”对话框及视图显示

（5）移动鼠标选择剖视图要放置的位置，单击后得到剖视图如图 11-12 所示。

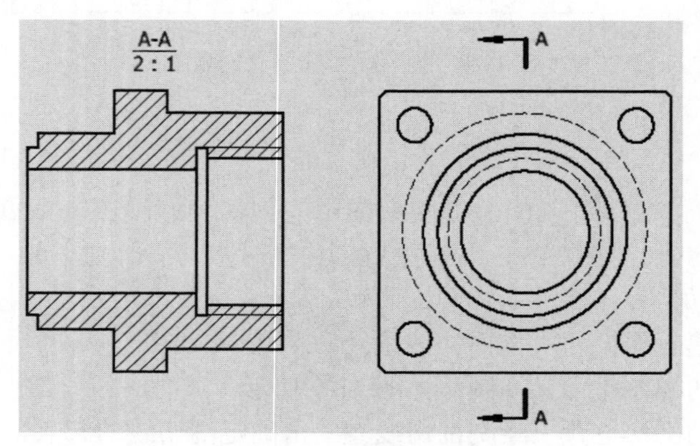

图 11-12 创建剖视图

例 11-1 将图 11-13 中的主视图改画为剖视图。

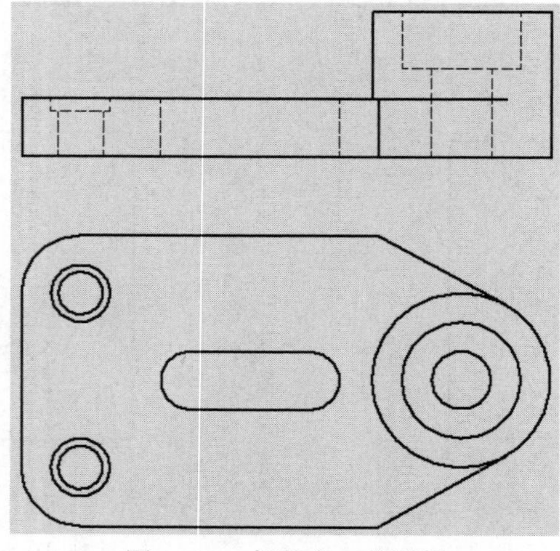

图 11-13 机件主、俯视图

根据机件结构特征，需要两个平行平面剖切才能剖切到所有的内部结构特征。因此利用 Inventor 2020 的“剖视”功能时，在俯视图上给出如图 11-14 所示的剖切路径（充分利用 Inventor 2020 的自动捕捉功能，使剖切路径通过轴心线或对称面等关键特征位置），可生成如图 11-15 所示的剖视图。

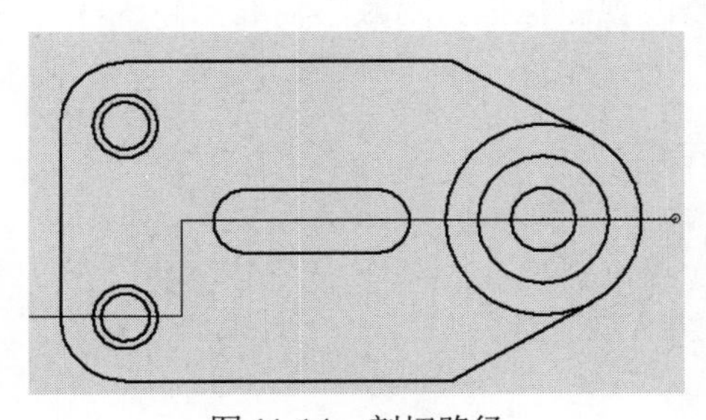

图 11-14　剖切路径

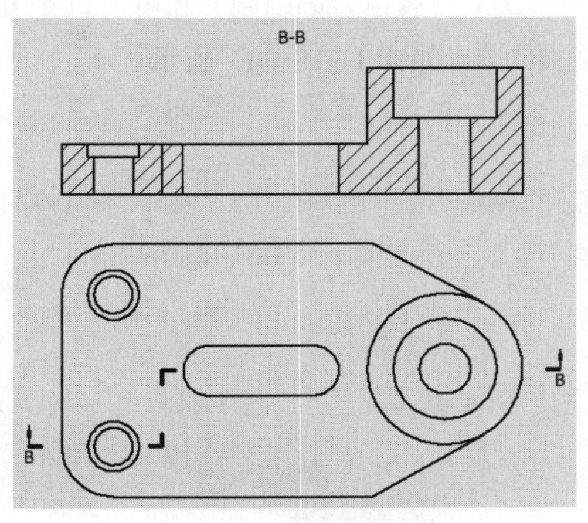

图 11-15　生成的剖视图

此时可以发现在剖视转角处多了一条投影线，可将光标移动到该线上并右击，在弹出的快捷菜单中取消其可见性（图 11-16），将得到如图 11-17 所示的剖视图。

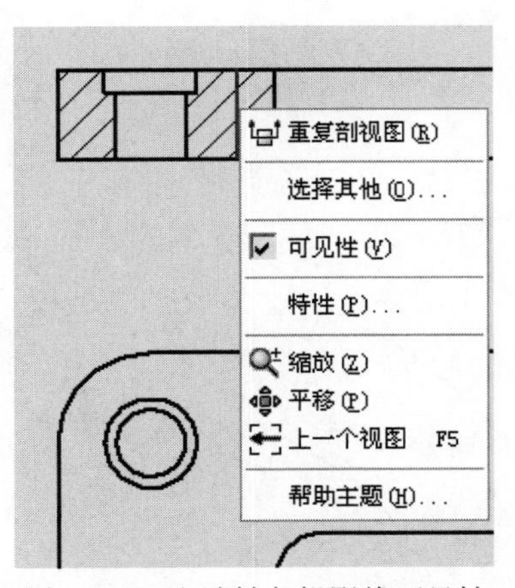

图 11-16　取消转角投影线可见性

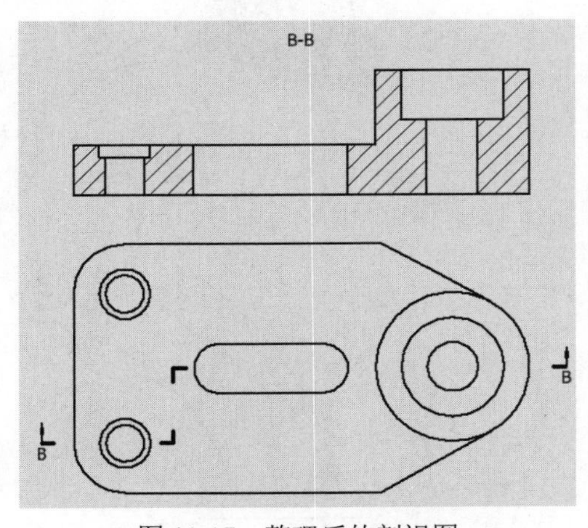

图 11-17　整理后的剖视图

由多个相交平面剖切产生的剖视图创建方法和上例类似，只需在绘制剖切路径时绘制出连续非直角相交的折线路径即可。若出现转角投影线，可按上例方法处理。对于复杂的复合剖切类型，如用多个平行平面和相交平面进行剖切，则需要通过直角相交以及非直角相交的折线段展开的剖切路径来获得剖视图，在“父视图”上绘制正确的剖切路径即可创建出相应的剖视图。

四、斜视图

为了表达零件倾斜面上的实际形状，需要用到斜视图。斜视图是将需要表达的形状投影在一个投影面垂直面上所得的视图。创建时首先选择已有视图的一条边或直线确定投射方向，然后投影放置斜视图。

创建斜视图过程如下：

（1）单击“创建”面板上的“斜视图”按钮。

（2）选择已有的视图，弹出“斜视图”对话框。在对话框中可以设置比例、显示样式和视图名称，如图 11-18（a）所示。

（3）选择待投影的倾斜面的轮廓边线，单击并移动鼠标进行投影，在适当的位置单击放置，如图 11-18（b）所示。

（4）按照机械制图国家标准整理斜视图，如修改视图标记、隐藏不需要的轮廓线、调整位置等，结果如图 11-18（c）所示。

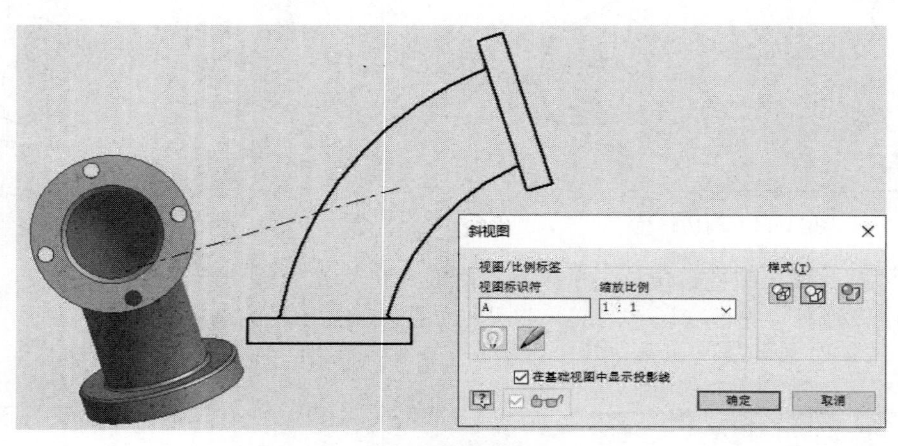

（a）投影斜视图

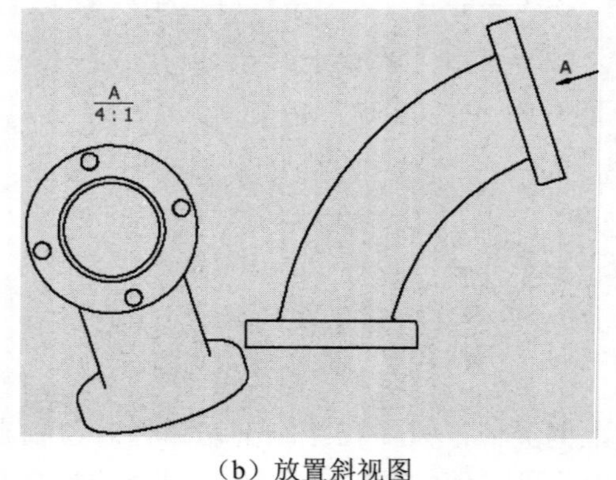

（b）放置斜视图

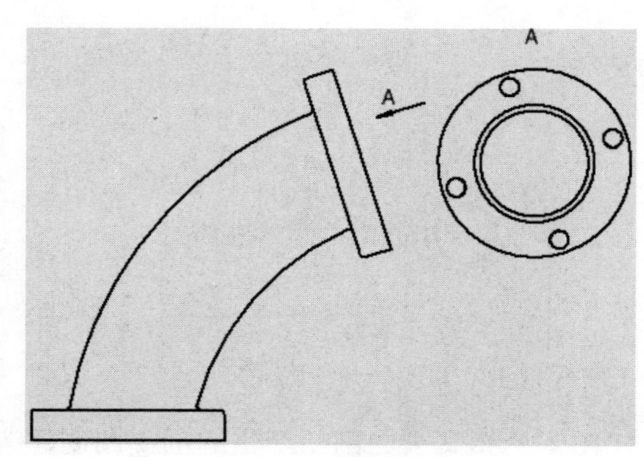

（c）整理斜视图

图 11-18　创建斜视图

五、局部视图

Inventor 2020 提供的“局部视图”功能主要是用来创建局部放大图的。对已有视图的特定区域创建局部视图，可以使该区域在局部视图上得到放大显示，得到局部放大图。局部视图的比例可以选择，与父视图没有对齐关系，其边界可以设置为圆形或矩形。

1. 创建局部视图

（1）单击“创建”面板上的“局部视图”按钮。

（2）选取已有视图，在弹出的“局部视图”对话框中设置比例、显示样式和视图名称，如图 11-19（a）所示。

（3）选择轮廓形状为“圆形”，然后单击拾取局部视图的中心位置，并通过鼠标移动来控制圆的大小，单击确定其范围，如图 11-19（b）所示。

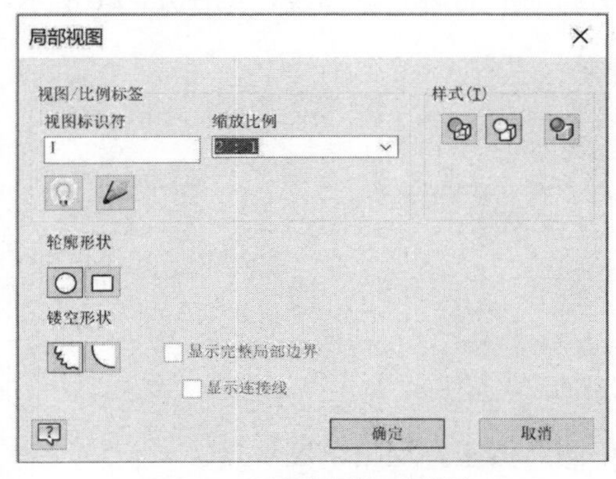

（a）“局部视图”对话框

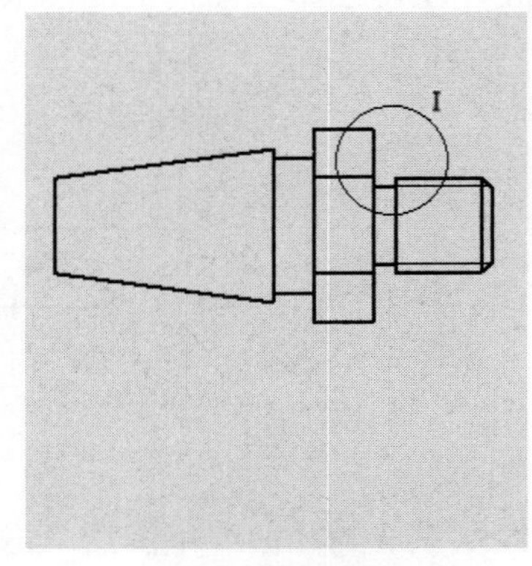

（b）选择局部视图的位置

图 11-19　选择局部视图的位置

（4）显示预览图后，移动鼠标将局部视图放置到适当的位置，单击后所创建的局部视图如图 11-20 所示。

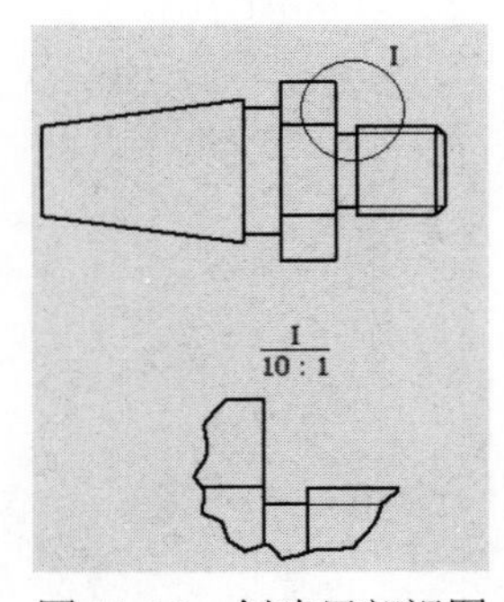

图 11-20　创建局部视图

2. 编辑局部视图

（1）可以通过拖动局部视图边界上名称的位置，将其移动到所需的位置。

（2）当鼠标移到父视图局部放大边界圆上时，会出现可拖动的绿色控制点，拖动这些控制点可改变边框的位置和大小，局部视图也会相应地改变。

还可利用斜视图的方法生成机械制图中的局部视图。首先生成相应的投影视图，然后隐藏多余的线条，并根据需要利用 Inventor 2020 草图功能添加波浪线，得到局部视图。

六、局部剖视图

Inventor 2020 能够实现局部剖视图表达方法，但不能与“父视图”建立剖切范围关联，也不能进行剖切位置与视图名称的自动标注，需要手动添加。创建局部剖视图必须首先创建与已有视图相关联的草图，在草图上绘制一个或多个封闭截面轮廓作为局部剖区域的边界。

局部剖视图创建过程如下：

（1）单击已有视图，将其激活（视图周围出现点线矩形框），再单击“放置视图”选项卡中“草图”面板上的“开始创建草图”按钮，进入草图工作环境，使绘制的草图与视图相关联。

（2）使用工程图草图面板上的样条曲线绘制局部剖的边界草图线，如图 11-21 所示。

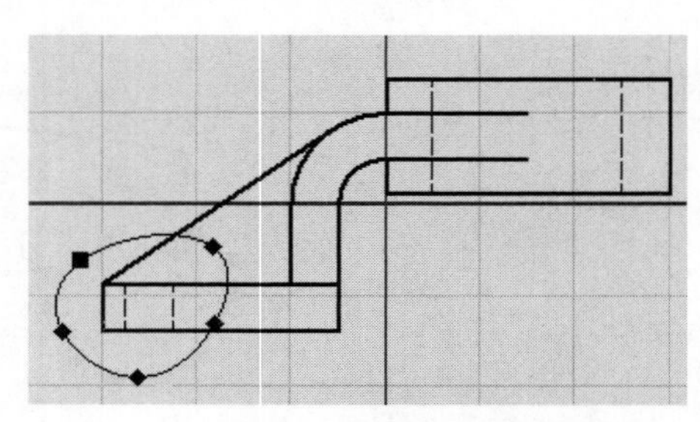

图 11-21　绘制局部剖的边界草图线

（3）绘制完成封闭曲线草图后单击“完成草图”按钮，退出草图环境。

（4）单击“放置视图”选项卡中“修改”面板上的“局部剖视图”按钮。

（5）单击已有视图，将弹出“局部剖视图”对话框，如图 11-22（a）所示。选择截面轮廓，如果该视图中只有一条草图线，将会自动选定；在视图中选择点并在对话框中输入值设置剖切面的深度。本例中选择“至孔”选项，然后在其他视图中拾取该孔，单击“确定”按钮。

（6）完成的局部剖视图如图 11-22（b）所示。

（a）“局部剖视图”对话框

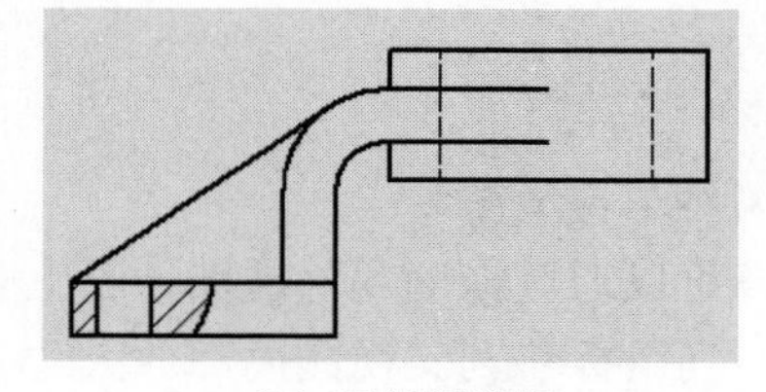

（b）局部剖视图

图 11-22　创建局部剖视图

绘制局部剖视图需要注意以下几点：

（1）若需要局部剖视图的剖切位置和标签，可通过创建草图的方式完成。

（2）做局部剖视图的视图应显示隐藏边，以便确定剖切范围和深度，待完成局部剖视表达后再取消隐藏边显示。

（3）一个视图中可以生成多个局部剖视图，这需要在创建草图时绘制多个封闭边界，并且分别对各个局部视图进行剖切深度的确定。

在局部剖视图对话框中，剖切深度用于设置剖切面在垂直于当前视图方向上的位置，有四种深度确定类型。

- 自点：是指剖切面“经过的点”，该点需要在另一个视图中指定。
- 至草图：是指剖切面“经过的线”，该线应当是一条草图直线，在局部视图之外的另一个视图中创建。
- 至孔：指剖切面经过指定孔的中心。
- 贯通零件：在装配工程图中，按封闭草图轮廓将指定零件“切出孔洞”，因此能看到内部结构。

例 11-2　将图 11-23 所示视图中的主视图改画为半剖视图。

Inventor 2020 中没有可直接绘制半剖视图的功能项，通常采用局部剖的方式获得利用单一平面剖切的半剖视图。

（1）先激活主视图，利用“草图”面板上的“开始创建草图”按钮，绘制一个矩形草图，利用几何约束将矩形草图的左侧边对准主视图的左右对称线（可先投影一个几何图元，再利用几何约束对齐），如图 11-24 所示。

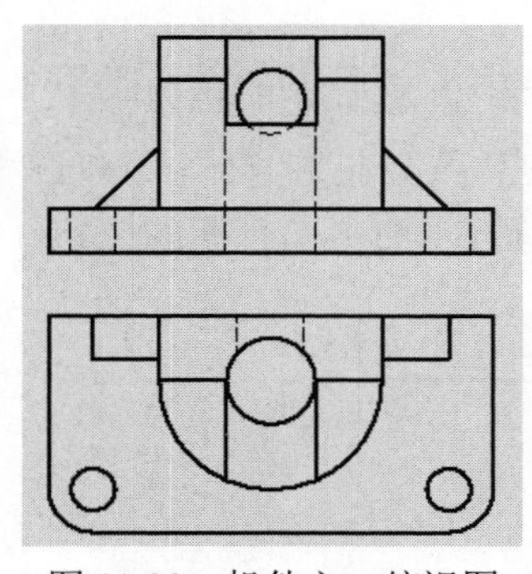

图 11-23　机件主、俯视图

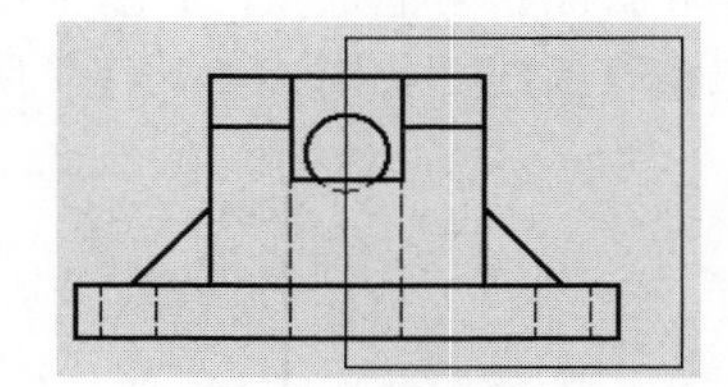

图 11-24　绘制矩形草图

（2）单击“修改”面板上的“局部剖视图”按钮，选择主视图，弹出“局部剖视图”对话框，将“深度”选为“至孔”，并在俯视图中拾取中心圆孔，如图 11-25 所示。

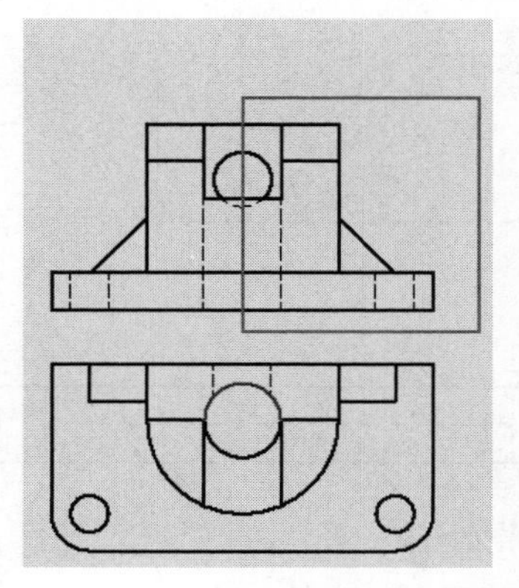

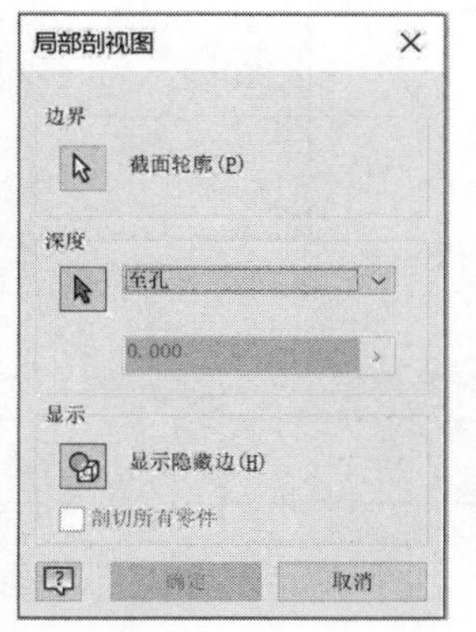

图 11-25　设置剖切深度

（3）将生成的半剖视图修改为不显示隐藏线，最终结果如图 11-26 所示。

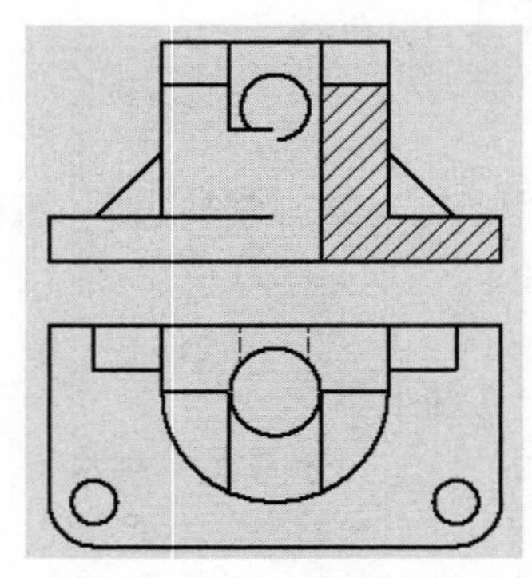

图 11-26　整理后的半剖视图

七、打断视图

当较长机件沿长度方向形状按规律变化时，常用打断视图表达，Inventor 2020 提供的断裂画法可实现该表达方法的绘制。这个功能不能创建新视图，是对一个现有视图进行断裂画法修饰。

断裂画法的操作过程如下：

（1）单击“放置视图”选项卡中“修改”面板上的“断裂画法”按钮。

（2）单击要缩短的视图，在弹出的“断开”对话框中设置打断样式、方向、间隙、符号显示的大小和打断符号的数量，如图 11-27（a）所示。单击视图上要打断的位置，依次放置第一条和第二条打断线，如图 11-27（b）所示。

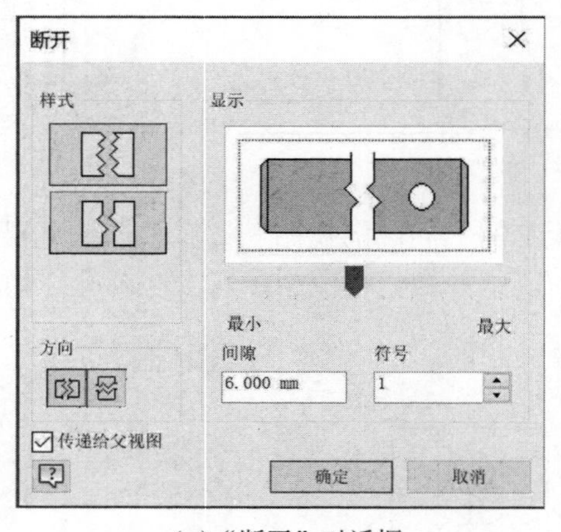

（a）“断开”对话框

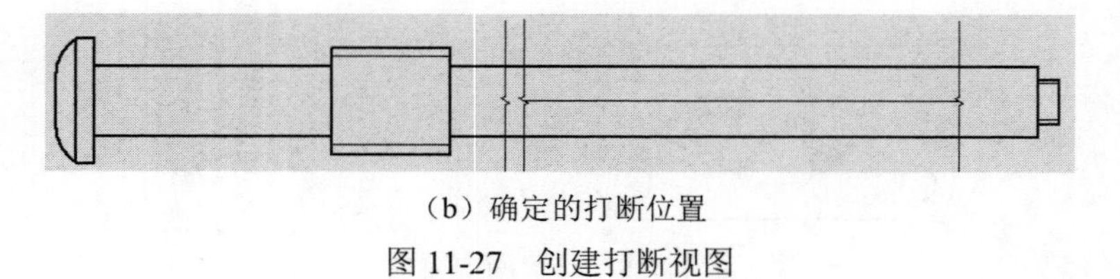

（b）确定的打断位置

图 11-27　创建打断视图

（3）单击“确定”按钮，生成的打断视图如图 11-28 所示。可以在打断位置通过右击弹出的快捷菜单编辑，也可拖动打断位置。

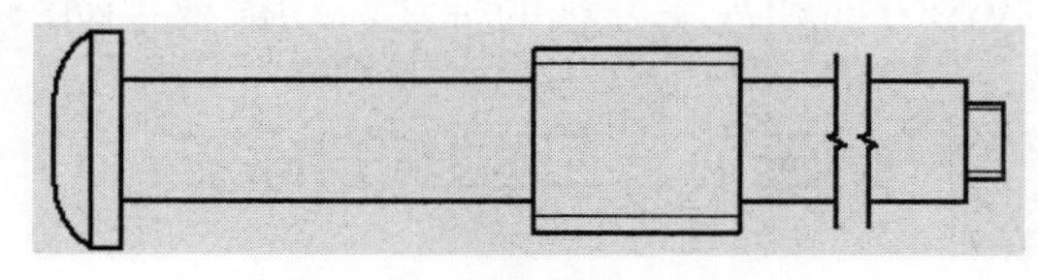

图 11-28　生成的打断视图

八、断面图

机械制图中常用断面图表达轴及杆件在某处的断面结构，Inventor 2020 提供的“断面图”按钮可以实现该表达方法。该功能不能创建新视图，是将一个现有视图改造成断面图。

创建断面图的过程如下：

（1）创建轴的主、左两个视图，如图 11-29 所示。

（2）将主视图作为源视图，单击激活主视图，再单击“放置视图”选项卡中“草图”面板上的“开始创建草图”按钮，进入草图工作环境。创建源视图的关联草图，在草图上绘制一段断面图剖切位置直线，绘制完成后退出草图，结果如图 11-30 所示。

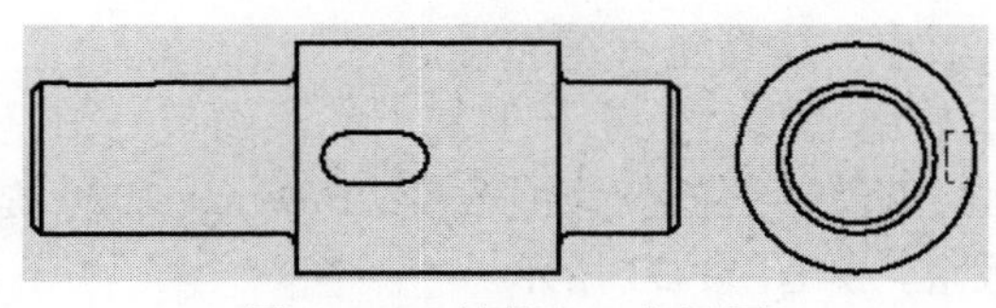

图 11-29　轴的主、左视图

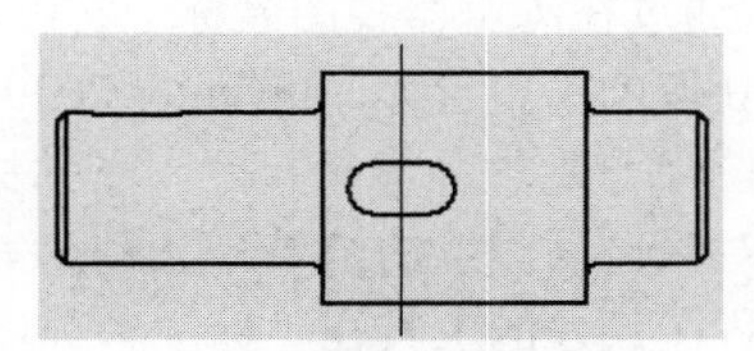

图 11-30　确定断面图剖切位置

（3）单击“放置视图”选项卡中“修改”面板上的“断面图”按钮，然后拾取左视图，将弹出“断面图”对话框，如图 11-31（a）所示。单击其中“选择草图”按钮，拾取主视图中上一步骤所画直线，然后单击“确定”按钮，如图 11-31（b）所示。

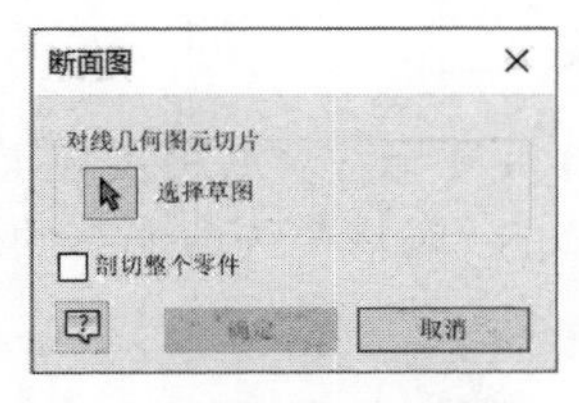

（a）“断面图”对话框

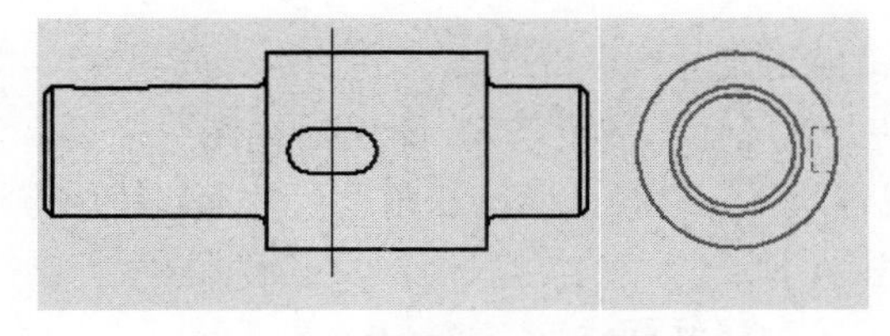

（b）拾取断面图剖切位置直线

图 11-31　创建断面图

（4）生成的断面图如图 11-32 所示。

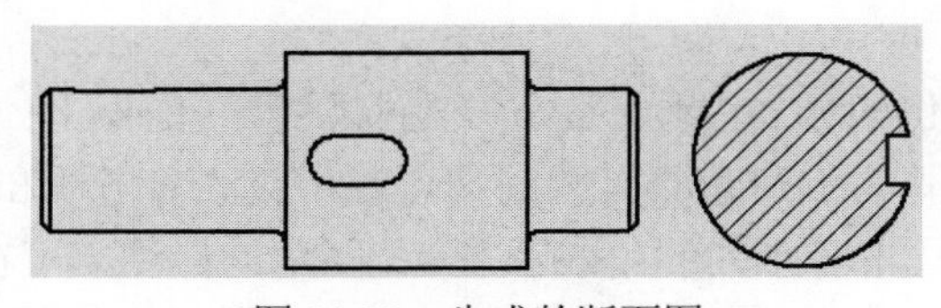

图 11-32　生成的断面图

需要注意的是，剖面图主要用于表示零件上一个或多个断面的形状，有时候生成的断面图与国家标准中的略有区别，如断面图中一些按照剖视处理的特殊情况，在此不能自动处理，以及不能进行剖切位置、投影方向和视图名称的标注，均需要手动添加。

第三节　工程图的标注

国家标准对工程图尺寸标注有严格的规定，绘制的工程图需依标准对尺寸标注样式进行全面设置以按规定进行标注。工程图的标注包含尺寸、符号和文本注释、明细栏和序号等。

一、标注尺寸

在三维设计系统中，工程图的尺寸有两种：一种是在建立实体模型时的草图尺寸和特征尺寸，称为模型尺寸；另一种在工程图中添加的工程图尺寸。工程图上的尺寸可以自动获取模型的尺寸和手动添加标注的尺寸。

工程图中可以通过以下三种方法获取模型尺寸：

（1）在“应用程序选项”中设置，自动获取模型尺寸。

（2）单击检索选项卡的“检索模型标注”按钮，然后选择视图，自动获取零件或特征尺寸。

（3）通过在浏览器视图名称上右击，在弹出的快捷菜单中检索模型尺寸。

对于获取的模型尺寸，Inventor 2020 可对其数字、位置进行编辑修改。

工程图尺寸是一种参考尺寸，它的标注不会影响零件的大小，但它所标注的尺寸值是系统对标注对象自动测量的结果，因此工程图尺寸会随着模型的变化而改变。Inventor 2020 提供的标注工程图尺寸的工具在“标注”选项卡面板上，如图 11-33 所示。

图 11-33　“标注”选项卡面板

1. 通用尺寸

单击“尺寸”按钮，即可对视图中需要标注的对象进行尺寸标注。通用尺寸工具可以创建线性尺寸、直径、半径和角度尺寸等。使用方法与建模环境的“草图”选项卡下的“尺寸”按钮相同。

2. 孔和螺纹标注

在工程视图中添加孔标注时，将自动引用孔模型的直径、深度、螺纹尺寸等数据。单击“特征注释”面板上“孔和螺纹”按钮。选择视图上的孔并单击，移动鼠标将孔的标注拖至合适位置单击即可完成标注。

3. 倒角标注

倒角标注可以快速对倒角添加注释。单击“特征注释”面板上的“倒角”按钮，在视图上选择倒角边，然后选择与倒角边具有共同端点或相交的参考线和边，单击放置倒角注释，如图 11-34 所示。对于两边不等距的倒角或者非 45°倒角的标注，可在按上述步骤标注后，选定标注并右击，在弹出的快捷菜单中执行“编辑倒角注释(E)”命令，在弹出的“编辑倒角注释”对话框中设置需要的标注样式、精度和公差，如图 11-35 所示。

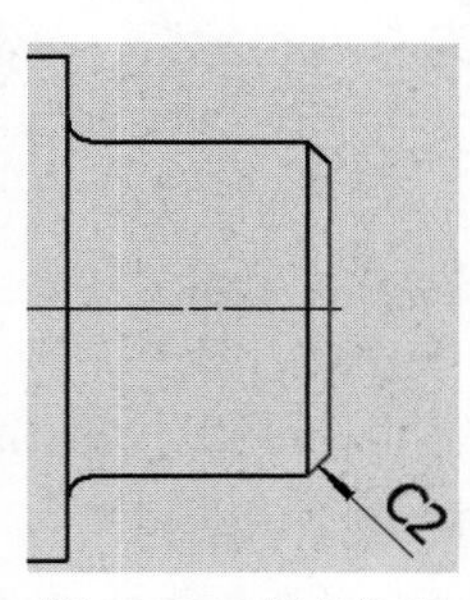

图 11-34　倒角注释

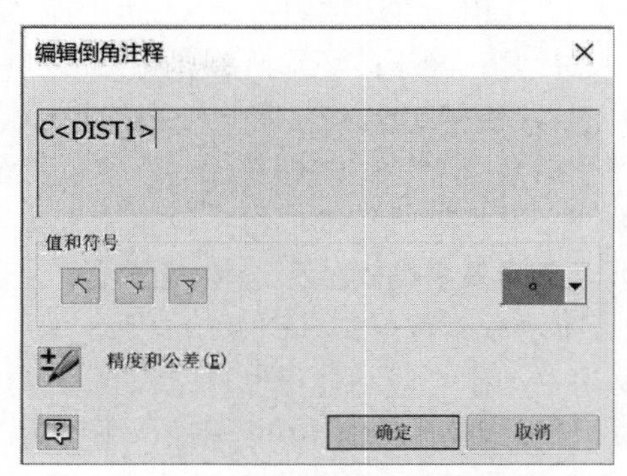

图 11-35　“编辑倒角注释”对话框

二、添加中心线

Inventor 2020 在创建视图时不会自动添加工程图中必需的中心线条，需要利用相关功能添加，在工程图上可以使用两种方法添加中心线和中心标记。

1．自动中心线

在视图上右击，在如图 11-36 所示快捷菜单中选择“自动中心线”选项，弹出“自动中心线”对话框，如图 11-37 所示。在其中选择中心线适用的特征类型和特征的投影方向，将为视图添加自动中心线，如图 11-38 所示。

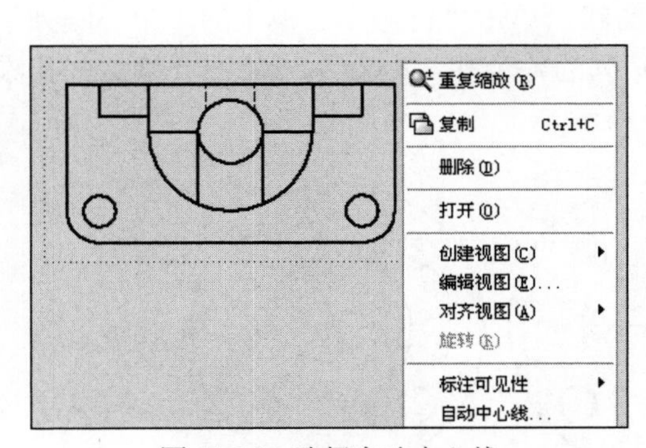

图 11-36　选择自动中心线

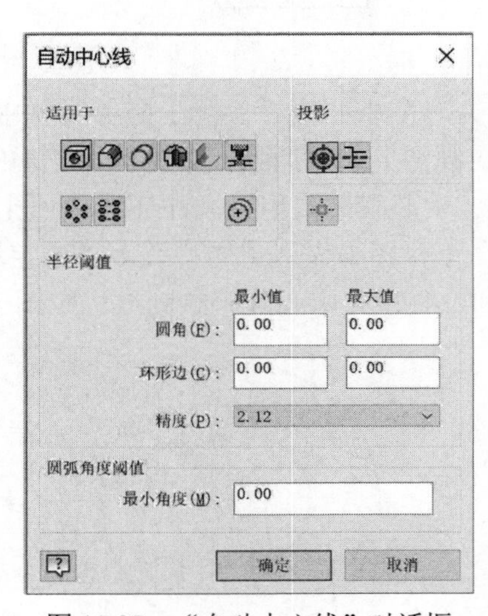

图 11-37　“自动中心线”对话框

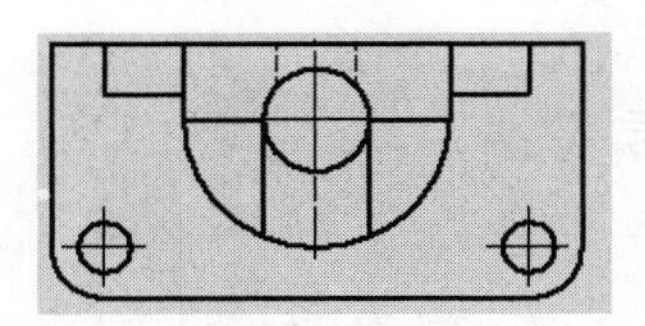

图 11-38　添加了自动中心线

"自动中心线"对话框中各选项说明如下：

- "适用于"选项组：定义使用的特征范围，包括三组按钮，即孔、圆角、圆柱、回转、折弯、冲压；环形阵列、矩形阵列；草图几何图。
- "投影"选项组：定义使用的特征轮廓投影规则，包括两组按钮，即轴法向（端面视图）、轴平行（轴向视图）；定位特征。
- "半径阈值"选项组：设置大于该半径的圆角创建中心线，0 为完全创建。
- "圆弧角度阈值"选项组：设置大于该包角的圆弧边线中心线，0 为完全创建。

2. 手动中心线

利用手动中心线功能可以通过在工程图"标注"选项卡的"符号"面板中单击相应按钮，在所选视图的特征上添加中心标记、中心线、对分中心线和中心阵列。

（1）中心标记：用于标注孔中心和环形边对象。单击"符号"面板上的"中心标记"按钮，在视图上选择一个环形边或圆的中心，即可完成添加。

（2）中心线：实际上是"中心连线"，用于标注孔中心、环形边和圆柱形对象。单击"符号"面板上的"中心线"按钮，在视图上选择第一个中心点、中点或顶点，然后选择第二个中心点、中点或顶点，右击并在弹出的快捷菜单中选择"创建"选项，完成中心线添加。中心线绘制过程如图 11-39 所示。

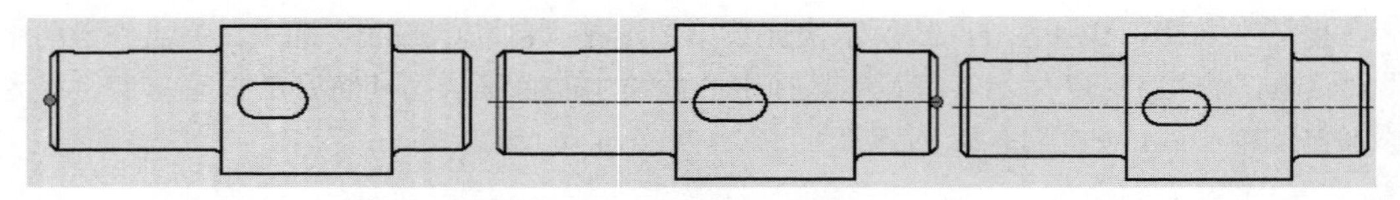

图 11-39 中心线

（3）对分中心线：实际上是"对称中心线"。单击"符号"面板上的"对分中心线"按钮，在视图上选定两条线，将创建它们的对称线。

（4）中心阵列：用于添加环形阵列孔的中心线。单击"符号"面板上的"中心阵列"按钮，在工程图中先选定中心孔，再选定环形阵列的各个孔，Inventor 2020 会给这些孔添加环形阵列中心线。中心阵列绘制过程如图 11-40 所示。

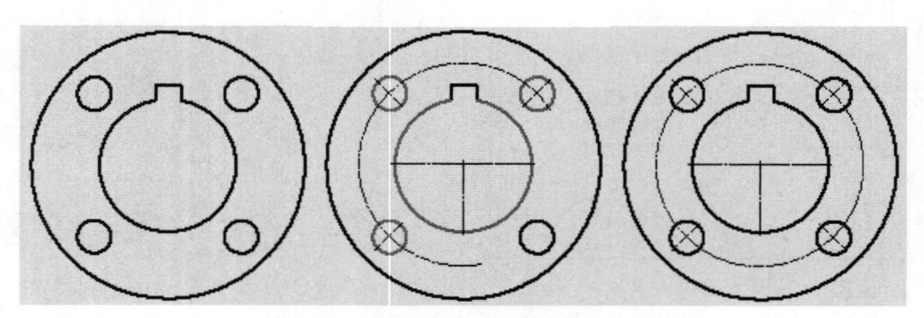

图 11-40 中心阵列绘制过程

三、表面结构及形位公差符号

1. 表面结构符号

单击"标注"选项卡内"符号"面板上的"粗糙度"按钮√‾，选择符号放置位置，并拖动鼠标确定符号方向，然后右击，在弹出的快捷菜单中选择“继续”，将弹出“表面粗糙度”对话框，如图 11-41 所示。填写对话框中的内容，单击“确定”按钮完成标注。

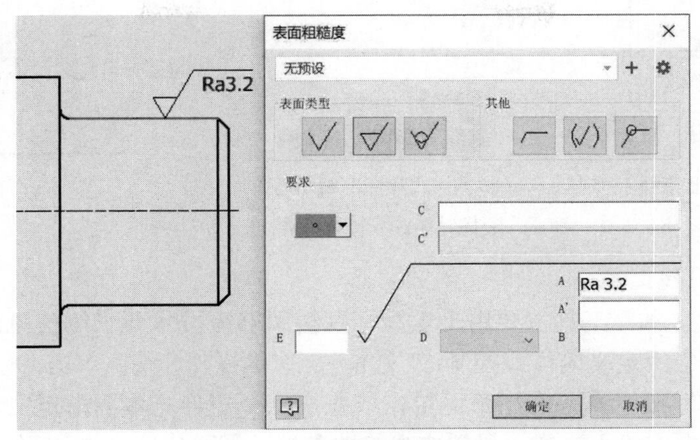

图 11-41　表面结构符号标注

2. 形位公差

单击“标注”选项卡内“符号”面板的“形位公差”按钮，选择符号放置起点，并拖动鼠标确定符号方向，如图 11-42（a）所示。右击并在弹出的快捷菜单中选择“继续”，弹出“形位公差符号”对话框，设置对话框中的内容，如图 11-42（b）所示。完成标注，如图 11-42（c）所示。

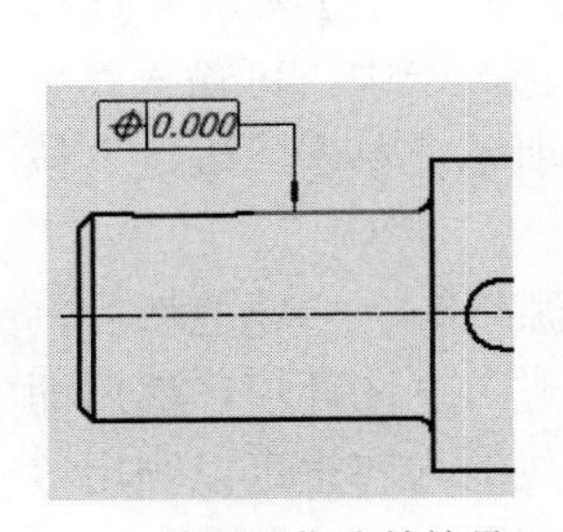

（a）放置形位公差符号

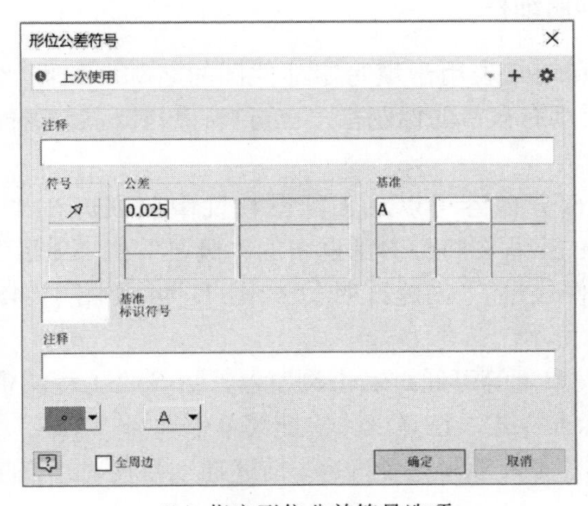

（b）指定形位公差符号选项

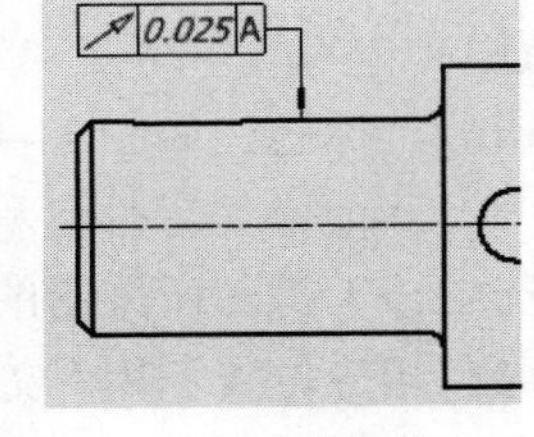

（c）完成标注

图 11-42　形位公差标注

3. 基准符号

单击“标注”选项卡内“符号”面板的“基准”按钮，选择放置位置，右击并在弹出的快捷菜单中选择“继续”，在弹出的“文本格式”对话框中输入基准名称，单击“确定”按钮，完成基准符号标注，如图 11-43（a）所示，由图中可看出标注的基准符号与国标规定不符。选中该符号并右击，在弹出的快捷菜单中选择“编辑箭头”，将弹出“更改箭头”对话框，选择“60 度、填充”，如图 11-43（b）所示，依次单击按钮，基准符号将更新如图 11-43（c）所示。

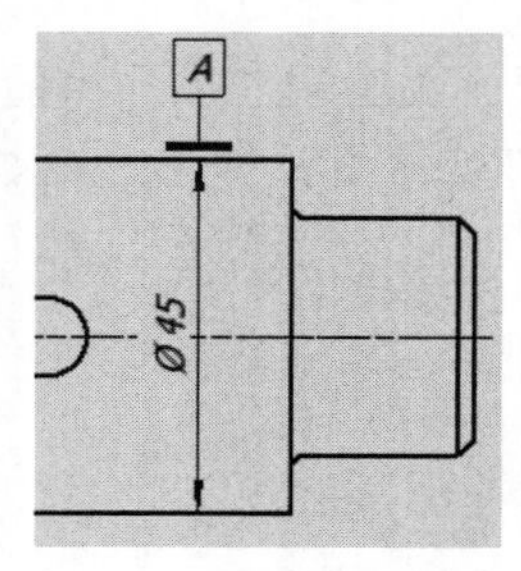

（a）标注基准符号

（b）“样式和标准编辑器”对话框

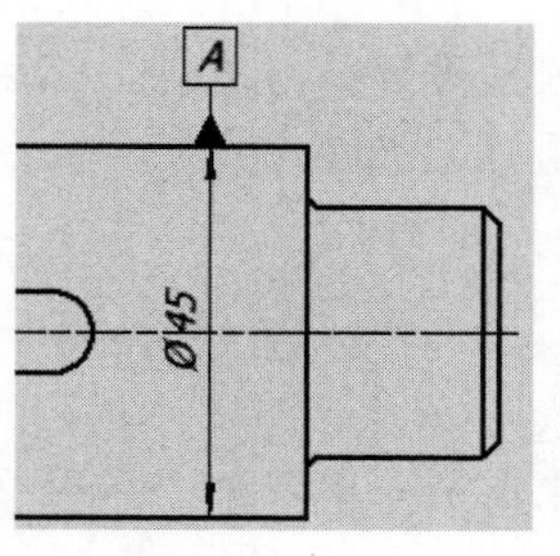

（c）修改基准符号

图 11-43　标注基准符号

4. 文本、指引线文本

（1）文本：“文本”工具主要用于填写标题栏和书写技术要求等信息。默认的文本格式由激活的绘图标准中所定义的样式控制。“文本”工具的操作步骤：单击“标注”选项卡内“文本”面板的“文本”按钮**A**，在图形区单击或拉出一个矩形文本框指定文本位置，在弹出的“文本格式”对话框中输入文本，设置文本格式参数，即可完成文本注写。

（2）指引线文本：“指引线文本”工具用于需要带指引线的文本注释。“指引线文本”工具的操作步骤：单击“标注”选项卡内“文本”面板的“指引线文本”按钮，在图形区单击指定指引线的起点，然后单击指定指引线的第二个点，再右击并在弹出的快捷菜单中选择“继续”，在弹出的“文本格式”对话框中输入文本，设置文本格式参数，即可完成指引线文本的注写。

四、标题栏、序号和明细栏

工程图中的标题栏和明细表用于填写零部件图的名称、绘图比例、所用材料等信息。Inventor 2020 工程图模板都有自带的标题栏，也可自行设计标题栏样式。

1. 填写标题栏

标题栏的信息有一部分内容可以从工程图特性中获取。在“文件”下拉菜单中选择 iProperties 选项，在弹出的工程图特性对话框中的“概要”和“项目”选项卡中，可输入“标题”“作者”“单位”“零件代号”“创建日期”，如图 11-44 和图 11-45 所示。单击“确定”按钮后，标题栏如图 11-46 所示。

其他诸如零件名称、重量等可通过右击浏览器，展开“工程图资源”和“标题栏”后，选中该工程图所采用的标准样式，在弹出的快捷菜单中选择“编辑”，进入草图环境，然后即可在相应位置利用“文本”工具填写相关内容。前述通过特性对话框生成的内容也可以利用该方式直接填写。

2. 引出序号

部件装配图中需要对各个零件编注序号，在视图上注明序号数字并与明细表中的序号数字相对应。Inventor 2020 中引出序号的方法有两种：手动引出序号和自动引出序号。

（1）手动引出序号。步骤方法如下：

1）单击“标注”选项卡内“表格”面板的“引出序号”按钮。

2）在图形窗口视图中选择要标注引出序号的零件轮廓，在放置序号的位置单击，然后右击并在弹出的快捷菜单中选择“继续”，放置该序号，并可继续引出下一个序号。

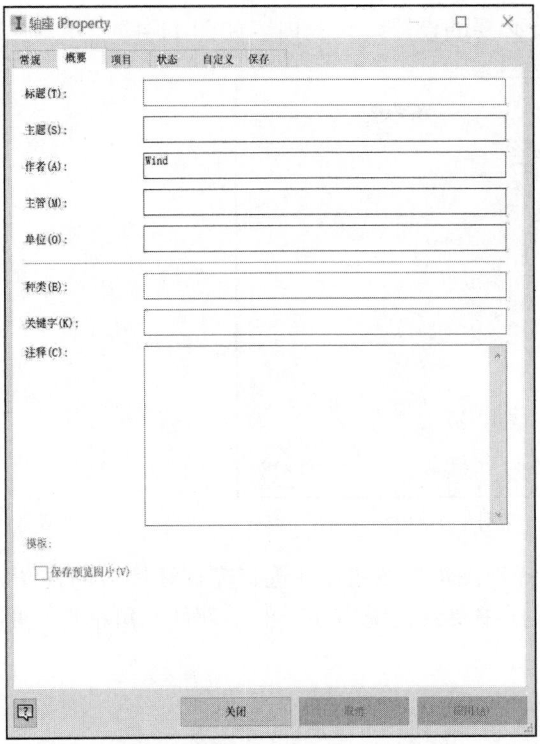

图 11-44　“概要”选项卡

图 11-45　“项目”选项卡

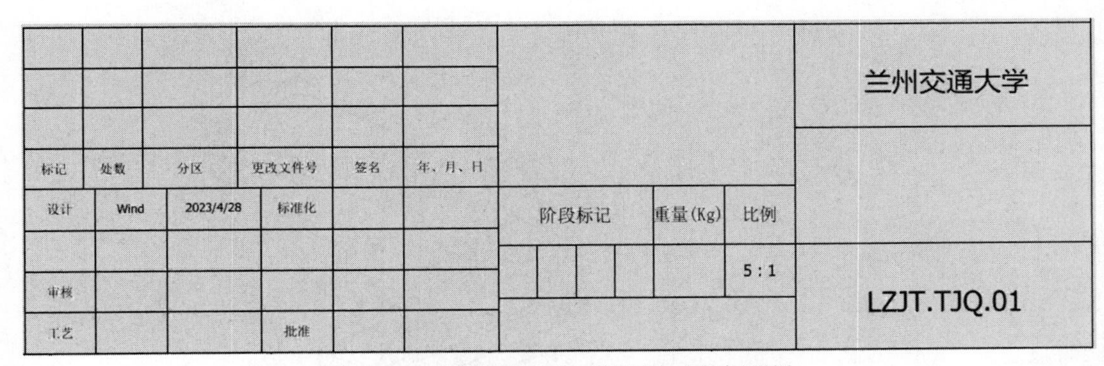

图 11-46　根据“特性”对话框生成的标题栏

3）调整引出序号的放置位置和指引位置。可在激活的引出线上拖动绿色控制点到适当位置，其中指引线起点的箭头被拖到轮廓内时会变为黑点。

4）对齐序号的排列。按住 Ctrl 键，选择在同一方向需要对齐的若干序号并右击，在弹出的快捷菜单中选择“对齐”，再选择“竖直”或“水平”，然后移动鼠标将对齐的序号放置在合适位置。

（2）自动引出序号。手动引出序号是对零部件进行的操作，对单个零件进行序号引出，而自动引出序号是对视图进行的操作，可以自动创建该视图中所有可见零件的引出序号。步骤方法如下：

1）单击“标注”选项卡内“表格”面板的“自动引出序号”按钮。

2）在弹出的“自动引出序号”对话框中进行必要的设置，设置内容如图 11-47 所示。

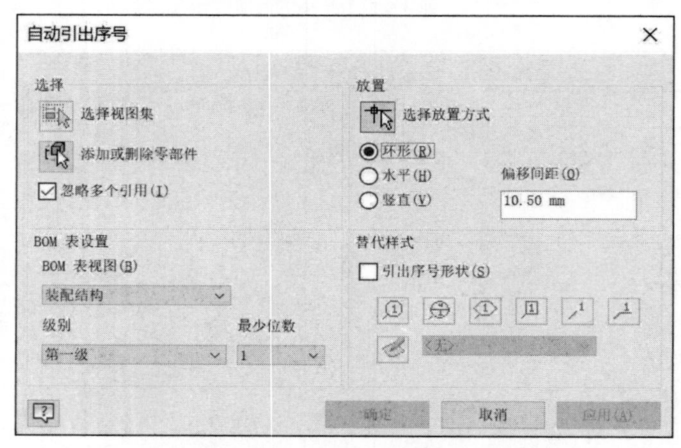

图 11-47　“自动引出序号”对话框

3）在“自动引出序号”对话框中，单击“选择视图集”按钮，并选择需标注序号的视图。

4）单击“添加或删除零部件”按钮，选择视图中要创建引出序号的零部件，可框选全部可见零件。

5）选择放置方式，放置引出序号。

6）选择引出序号的形状

7）单击“确定”按钮完成创建，如图 11-48 所示。

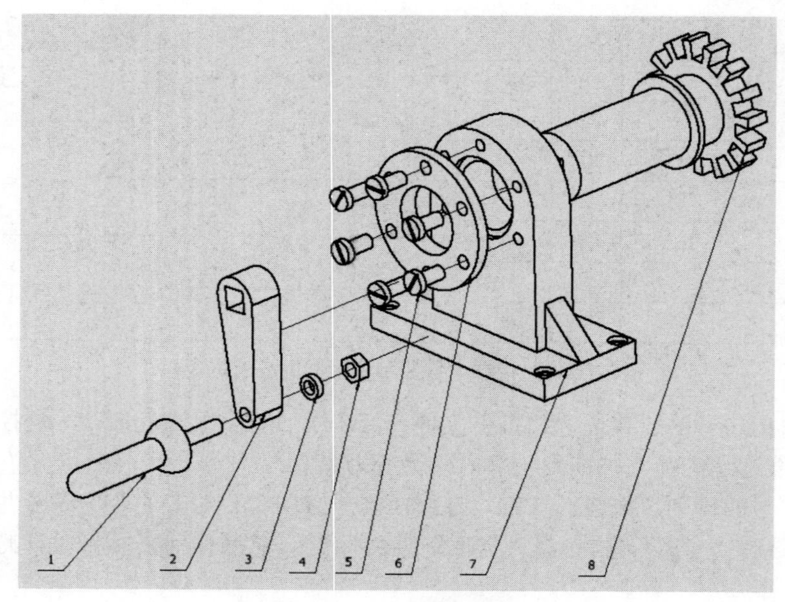

图 11-48　自动引出序号

3. 明细栏

Inventor 2020 中的工程图明细栏与装配模型相关，在创建明细栏时可按零件特性自动生成相关信息。

（1）创建明细栏。单击“标注”选项卡内“表格”面板的“明细栏”按钮，弹出“明细栏”对话框，如图 11-49 所示。其中“BOM 表设置和特性”选项组将按装配模型中零件、子部件的层次级别控制显示。若装配模型中不包含子部件，则零件是“第一级”的“级别”，直接执行“选择视图”，单击“确定”按钮后，在合适位置通过单击放置明细栏，如图 11-50 所示。

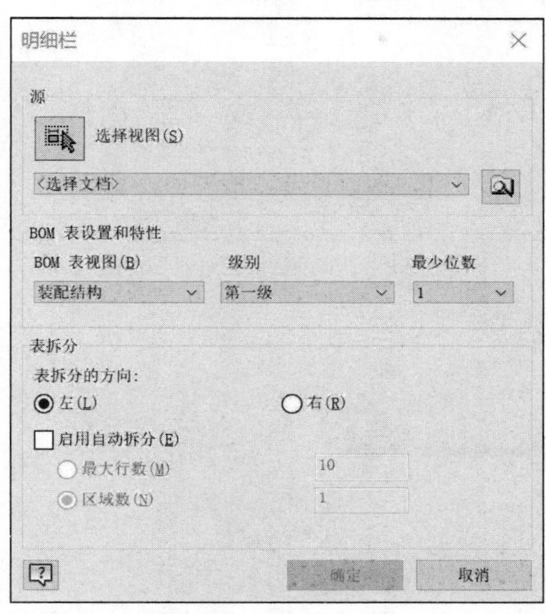

图 11-49　“明细栏”对话框

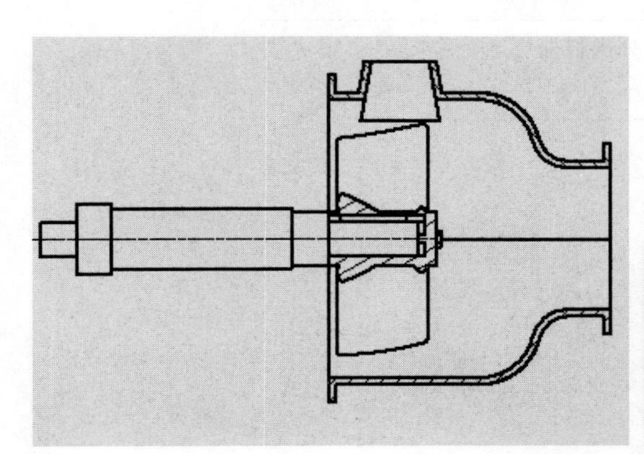

7	蜗轮	1	40Cr	
6	键	1	35	
5	轴	1	40Cr	
4	箱体螺母	6	35	
3	箱体螺栓	7	35	
2	上箱体	1	HT200	
1	下箱体	1	HT200	
序号	名称	数量	材料	注释
明细栏				

图 11-50　创建明细栏

在明细栏上双击，或右击并在弹出的快捷菜单中选择“编辑明细栏”选项，将弹出“明细栏：推进器”对话框（图 11-51），可以直接执行标记序号、名称，添加注释，排序，比较等操作。其中常用的编辑项目如下：“列选择器”用于增减和移动明细栏中的特性列；“过滤器设置”用于隐藏某类零部件行；“排序”可按某种规则排列行的顺序。

（2）单击“列选择器”按钮，弹出“明细栏列选择器”对话框，如图 11-52 所示。在该对话框中可以添加或删除明细栏中所包含的特性列，以达到设计需求。

（3）单击“表布局”按钮，弹出的“明细栏布局”对话框，如图 11-53 所示。

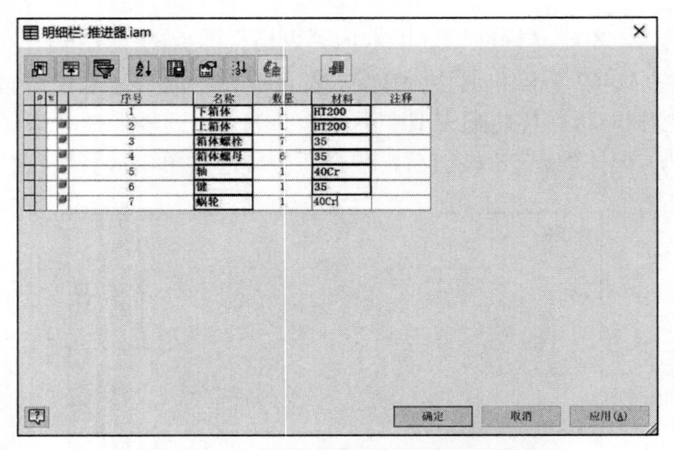

图 11-51　“明细栏：推进器”对话框

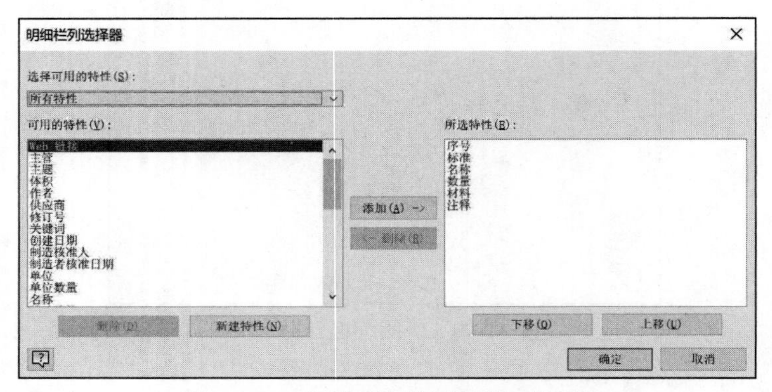

图 11-52　“明细栏列选择器”对话框

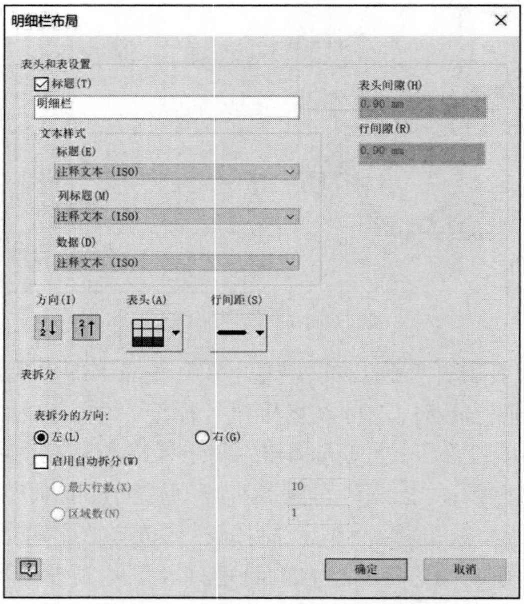

图 11-53　“明细栏布局”对话框

- 取消勾选“标题”复选框，明细栏中将不再显示“明细栏”三个字。
- 选择“方向”为[icon]，则项目编号的排列顺序为从下到上。
- 选择“表头”为[icon]，则调整表头至明细表下方。

（4）明细栏中的零件材料与零件图标题栏中的材料以及零件模型物理特性的材料是关联的。需要首先在零件模型“特性”对话框的“物理特性”选项卡中设置材料。如果材料列表中没有所需的材料牌号，则在“样式编辑器”中新建材料牌号。

（5）当鼠标悬停在激活的明细栏上，并出现平移符号时，可移动明细栏使其下沿对齐标题栏上沿。

思考与练习

1．试述在 Inventor 2020 中如何创建半剖视图。
2．试述在 Inventor 2020 中如何创建局部视图。

第十二章　中望 CAD 简介

中望 CAD 是我国较为成熟的国产 CAD 平台软件，由广州中望龙腾软件股份有限公司开发。其界面、操作习惯和命令方式与 AutoCAD 保持一致，文件格式也可高度兼容。

一、中望 CAD 2020 启动

安装中望 CAD 2020 后，双击快捷启动图标，即可启动该软件，打开软件界面。中望 CAD 2020 提供了“经典界面”和“Ribbon 界面”两种界面。经典界面如图 12-1 所示，它由标题栏、菜单栏、主工具栏、绘图工具栏、修改工具栏、绘图窗口、命令提示区、特性管理面板等组成。Ribbon 界面如图 12-2 所示。

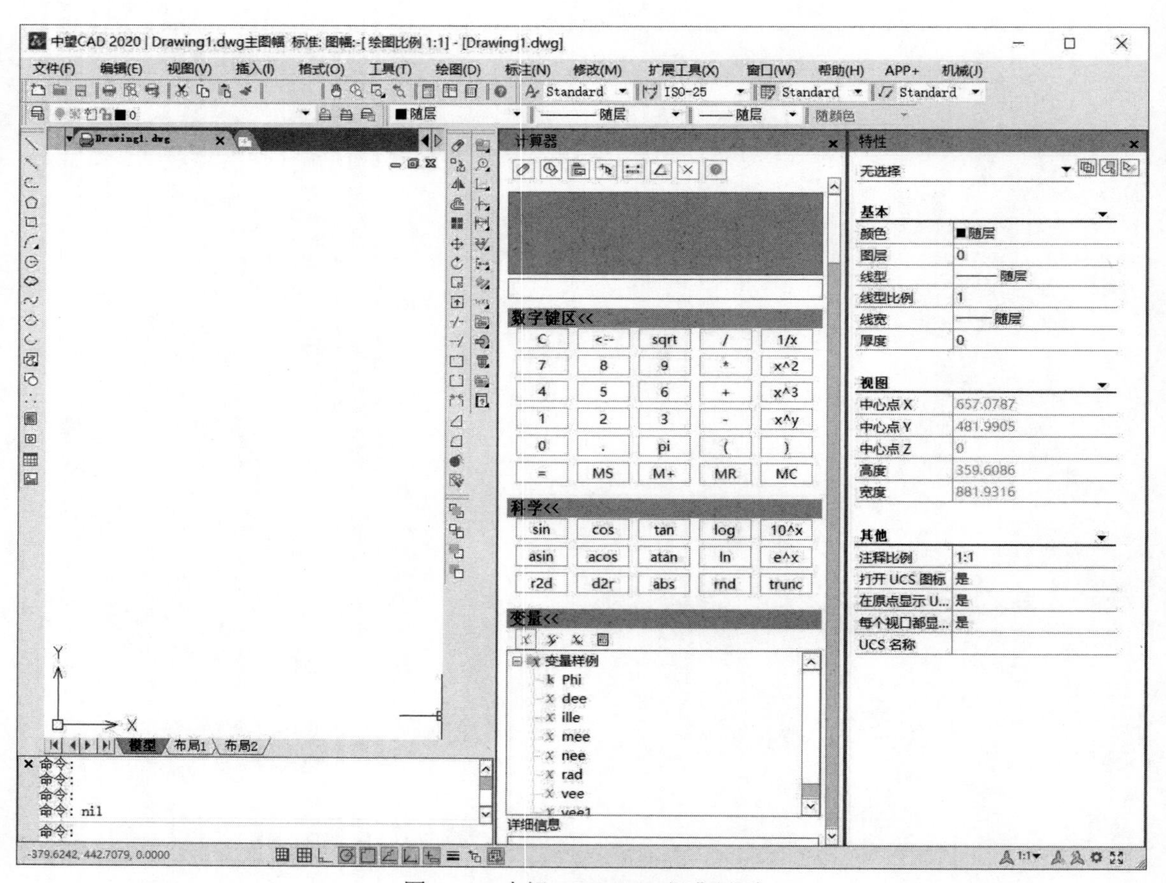

图 12-1　中望 CAD 2020 经典界面

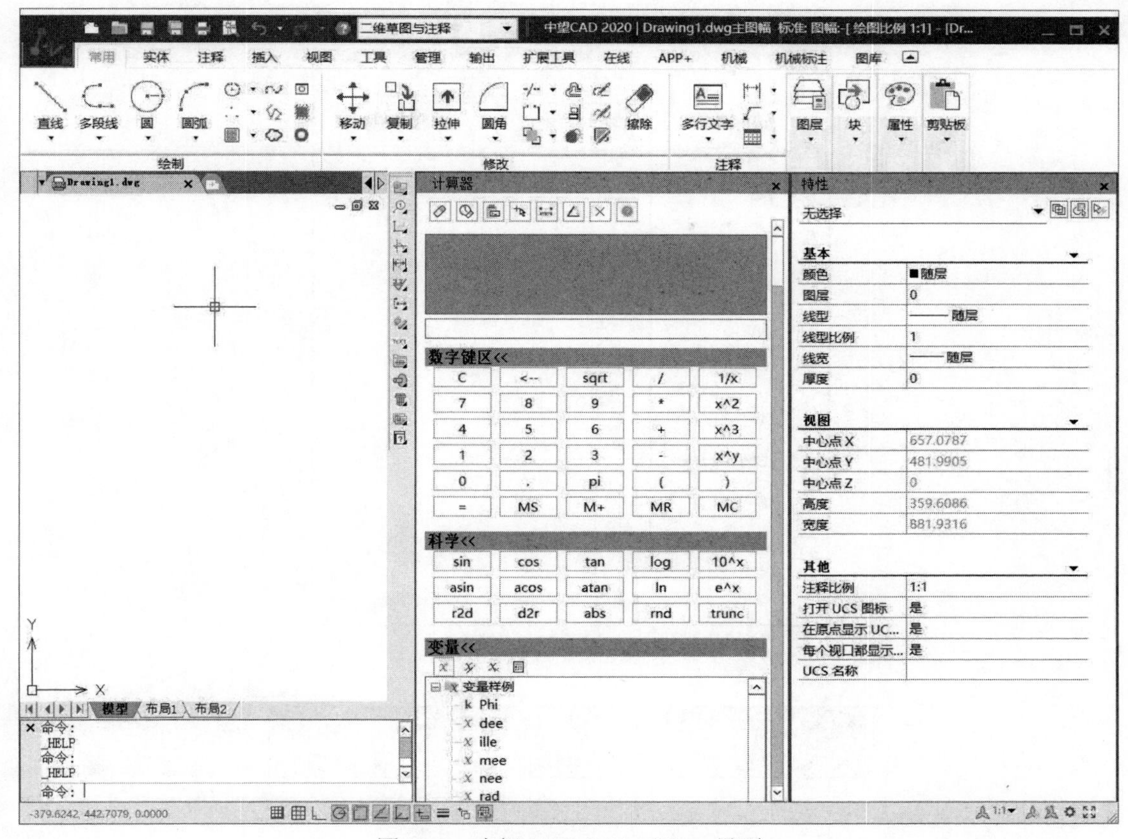

图 12-2　中望 CAD 2020 Ribbon 界面

二、中望 CAD 2020 工作界面

本书所使用的工作界面为美观、灵活的 Ribbon 界面，其类似于常用的 WPS 等办公软件界面。相比于经典界面，Ribbon 界面更为友好，绘图操作更便捷。考虑到使用者使用习惯，中望 CAD 2020 支持 Ribbon 界面与经典界面的切换。

工作界面主要由标题栏、绘图栏、修改栏、功能选项卡、功能选项面板等组成。

1. 标题栏

标题栏包括菜单浏览器、快速访问工具栏以及窗口控制器按钮。单击左上角中望 CAD 图标■，弹出主菜单，进入菜单浏览器界面，如图 12-3 所示。快速访问工具栏包含部分充公工具的快捷访问，如新建、保存、打印、撤销、回复等。

2. 绘图栏和修改栏

绘图栏如图 12-4 所示，从左至右依次是“直线”“构造线”“多段线”“多边形”“矩形”“三点画圆弧”“圆”“云线”“样条曲线”“椭圆”“圆弧”“插入块”“创建块”“点”“填充图案”“面域”“表格”“多行文字”功能图标。

修改栏如图 12-5 所示，从左至右依次是“删除”“复制”“镜像”“偏移”“阵列”“移动”“旋转”“缩放”“拉伸”“修剪”“延伸”“打断于点”“打断”“合并”“倒角”“圆角”“分解”“清理”功能图标。

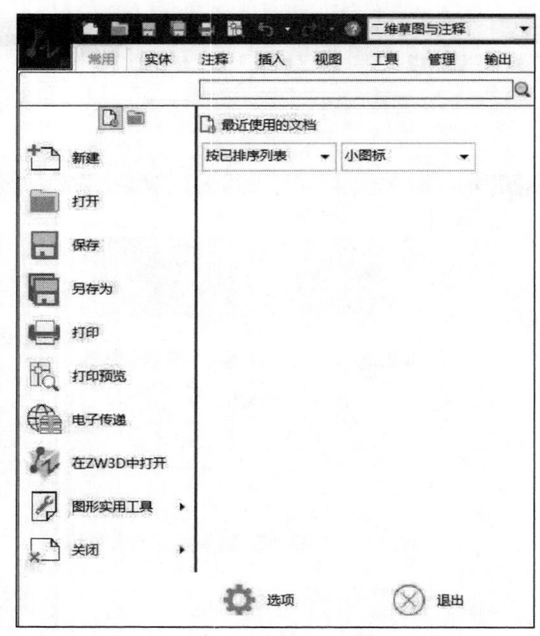

图 12-3　菜单浏览器界面

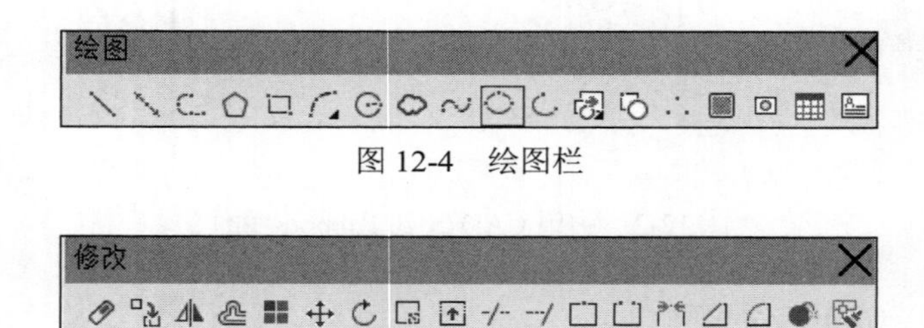

图 12-4　绘图栏

图 12-5　修改栏

3．功能选项卡

中望 CAD 2020 软件 Ribbon 界面功能选项卡包括“常用”“实体”“注释”“插入”“视图”“工具”“管理”“输出”“扩展工具”“在线”功能选项，如图 12-6 所示。

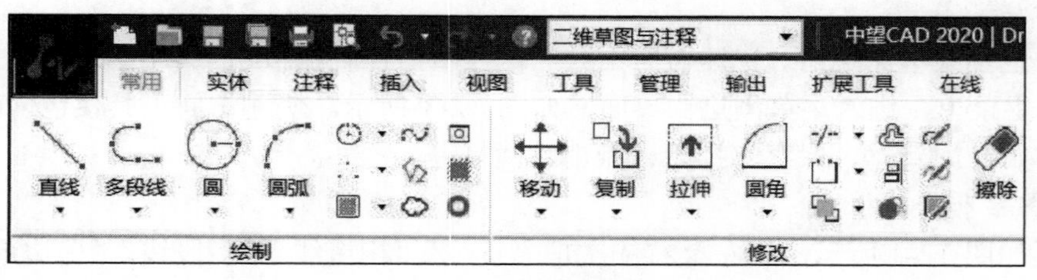

图 12-6　功能选项卡

4．功能选项面板

中望 CAD 2020 软件功能选项面板类似于 AutoCAD，许多命令有可展开的下拉扩展图标，单击相应命令下方的倒三角，将弹出扩展图标列表，用于选择近似的功能命令。图 12-7 为“圆”的扩展图标列表。

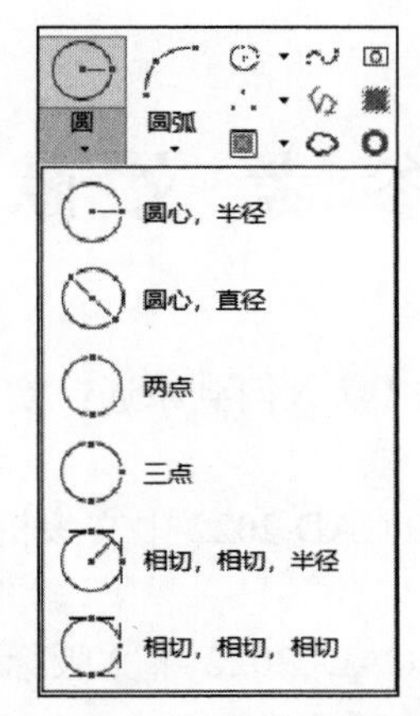

图 12-7　“圆”的扩展图标列表

5. 绘图区

屏幕中央的空白区域为绘图区，所有绘图操作在该区域完成。绘图区域左下角显示当前坐标系。

6. 命令提示栏

命令提示栏位于工作界面下方，用于显示输入的命令以及各命令执行过程的提示。

7. 状态栏

状态栏位于工作界面最下方，如图 12-8 所示。状态栏左侧显示当前十字光标在绘图区域所示坐标系中的坐标值。同时还显示了常用的控制按钮，如“捕捉”“栅格”“正交”等，这些按钮均为复选按钮，单击按钮，亮显表示启用该功能，再次单击按钮，灰显表示关闭该功能。

741.9777, 220.8622, 0.0000

图 12-8　状态栏

8. 自定义工具栏

自定义工具栏是指用户可以根据自身的使用习惯及需要自行调用的一系列工具栏。在中望 CAD 2020 中，共提供了二十多个已命名的工具栏。在默认情况下，“绘图”和“修改”工具栏处于打开状态。类似于 AutoCAD 经典界面中的工具条，如果要显示或隐藏工具栏，可在任意工具栏上右击，将弹出快捷菜单，通过选择命令可以显示或隐藏相应的工具栏。

以上为中望 CAD 2020 软件 Ribbon 界面的简单介绍。操作者也可以通过单击状态栏右下角⚙按钮，弹出如图 12-9 所示的菜单，选择“ZWCAD 经典”选项，将切换到经典界面。中望 CAD 2020 软件的命令执行方式和 AutoCAD 基本相同，主要有键盘输入、命令按钮、下拉菜单、命令行输入等方式。

图 12-9　切换经典界面菜单

思考与练习

中望 CAD 工作界面主要由哪些部分组成？

参 考 文 献

[1] 天工在线．中文版 AutoCAD 2022 从入门到精通：实战案例版[M]．北京：中国水利水电出版社，2021．

[2] CAD/CAM/CAE 技术联盟． AutoCAD 2022 中文版机械设计从入门到精通[M]．北京：清华大学出版社，2022．

[3] 陈广华，胡仁喜，刘昌丽．AutoCAD 2022 中文版标准实例教程[M]．北京：机械工业出版社，2021．

[4] CAD/CAM/CAE 技术联盟．Autodesk Inventor 2020 中文版从入门到精通[M]．北京：清华大学出版社，2020．

[5] 单春阳，魏杰，胡仁喜．Autodesk Inventor Professional 2020 中文版标准实例教程[M]．北京：机械工业出版社，2020．

[6] 吴鹏．Autodesk Inventor 2020 完全学习手册[M]．北京：清华大学出版社，2022．

[7] 布克科技，姜勇，周克媛，等．中望 CAD 实用教程[M]．北京：人民邮电出版社，2022．